U0213609

罗立强　詹秀春　李国会　编著

X射线
荧光光谱分析

X-Ray Fluorescence
Spectrometry

第二版

化学工业出版社

·北京·

本书系统阐述了 X 射线荧光光谱分析（XRFS）基本原理，介绍了 XRFS 光谱仪及主要组成部件，特别是 X 射线激发源和 X 射线探测器的工作原理，强调了新型 X 射线激发源和探测器如聚焦毛细管 X 射线透镜、硅漂移探测器和超导探测器等的研究进展和特征性能。对开展 XRFS 分析所需的定性与定量分析方法、元素间基体校正、化学计量学计算等做了较详细的描述，评介了各方法的特点、局限及选用原则。在 XRFS 分析中，样品制备技术具有特殊的重要性，因此单独成章，以使读者对其有深刻认识并能灵活运用。在仪器与维护方面，分析了不同仪器的特性，提供了一定的具有共性的仪器校正方法、日常维护知识和故障判断原则。近年来，微区 XRFS 技术发展迅速，因此本书也分别介绍了同步辐射 X 射线荧光光谱分析技术与应用、微区 X 射线荧光光谱分析与应用。同时还综述了 XRFS 在地质、冶金、材料、考古、生物与环境等领域的研究进展及实际应用。

　　本书可供 X 射线荧光光谱分析工作者尤其是地质、冶金光谱分析工作者学习参考，同时也可作为高等学校分析化学、分析仪器及相关专业师生的参考书。

图书在版编目（CIP）数据

　　X 射线荧光光谱分析/罗立强，詹秀春，李国会编著.
2 版. —北京：化学工业出版社，2015.3（2022.9 重印）
　　ISBN 978-7-122-22861-1

　　Ⅰ.①X… Ⅱ.①罗…②詹…③李… Ⅲ.①X 射线荧光光谱法-光谱分析 Ⅳ.①O657.34

　　中国版本图书馆 CIP 数据核字（2015）第 016403 号

责任编辑：杜进祥　　　　　　　　文字编辑：向　东
责任校对：王素芹　　　　　　　　装帧设计：史利平

出版发行：化学工业出版社（北京市东城区青年湖南街 13 号　邮政编码 100011）
印　　装：北京虎彩文化传播有限公司
710mm×1000mm　1/16　印张 17¾　插页 1　字数 340 千字
2022 年 9 月北京第 2 版第 5 次印刷

购书咨询：010-64518888　　　　　　售后服务：010-64518899
网　　址：http://www.cip.com.cn
凡购买本书，如有缺损质量问题，本社销售中心负责调换。

定　　价：88.00 元　　　　　　　　　　　　版权所有　违者必究
京化广临字 2015——7 号

前　　言

十二年前，笔者受化学工业出版社之邀，开始撰写《X射线荧光光谱仪》一书。在两位同行的协作下，历时五年，完成了该书的初稿，并于 2008 年 1 月正式出版。两三年前，出版社即开始邀约商谈再版事宜。无奈几位编著者皆忙于手头事务，一再拖延，去年，本书编著者放下手中的一些杂事，开始致力于本书的再版工作。在大家的共同努力下，在化学工业出版社的坚持和诚意感召下，经过一年多的努力，本书第二版得以完成。并改名为《X射线荧光光谱分析》。

本书第一版编著之初，X射线光谱学领域正出现一些新的技术和新的发展方向。最典型的代表就是聚焦 X 射线透镜、X 射线激光以及超导和硅漂移 X 射线探测器等的研制与应用的兴起。因而，当初编著者对之予以了特别的关注，并在文中泼以重墨。十多年过去了，其中的几项技术已渐成熟壮大。今日之时，聚焦 X 射线透镜和硅漂移 X 射线探测器已在 X 射线荧光光谱分析领域得到广泛应用，并且这两项技术已改变了 X 射线光谱分析的发展方向，使得微区 X 射线光谱分析和能量色散 X 射线荧光光谱分析成为了当今 X 射线光谱分析领域的研究和应用重点，并推动了整个学科进步，其应用范围之广、探索程度之深更是令人瞩目。为此，除对本书第一版原有章节进行修订外，我们在本书中将微区 X 射线光谱分析和同步辐射 X 射线光谱分析单独成章，并增加了两章 XRFS 应用内容，供大家参考。

本书再版后，改名为《X射线荧光光谱分析》，以更全面反映本书内容。同时，随着 X 射线光谱分析技术的发展，学科间的融合日益密切，X 射线吸收谱的研究与应用价值也愈加凸显，因此我们把 X 射线吸收谱也纳入本书之中。这样，我们的这本书就由十六章组成。第一～五章阐述 X 射线光谱分析基本原理和光谱仪基本结构；第六～九章介绍定性、定量分析技术和数据处理方法，第十章详细分析并介绍 X 射线光谱分析中的样品制备技术；第十一、十二章介绍常用 X 射线荧光光谱仪的特性与参数选择及仪器检定、校正与维护基本技巧等；新增第十三～十六章，分别介绍同步辐射 X 射线光谱分析、微区 X 射线光谱分析和 X 射线光谱分析应用。本书第一～九章由国家地质实验测试中心罗立强研究员修订；第十章由国家地质实验测试中心詹秀春研究员修订；第十一、十二章由廊坊物化探研究所李国会高级工程师修订；第十三章由国家地质实验测试中心沈亚婷编著，罗立强审定；第十四章由国家地质实验测试中心柳检编著，罗立强修改审定；第十五章由国家地质实验测试中心刘洁、袁静、孔亚飞、劳昌玲、蔺雅洁编著，罗立强修改审定；第十六章由国家地质实验测试中心孙建伶、曾远、马艳红、孙晓艳、储彬彬编著，罗立强修改审定。

在本书编著和修订中，编著者认真工作，但仍有待完善和不尽如人意的地方，敬请读者指出，以便修订时改正。本书编著者们特别感谢读者们的厚爱和选择，感谢化学工业出版社的信任和支持，使本书得以再版。同时也感谢本书的编著者为本书付出的艰辛努力，没有你们的大力支持和孜孜不倦的追求，本书的完成和再版将是难以想象的，让我们大家一同携手前行！

罗立强

2014 年 8 月 28 日

北京

第一版前言

X 射线光谱分析技术作为直接应用 X 射线的一门分支学科和一种实用分析技术，目前已在地质、冶金、材料、环境、工业等无机分析领域得到了极其广泛的应用，是各种无机材料中主组分分析最重要的首选手段，各种与 X 射线荧光（XRF）光谱相关的分析技术，如同步辐射 XRF、全反射 XRF 光谱技术等，在痕量和超痕量分析中发挥着十分重要的作用。尤其是在无损分析和原位分析方面，X 射线荧光光谱技术具有无可替代的地位。

X 射线荧光光谱分析技术在近几年已取得显著进展，特别是在新型能量探测器研发方面，成就显著。各种商品化仪器也实现了高度集成，通过采用多种高新技术，使得能量色散 X 射线光谱仪的分辨率和适用性都具有了真正的实用价值。微区、原位、形态分析及多维信息获取等是目前的研究热点。在应用领域，活体分析、环境与健康等越来越受到人们的关注。

在过去的若干年中，我国 X 射线荧光光谱分析技术在一些关键技术和数据处理及各种应用领域也取得了令人瞩目的进展，特别是在微束毛细管聚焦透镜研制和化学计量学应用方面，在国际 XRF 界受到普遍尊重和认可。在仪器研发和制造方面，也取得了一些进展，但在大型商品仪器的制造方面，与国际上还存在差距。X 射线光谱技术的发展前景与应用潜力是巨大的。研发高性能、多功能、具有自主知识产权的大型仪器是我们的共同目标，需要国内同仁加倍努力，集体攻关，实现该领域的突破。

本书共分十二章，第一～五章阐述了 X 射线光谱分析的基本原理和光谱仪基本结构，第六～九章介绍定性、定量分析技术和数据处理方法，第十章详细分析并介绍了 X 射线光谱分析中的样品制备技术，并可应用于相关分析技术领域；第十一～十二章介绍了常用 X 射线荧光光谱仪的特性与参数选择及仪器检定、校正与维护基本技巧等。本书第一～九章由国家地质实验测试中心罗立强研究员编写，第十章由国家地质实验测试中心詹秀春研究员编写，第十一～十二章由中国地质科学院地球物理地球化学勘查研究所李国会教授级高级工程师编写。

编写时我们参考了诸多文献，并采用了其中的部分图片，还有一些图片来源于互联网，在各章最后列出了主要的参考文献，在此一并致以谢意。尽管编写中我们力求准确，但不足之处在所难免，敬请读者批评指正。

编著者
2007 年 6 月

目　　录

第一章　绪　　论

第一节　X射线荧光光谱的产生及其特点

X射线是一种波长较短的电磁辐射，通常是指能量范围在 $0.1\sim$ 100keV 的光子。当用高能电子照射样品时，入射电子被样品中的电子减速，会产生宽带连续 X 射线谱。如果入射光束为 X 射线，样品中的元素内层电子受其激发，可产生特征 X 射线，称为二次 X 射线，或称为 X 射线荧光（XRF）。通过分析样品中不同元素产生的荧光 X 射线波长（或能量）和强度，可以获得样品中的元素组成与含量信息，达到定性和定量分析的目的。

自 1895 年伦琴发现 X 射线以来，对 X 射线及相关技术的研究和应用已经过了 100 多年。其中，1910 年发现的特征 X 射线光谱，为建立 X 射线光谱学奠定了基础；20 世纪 50 年代推出的商用 X 射线发射与荧光光谱仪，使得 X 射线光谱学技术进入实用阶段；60 年代发展了能量色散 X 射线光谱仪，促进了 X 射线光谱学仪器研发的迅速发展，并使现场和原位 X 射线光谱分析成为可能。近代则出现了全反射和同步辐射 X 射线荧光光谱仪、粒子激发 X 射线光谱仪、微区 X 射线荧光光谱仪等。根据分辨 X 射线的方式，X 射线光谱仪通常可分为两大类，即波长色散（WDXRF）和能量色散（EDXRF）X 射线荧光光谱仪。

X 射线荧光（XRF）分析技术的特点是适合于各类固体样品中主、次、痕量多元素同时测定，检出限在 $\mu g/g$ 量级范围内，制样方法简单，现已广泛应用于地质、材料、环境、冶金样品的常规分析。XRF 作为一种无损检测技术，可直接应用于现场、原位及活体分析，在涂层与薄膜分析、安检、珠宝文物、大型器件探伤等原位分析，以及核意外、太空探索等一些领域中占有重要地位。

X 射线荧光分析技术的缺点是检出限不够低，不适于分析轻元素，依赖标样，分析液体样品手续比较麻烦。由于电感耦合等离子质谱仪（ICP-MS）具有极佳的痕量、超痕量分析能力。因此目前国内外分析实验室一种流行的趋势是同时配备 X 射线荧光光谱仪和电感耦合等离子质谱仪，利用 XRF 分析含量较高的元素，而用 ICP-MS 分析低浓度的元素。

第二节　X射线荧光分析技术的新应用

一、在生物、生命及环境领域中的应用

人类文明发展到现在，越来越重视人的生存环境和生活质量。开展生命起源、健康与疾病关系的研究，是世界关注的焦点之一。各国政府和科学家都付出了极大的努力进行研究，以达到减少疾病、增强健康的目的。健康、环境和材料，是目前 XRF 分析技术的主要应用研究领域。

农作物、饮用水、食品与食物链等与人类生命直接相关，而土壤是农作物生长的基础，土壤污染是全球化环境问题之一。大气飘尘、水资源、沉积物等是环境方面的重点研究对象。探索全球气候与环境变化对人类未来发展的影响，正日益受到关注。为了解决这些领域的相关问题，各国科学家正不懈努力，探索着各种可能的途径，其中，XRF 技术已成功应用于环境、食物链、动植物、农产品、人体组织细胞及器官、生物医学材料、组织细胞、医学试剂、动植物器官、代谢产物中的无机元素测定。

目前 XRF 分析专家们已普遍走出了单纯进行分析测试研究的范畴，广泛开展了分析数据与所包含信息的相关性研究，试图揭示出分析结果与疾病及环境变化等的内在联系，为疾病诊断与预防、环境预测与治理等提供科学依据。

核技术在医学研究与应用中占有重要地位，当应用于与人类生命直接相关的医疗领域时，一方面它可用于治疗和诊断，另一方面也可能损害健康的细胞，因此放射剂量学研究在国际上也受到了广泛重视。核技术应用与核材料安全由于与人类生存环境密切相关，目前更是引人关注。

二、在材料及毒性物品监测中的应用

在人们的日常生活中，许多材料都含有浓度不等的重金属元素，例如铅、铬、汞等。这些元素对人体有毒有害，其含量如超出允许范围，会极大损害人的健康，包括人的行为能力和智力水平。因此，欧盟针对塑料产品等的新标准已经生效，对有毒有害元素含量有了更为严格的限制。由于我国每年有大量塑材出口，这一标准的实施对我国原材料生产和出口有着极大的影响。而 XRF 技术则特别适合于用来监控相关材料中的有毒有害元素的含量，该技术已广泛应用于实际生产质量控制。

此外，XRF 在无损检测方面，具有其他分析技术无法比拟的优点，利用 X 射线扫描方法探测材料表层下面的缺陷是 X 射线无损检测技术的一个重要应用领域。

第三节　X射线荧光光谱仪研制进展

在仪器研发方面，微区 XRF 分析光谱仪和新型能量探测器的研制发展很快，

并表现出了极大的实用潜力。

首先，X射线能量探测器技术目前已取得显著进展，甚至是突破，并带来了能量色散X射线光谱仪的迅速发展。超导隧道节和微热量计的分辨率已达到或超过波长色散X射线光谱仪的分辨率，Si-PIN和硅漂移探测器（SDD）、电耦合阵列探测器（CCD）及四叶花瓣型（低能量Ge）新型探测器等已实现了商品化，不仅可获得理想的分辨率，还可获得高计数率。目前这一领域的研究受到了广泛关注。

其次，X射线毛细管聚焦技术目前在国际X射线荧光分析领域中已从研发走向实用。由于聚束毛细管XRF技术可提供无损、原位、微区分析数据和多维信息，在材料科学的研究与检测技术中具有无可替代的作用，例如硅晶片的无损检测等。目前国内在聚束毛细管研究方面，与国际同步发展，产品获得国际同行认可，是国内具有发展优势的一个研究领域。

X射线光谱仪除常规波长色散X射线光谱仪外，能量色散X射线光谱仪在最近若干年已取得了长足进步，随着探测器技术的显著进步和各种原位和现场分析的现实需求，能量色散X射线光谱仪的实用价值越来越大，其地位也日益重要。

总体来看，X射线光谱分析领域的发展特点主要表现在三方面：一是研究重点多已转至仪器与技术革新，如新型探测器和聚束毛细管光源的研究；二是特别关注分析技术的实际应用和可能揭示的因果关系，如关于生命科学及全球环境变化的相关性研究等；三是根据现时严峻的全球反恐形势和核分析技术无损检测的特点，大力开展了爆炸物、毒品等危险物品的分析识别技术研究。而单纯进行分析方法的研究已经较少，这对于我们选择今后的研究方向是值得借鉴的。

参考文献

[1] Longoni A，Fiorini C，Guazzoni C，et al. A novel high-resolution XRF spectrometer for elemental mapping based on a monolithic array of silicon drift detectors and on a polycapillary X-ray lens. X-Ray Spectrometry，2005，34：439-445.

[2] Tianxi Sun，Xunliang Ding. Determination of the properties of a polycapillary X-ray lens. X-Ray Spectrometry，2006，35：120-124.

[3] Eggert T，Boslau O，Goldstrass P，Kemmer. J. Silicon drift detectors with enlarged sensitive areas. X-Ray Spectrometry，2004，33：246-252.

[4] Samek L，Ostachowicz B，Worobiec A，et al. Speciation of selected metals in aerosol samples by TXRF after sequential leaching. X-Ray Spectrometry，2006，35：226-231.

[5] Liqiang Luo. Chemometrics and its applications to X-ray spectrometry. X-Ray Spectrometry，2006，35：215-225.

[6] Liqiang Luo. Chettle D R，Nie H，et al. Curve fitting using a genetic algorithm for the X-ray fluorescence measurement of lead in bone. Journal of Radioanalytical and Nuclear Chemistry，2006，269

(2)：325-329。

[7]   Braun T. Proceedings of the eighth international conference on nuclear analytical methods in the life sci-
      ences(NAMLS 8). J Radioananl Nucl Chem，2006，269（2）：241-516；269（3）：517-788；270
      (1)：1-276.

第二章 基本原理

X 射线是一种波长较短的电磁辐射，通常是指能量范围在 $0.1\sim100\text{keV}$ 的光子。X 射线与物质的相互作用主要有荧光、吸收和散射三种。X 射线荧光是由物质中的组成元素受激产生的特征辐射。通过测量和分析样品产生的 X 射线荧光，即可获知样品中的元素组成，得到物质成分的定性和定量信息。

第一节 特征 X 射线的产生与特性

当用高能电子束照射物质时，入射高能电子被物质组成元素中的电子减速，这种带电粒子的负的加速度会产生宽带的连续 X 射线谱，简称为连续谱或韧致辐射。

另外，化学元素受到高能光子或粒子的照射，如内层电子被激发，则当外层电子跃迁时，就会放射出特征 X 射线。特征 X 射线是一种分离的不连续谱。如果激发光源为 X 射线，则受激产生的 X 射线称为二次 X 射线或 X 射线荧光。

一、特征 X 射线

图 2-1 显示了特征 X 射线产生的过程。当入射 X 射线撞击原子中的电子时，如光子能量大于原子中的电子束缚能，电子就会被击出。这一相互作用过程被称为光电效应，被击出的电子称为光电子。通过研究光电子或光电效应可以获得关于原子结构和成键状态的信息。在这一过程中，如入射光束的能量大得足以击出

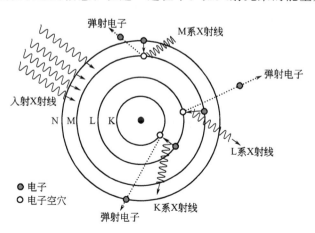

图 2-1 特征 X 射线产生的过程

原子中的内层电子，就会在原子的内壳层产生空穴，这时的原子处于非稳态，外层电子会从高能轨道跃迁到低能轨道来充填轨道空穴，多余的能量就会以 X 射线的形式释放，原子恢复到稳态。如果空穴在 K、L、M 壳层产生，就会相应产生 K、L、M 系 X 射线。

光电子出射时有可能再次激发出原子中的其他电子，产生新的光电子。再次生成的光电子被称为俄歇电子，这一过程被称为俄歇效应，如图 2-2 所示。

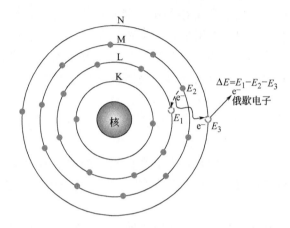

图 2-2　俄歇电子与俄歇效应

一元素受激发后辐射出的 X 射线光子的能量等于受激原子中过渡电子在初始能态和最终能态的能量差别，即发射的 X 射线光子能量与该特定元素的电子能态差成正比，即遵守能量方程：

$$E = h\nu \tag{2-1}$$

式中，E 为光子能量；ν 为射线频率；h 为普朗克常数。光子能量与波长的关系为：

$$E(\text{keV}) = \frac{hc}{\lambda} = \frac{1.2398}{\lambda} \; (\text{nm}) \tag{2-2}$$

受激元素辐射出的能量与该特定元素的轨道能级差直接相关，与原子序数的二次幂成正比：

$$\frac{1}{\lambda} = \Delta \tilde{\nu} = k(Z - \sigma)^2 \tag{2-3}$$

此即 Moseley 定律。式中，k、σ 均为特性常数，随 K、L、M、N 等谱系而定。

X 射线荧光是来源于样品组成的特征辐射，通过测定和分析 X 射线的能量或波长，即可获知其为何种元素，故可用来识别物质组成，定量分析物质中的元素含量。

二、特征谱线系

对于一给定元素，原子的初始和最终状态是由电子的量子数的不同结合方式所决定的，产生的特征谱线必须遵守一定的跃迁选择定则。

1. 电子组态

电子在原子轨道中的运动遵守量子理论，分别由主量子数 n（1，2，3，…）、角量子数 l（0，1，…，$n-1$）、磁量子数 m（1，0，-1）和自旋量子数 m_s（$\pm 1/2$）决定。四种量子数的结合原则必须符合鲍利原理，即任一给定电子组态不能存在一个以上的电子，也即每四个量子数的结合对于一个电子而言是唯一的。

此外，角动量 J 是角量子数与自旋量子数之和：

$$J = l \pm m_s \tag{2-4}$$

总量子数 J 不能为负值。三个主壳层的电子结构及量子数取值范围见表 2-1。这些基本电子组态是判断电子跃迁和 X 射线特征谱的基础。

表 2-1　三个主壳层的电子结构及量子数取值范围

壳　层	n	l	m	m_s	轨道	J
K(2)	1	0	0	$\pm 1/2$	1s	1/2
L(8)	2	0	0	$\pm 1/2$	2s	1/2
	2	1	1	$\pm 1/2$		
	2	1	0	$\pm 1/2$	2p	1/2;3/2
	2	1	-1	$\pm 1/2$		
M(18)	3	0	0	$\pm 1/2$	3s	1/2
	3	1	1	$\pm 1/2$		
	3	1	1	$\pm 1/2$	3p	1/2;3/2
	3	1	-1	$\pm 1/2$		
	3	2	2	$\pm 1/2$		
	3	2	1	$\pm 1/2$		
	3	2	0	$\pm 1/2$	3d	3/2;5/2
	3	2	-1	$\pm 1/2$		
	3	2	-2	$\pm 1/2$		

2. 选择定则

当原子受到高能粒子激发后，并不是所有轨道电子之间都能产生电子跃迁，发射 X 射线光子。电子跃迁时必须符合选择定则，如表 2-2 所示。

表 2-2　选择定则

量　子　数	选择定则	说　　明
主量子数 n	$\Delta n \geqslant 1$	必须至少改变 1
角量子数 l	$\Delta l = \pm 1$	只能改变 1
角动量 J	$\Delta J = \pm 1$ 或 0	必须改变 1 或 0，且不能为负

结合表 2-1 和表 2-2，可以获知跃迁能级。对 K 壳层，只有 1s 电子，J 只能取 1/2，故只有一个 K 系跃迁能级；对 L 层电子，J 可有三个取值，因此可有三个跃迁能级，分别用 L_I、L_{II}、L_{III} 表示。对 M 壳层，可有五个跃迁能级，依次

类推。这些基本电子组态和选择定则决定了我们可以观察到的特征 X 射线谱线。例如对 K 系和 L 系谱线，允许以下跃迁：

K：p→s；

L：p→s，s→p，d→p。

3. 特征谱线系

特征 X 射线由三类组成，第一类是我们通常看到的常规 X 射线，第二类是所谓受禁跃迁谱线，第三类是卫星线。

常规 X 射线的产生符合选择定则，例如对 K 系谱线，分别由来自于 L_{II}/L_{III}、M_{II}/M_{III}、N_{II}/N_{III} 壳层的电子形成三对谱线系。图 2-3 显示了跃迁能级与 X 射线谱线系的关系。国际纯粹与应用化学联合会（IUPAC）采用跃迁能级命名，故从中既可了解跃迁能级，也不易将不同谱线来源与名称混淆。表 2-3 列出了特征 X 射线谱线产生能级、常用名（俗称）以及与国际标准名称的比较。

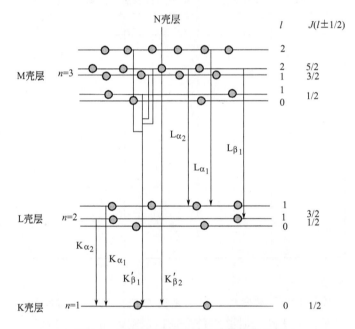

图 2-3　跃迁能级与 X 射线谱线系的关系

第二类为受禁跃迁谱线，主要来源于外层轨道电子间没有明晰的能级差的情况。例如过渡金属元素的 3d 电子轨道，当电子轨道中只有部分电子充填时，其能级与 3p 电子类似，故可观察到弱的受禁跃迁谱线（β_5）。当存在双电离情况时，则可能会观察到第三类谱线——卫星线。

三、谱线相对强度

入射光与物质相互作用后，产生的特征谱线强度取决于以下三个因素：

① 入射光子使特定壳层电子电离的概率；

表 2-3　特征 X 射线谱线产生能级、常用名（俗称）以及与国际标准名称的比较

常用名	IUPAC	常用名	IUPAC	常用名	IUPAC
K_{α_1}	$K\text{-}L_3$	L_{α_1}	$L_3\text{-}M_5$	L_{γ_1}	$L_2\text{-}N_4$
K_{α_2}	$K\text{-}L_2$	L_{α_2}	$L_3\text{-}M_4$	L_{γ_2}	$L_1\text{-}N_2$
K_{β_1}	$K\text{-}M_3$	L_{β_1}	$L_2\text{-}M_4$	L_{γ_3}	$L_1\text{-}N_3$
$K_{\beta_2}^{\mathrm{I}}$	$K\text{-}N_3$	L_{β_2}	$L_3\text{-}N_5$	L_{γ_4}	$L_1\text{-}O_3$
$K_{\beta_2}^{\mathrm{II}}$	$K\text{-}N_2$	L_{β_3}	$L_1\text{-}M_3$		
K_{β_3}	$K\text{-}M_2$	L_{β_4}	$L_1\text{-}M_2$	L_{γ_5}	$L_2\text{-}N_1$
$K_{\beta_4}^{\mathrm{I}}$	$K\text{-}N_5$	L_{β_5}	$L_3\text{-}O_{4,5}$	L_{γ_6}	$L_2\text{-}O_4$
$K_{\beta_4}^{\mathrm{II}}$	$K\text{-}N_4$	L_{β_6}	$L_3\text{-}N_1$	L_{γ_8}	$L_2\text{-}O_1$
$K_{\beta_{4X}}$	$K\text{-}N_4$	L_{β_7}	$L_3\text{-}O_1$		
$K_{\beta_5}^{\mathrm{I}}$	$K\text{-}M_5$	L_{β_8}	$L_3\text{-}N_{6,7}$	L_{η}	$L_3\text{-}M_1$
$K_{\beta_5}^{\mathrm{II}}$	$K\text{-}M_4$	L_{β_9}	$L_1\text{-}M_5$		
		$L_{\beta_{10}}$	$L_1\text{-}M_4$	L_s	$L_3\text{-}M_3$
		$L_{\beta_{15}}$	$L_3\text{-}N_4$	L_t	$L_3\text{-}M_2$
		$L_{\beta_{17}}$	$L_2\text{-}M_3$	L_u	$L_3\text{-}N_{6,7}$
				L_v	$L_2\text{-}N_{6,7}$

② 产生的孔穴被某一特定外层电子充填的概率；

③ 该特征 X 射线出射时在原子内部未被吸收的概率。

第一项与第三项影响因素分别与吸收和俄歇效应相关，而第二项则与跃迁概率相关。

谱线相对强度是指在一特定谱线系中各谱线的强度比。例如 $K_{\alpha_1}/K_{\alpha_2}$ 或 K_{β}/K_{α} 等 K 系谱线的相对强度。K 系谱线相对强度在不同元素间变化范围较小，测得的准确度也较高，而 L 和 M 谱线系的相对强度变化较大。

值得注意的是，谱线相对强度与谱线相对强度份数是不同的。谱线相对强度份数是指一特定谱线占该能级中总的强度比例。对 K 系线的谱线相对强度份数（$f_{K_{\alpha}}$）有：

$$f_{K_{\alpha}} = \frac{K_{\alpha}}{K_{\alpha} + K_{\beta}} = \frac{1}{1 + K_{\beta}/K_{\alpha}} \tag{2-5}$$

谱线相对强度份数将在基本参数法计算中得到应用。

四、荧光产额

并非所有产生的空穴都会产生特征 X 射线，例如会产生俄歇电子。因此从一能级产生的光子数取决于相对效率，其大小可用荧光产额来衡量。

荧光产额 ω 定义为在某一能级谱系下从受激原子有效发射出的次级光子数（n_K）与在该能级上受原级 X 射线激发产生的光子总数（N_K）之比，代表了某一谱线系光子脱离原子而不被原子自身吸收的概率。对 K 系谱线，有：

$$\omega = \frac{\sum n_K}{N_K} \tag{2-6}$$

几个元素的荧光产额 ω 列于表 2-4 中。原子序数越大，荧光产额越高。对轻

元素，荧光产额很低，这也是利用 XRF 分析轻元素比较困难的主要原因之一。

荧光产额 ω 可由实验测定，也可采用经验公式计算：

$$\omega = \frac{F}{1+F} \tag{2-7}$$

$$F = (a + bZ + cZ^3)^4 \tag{2-8}$$

式中，Z 为原子序数；a、b、c 为常数。公式表明荧光产额随原子序数的增加而显著上升。该经验公式可应用于基本参数法计算中。

表 2-4　不同元素的 K 系荧光产额

元素	C	O	Na	Si	K	Ti	Fe	Mo	Ag	Ba
ω_K	0.0025	0.0085	0.024	0.047	0.138	0.219	0.347	0.764	0.830	0.901

K 系谱线的荧光产额 ω_K 准确度要明显高于 L 谱线系的 ω_L，而 ω_M 最小。ω_K 的准确度为 3%～5%，ω_L 为 10%～15%。

第二节　X 射线吸收

当 X 射线穿过物质时，一方面受散射作用的衰减，另一方面还会经受光电吸收。光电吸收效应会产生 X 射线荧光和俄歇吸收，散射则包含了弹性和非弹性散射作用过程。

一、X 射线衰减

当一单色 X 射线穿过均匀物体时，其初始强度将由 I_0 衰减至出射强度 I_x，X 射线的衰减符合指数衰减定律：

$$I_x = I_0 \exp(-\mu \rho L) \tag{2-9}$$

式中，μ 为质量衰减系数；ρ 为样品密度；L 为射线在样品中的辐射距离。图 2-4 解释了这一作用过程。

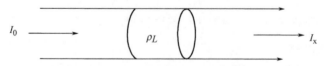

图 2-4　单色 X 射线穿过厚度为 L 的均匀物体后强度衰减

特征 X 射线在固体样品中的透射深度并不是很大，利用式（2-9）可以计算透射厚度 L，考虑 99% 吸收的情况，则有

$$L(\mu m) = 46000 / (\mu \rho) \tag{2-10}$$

特征 X 射线在固体样品中的透射深度通常只有几微米到几百微米。

质量衰减系数（μ）是质量光电吸收系数（τ）和质量散射吸收系数（σ）的和：

$$\mu = \tau + \sigma$$

在 0~100keV 范围，光电吸收系数比散射系数要大若干倍，通常占质量衰减系数的 95% 左右。

二、吸收边

光电吸收由各原子能级吸收之和构成，且是原子序数的函数。将质量吸收系数与波长或能量的对应关系画图，在与原子各壳层中电子束缚能所对应的波长（能量）处，存在一些不连续处，质量吸收系数会出现突然变化，在特定能量下的这一吸收突变称为吸收边。

图 2-5 是质量吸收系数与 X 射线能量关系的一个示例。由图可见，随着入射光子的能量增加，吸收下降。当入射光子能量稍稍比吸收边大时，吸收会突然上升，这是因为入射光子能量大于该能级的最小激发能后，光子能量可以击出原子中的光电子，产生了对应能级的光电吸收所致。这时可激发产生相应能级的 X 射线。不同元素的原子有完全不同的激发势能，其各壳层也具有各自的特征吸收曲线。各元素均包括 1 条 K 吸收边、3 条 L 吸收边和 5 条 M 吸收边。

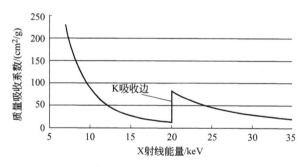

图 2-5　质量吸收系数与 X 射线能量关系

三、吸收跃变

在质量吸收系数与波长的关系曲线中，在吸收边前后表现为分布的不连续，而吸收跃变则是对此的量化。吸收跃变定义为在任一不连续处的两吸收系数之比。吸收跃变也称为吸收陡变。

吸收跃变（r_K）与原子的电离截面（τ_a）相关，而原子的电离截面等于质量光电吸收系数。在实际应用中，更多的是用到吸收跃变因子。吸收跃变因子 J 定义为在给定波长间隔和特定能级上，其特征吸收在整个吸收中的份数，例如对 K 系跃变，吸收跃变因子 J_K 为：

$$J_K = \frac{r_K - 1}{r_K} = \frac{\tau_K}{\sum_i \tau_i} \tag{2-11}$$

吸收跃变因子 J_K 会在基本参数法中应用。

四、质量衰减系数的计算

质量衰减系数 μ 与原子序数 Z 成三次或四次幂的关系，即：

$$\mu = kZ^3 \tag{2-12}$$

样品和化合物的质量衰减系数遵循算术加权平均和定律。对于由 i，j，……多个组分组成的化合物，总的质量衰减系数等于各组分质量分数与其质量衰减系数之积的和，即：

$$\mu_s = C_i\mu_i + C_j\mu_j + \cdots = \sum C_i\mu_i \tag{2-13}$$

质量衰减系数可采用多种由实验数据拟合得来的公式计算，例如：

$$\mu = CE_{abs}\lambda^n \left(\frac{12.3981}{E}\right)^n \tag{2-14}$$

式中，E_{abs} 为入射光吸收边低能侧的吸收边能量；C、n 为常数，可从相应文献中查到，该式的适用范围为 $1\sim40\text{keV}$。另有包含更宽能量范围计算质量衰减系数的公式，如 $1\sim50\text{keV}$、$1\sim1000\text{keV}$、$200\text{eV}\sim20\text{keV}$ 等。现在一般将多个公式结合使用，以使程序有更好的选择性和更宽的适用范围。

由于质量衰减系数与吸收物质的原子序数近似成三次幂的关系，故重元素对 X 射线有较多吸收。这也是总采用 Pb 来进行 X 射线屏蔽或防护的原因。

第三节　X 射线散射

除光电吸收外，入射光子还可与原子碰撞，在各个方向上发生散射。X 射线与物质的散射是由于 X 射线与电子的相互作用而产生的。散射作用分为两种，即相干散射和非相干散射。如果被散射光子能量与入射光子能量相同，则称为相干散射或弹性散射，相干散射又称为瑞利（Rayleigh）散射，没有能量损失。如果出现能量变化或损失，则为非相干散射，也称为康普顿（Compton）散射。

相干散射与光干涉现象相互作用的结果可产生 X 射线衍射。X 射线衍射图与晶格排列等密切相关，可被用于研究物质结构。

一、相干散射

入射 X 射线光子与靶元素的内层电子碰撞，如果光子能量保持不变而只是改变了出射方向，这时的散射作用为相干散射，从能谱图上看，相干散射峰对应于入射光子能量，如图 2-6 中所示 88.035keV 处的 γ 射线（88.035keV）弹性散射峰。

相干散射由于受物质表面形状等影响较小，常被用来进行形态校正，以在一定程度上补偿形态、粒度等变化对分析结果的影响。

二、非相干散射

非相干散射会产生反冲电子，如图 2-7 所示。反冲电子将带走部分能量，根据能量守恒原理，这必然使出射光子能量降低。

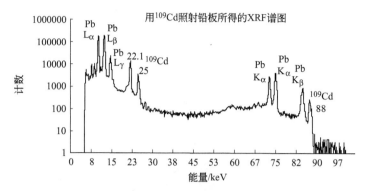

图 2-6 γ 射线（88.035keV）弹性散射峰

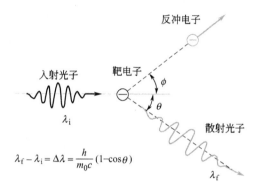

图 2-7 非相干散射（Compton 散射）过程

设入射光子的波长为 λ（nm），能量为 E（keV），出射角为 $θ$，则计算 Compton 散射峰波长的公式可表述如下：

$$\lambda_c = \lambda + \frac{h}{m_e c}(1-\cos\theta) \tag{2-15}$$

根据：

$$\lambda = \frac{hc}{E} = \frac{1.2398}{E} \tag{2-16}$$

$$\frac{h}{m_e c} = \frac{hc}{m_e c^2} = \frac{1.2398\text{keV} \cdot \text{nm}}{510.996\text{keV}} = 0.002426\text{nm} \tag{2-17}$$

则有：

$$\Delta\lambda(\text{nm}) = 0.0024 \times (1-\cos\theta) \tag{2-18}$$

Compton 散射能量 E_c（keV）为：

$$\lambda_c = \lambda + \frac{h}{m_e c}(1-\cos\theta) = \lambda + 0.002426 \times (1-\cos\theta)(\text{nm})$$

13

$$E_c = \frac{E_i}{1 + \frac{E_i}{m_e c^2}(1-\cos\theta)} = \frac{E_i}{1 + \frac{E_i}{510.996}(1-\cos\theta)}$$

故：

$$E_c = \frac{E_0}{1 + \frac{E_0}{mc^2}(1-\cos\theta)} \tag{2-19}$$

式(2-15)～式(2-19)表明散射角越大，波长或能量位移越显著。当采用波长色散或能量色散光谱仪进行定性和定量分析时，可以利用以上公式计算Compton散射峰位置，借以判断干扰，选择分析谱线。

非相干散射与相干散射强度比随散射体的原子序数增加而降低。当被散射物质的组成元素的原子序数越低时，非相干散射作用越强。故轻元素会产生非常强烈的Compton峰，甚至掩盖待测元素的有用信息。例如，在进行活体分析时，由于被测物体的低原子序数，致使Compton峰在低含量元素谱峰附近产生强烈重叠，故需要利用不同的仪器几何角设计，改变出射角，以尽量避开Compton峰对分析元素的干扰。图2-8是人胫骨的X射线荧光谱图，位于约66.5keV的Compton峰占据了整个光谱的主体，对痕量元素分析产生极大干扰，使得解谱成为必不可少的手段。

轻元素会产生强Compton散射，是轻元素基体条件下某些元素XRF分析比较困难的重要原因之一。

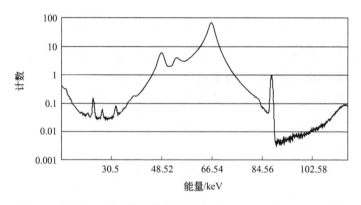

图 2-8　用 ^{109}Cd 照射石膏所产生的位于 66.5keV 的 Compton 峰

第四节　X 射线荧光光谱分析原理

X 射线光谱仪通常可分为两大类，波长色散 X 射线荧光光谱仪（WDXRF）和能量色散 X 射线荧光光谱仪（EDXRF），波长色散光谱仪主要部件包括激发源、分光晶体和测角仪、探测器等，而能量色散光谱仪则只需激发源和探测器及相关电子与控制部件，相对简单。

波长色散 X 射线荧光光谱仪使用分析晶体分辨待测元素的分析谱线，根据 Bragg 定律，通过测定角度，可获得待测元素的谱线波长：

$$n\lambda = 2d\sin\theta \qquad (n=1,2,3,\cdots) \qquad (2\text{-}20)$$

式中，λ 为分析谱线波长；d 为晶体的晶格间距；θ 为衍射角；n 为衍射级次。利用测角仪可以测得分析谱线的衍射角，利用上式可以计算相应被分析元素的波长，从而获得待测元素的特征信息。

能量色散 X 射线荧光光谱仪则采用能量探测器，通过测定由探测器收集到的电荷量，直接获得被测元素发出的特征 X 射线能量：

$$Q = kE$$

式中，E 为入射 X 射线的光子能量；Q 为探测器产生的相应电荷量；k 为不同类型能量探测器的响应参数。电荷量与入射 X 射线能量成正比，故通过测定电荷量可得到待测元素的特征信息。

待测元素的特征谱线需要采用一定的激发源才能获得。目前常规采用的激发源主要有 X 射线光管和同位素激发源等。

为获得样品的定性和定量信息，除光谱仪外，还必须采用一定的样品制备技术，并对获得的信号强度进行相关的谱分析和数据处理，以下各章将对 X 射线荧光光谱仪与定性定量分析方法等的相关内容进行分别介绍。

第五节　X 射线衍射分析

如图 2-9 所示，根据上述 Bragg 衍射方程，如果已知晶体的 d 值，通过 X 射线光谱仪测定 θ 角，可得到样品中元素的特征辐射波长 λ，从而可以确定所含元素的种类，此即 X 射线荧光光谱仪的工作原理。而如果我们采用波长已知为 λ 的光源作为激发源，通过 X 射线光谱仪测定 θ 角后，计算产生衍射的晶体的 d

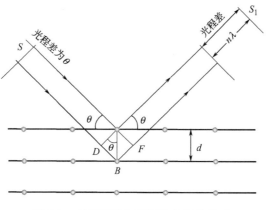

图 2-9　晶格间距与衍射波长间的关系

值，就可以知道所分析物质的晶格间距，从而了解待测物的结构性质，这即是 X 射线衍射分析（XRD）的工作原理。

参考文献

［1］ Ron Jenkins. X-ray fluorescence spectrometry. 2nd ed. New York：Wiley，1999.

［2］ Dzubay，Thomas Gary. X-ray fluorescence analysis of environmental samples. Ann Arbor Mich：Ann Arbor Science，1977，1-310.

［3］ Ahmedali S T，Hohn's Nfld St. X-ray fluorescence analysis in the geological sciences：advances in methodology. St. John's，Nfld：Geological Association of Canada，1989，1-297.

［4］ Hayat M A，Baltimore. X-ray microanalysis in biology. University Park Press，1980.

［5］ 吉昂，陶光仪，卓尚军，罗立强. X 射线荧光光谱分析. 北京：科学出版社，2003.

第三章 激 发 源

要产生 X 射线荧光就必须采用适当的激发源。如果高能光子或粒子的能量足以激发出原子内壳层中的电子，产生特征 X 射线，它就可以用作 X 射线激发源。目前常用的激发源主要是各种 X 射线光管，电子、质子、放射性同位素、同步辐射等也可用作激发源。

X 射线光管可分为端窗和侧窗两种类型。高功率 X 射线光管需要水冷，50W 以下的小功率 X 射线光管可直接由空气冷却。由于 X 射线光管热效应严重，还出现了一些新型 X 射线光管。同时常规 X 射线光管发散角较大，不能进行微区分析，故聚焦 X 射线激发源目前得到了广泛重视。以下将对这几种激发源进行一些介绍。

第一节 常规 X 射线光管

X 射线光管分析范围宽，适用性强，稳定性好，是常规分析中的首选激发源。可利用 X 射线光管产生的连续谱和特征靶线来激发被测元素。

一、光管结构与工作原理

常规 X 射线光管主要采用端窗和侧窗两种设计。普通 X 射线光管一般由真空玻璃管、阴极灯丝、阳极靶、铍窗以及聚焦栅极组成，并利用高压电缆与高压发生器相接，同时对高功率光管还需要配有冷却系统。侧窗 X 射线光管结构如图 3-1 所示。当电流流经 X 射线光管灯丝线圈时，引起阴极灯丝发热发光，并向四周发射电子。一部分电子被加速，撞击 X 射线光管阳极，大约 99％ 的能量转

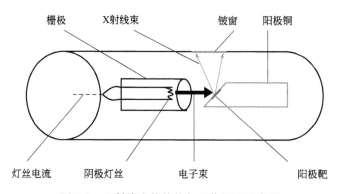

图 3-1 X 射线光管结构与工作原理示意图

图 3-2　1910 年美国生产的早期 X 射线光管

换成热；另一部分撞击电子则产生连续 X 射线谱和靶线特征谱。X 射线经铍窗出射后，照射样品。X 射线光管可采用阴极或阳极接地方式，阳极通常为镀或嵌有所需靶材的铜块，使用铜块也是为了利用其良好的导热性。为使灯丝电流足够高，例如 100mA～2A，灯丝可能需要加热到 2700K。若采用旋转阳极，由于当电子打击阳极靶的外圈时，阳极高速旋转，因此热散布在更大区域上，故可产生 X 射线的效率更高。

经过一个多世纪的发展，X 射线技术已取得显著进步和巨大成就，但无论是早期或现代 X 射线光管，其基本原理和结构仍是相通的。图 3-2 是早期 X 射线光管实物照片，结构十分简单。与之相比，现代玻璃 X 射线光管的结构更为紧凑，当然功效、稳定性等也更完善，并可实现计算机控制。如图 3-3 所示。

图 3-3　现代玻璃 X 射线光管（Oxford Instruments 产品）

二、连续 X 射线谱

X 射线光管利用由高压产生的 X 射线束作为激发源。高能入射粒子或电子与靶元素中束缚力较弱的电子发生随机碰撞后，电子减速，动能损失，损失的能量将以光子发射的形式出现，从而产生连续的 X 射线谱，称为韧致辐射。图 3-4 显示了在 45kV 下由计算所得到的 Cr 靶 X 射线光管连续谱，Cr 的特征靶线 K_α 和 K_β 叠加在连续谱之上。除靶材和电压外，连续谱还与光管、铍窗厚度及仪器配置等有关。

由于受入射电子能量的限制，产生的光子能量不可能超过入射电子能量，故连续谱存在一最小值，称为短波限，连续谱的短波限 λ_{min}（nm）与光管激发电压（V，kV）相关：

$$\lambda_{min} = 1.2398/V$$

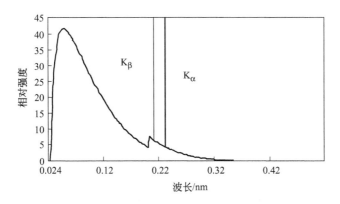

图 3-4　计算所得 Cr 靶 X 射线光管 45kV 连续谱

三、特征 X 射线谱

产生特征 X 射线所需要的最小能量等于相应壳层电子的结合能，也称为吸收边能量 E_{abs}。当用 X 射线光管激发时，达到激发出特征 X 射线的最小电压与吸收边能量 E_{abs} 相对应，故也称此时所需的电压为临界激发能。光管只有在超出临界激发电压的情况下，靶的特征线才会出现。特征谱线强度 I 与管压 V、管电流 i 和临界激发电压 V_c 的关系如下式：

$$I = Ki(V - V_c)^n$$

式中，n 的取值范围为 $1.5 \sim 2$；V/V_c 的最佳值为 $3 \sim 5$。这是因为电压太高时，电子穿透深度过大，靶材的自吸收将会变得十分显著。故只有当光管电压等于临界激发电压的 $3 \sim 5$ 倍时，才可得到最佳的特征谱线强度。这对于选择靶线激发的轻元素分析具有指导意义。

四、光管特性

X 射线光管可产生连续谱和叠加的特征靶线谱。轻元素波长较长，一般用光管的长波特征线，对波长较短的重元素，多用光管的连续谱。靶的特征辐射与连续谱的相对强度比随阳极靶材的原子序数减少而增加，即原子序数越小，特征辐射所占比例越高。例如，对 Cr 靶，靶线约占总强度的 75%，对 W 靶，靶线约占 40%。因此，当选用 X 射线光管或仪器时，通常会根据拟分析的对象，选择不同靶材，以获得最佳激发效果。在分析对象主要为 $Z < 24$ 的轻元素时，主要用 Cr 靶的特征线作为激发源。常用的密封 X 射线光管采用 Cr、Sc、Rh、W、Ag、Au、Mo 等作为阳极靶材。

为获得好的激发效果，双阳极靶材是一种不错的设计。低原子序数的靶材置于高原子序数的靶材之上，在高电压下，电子穿透薄层，以连续谱和重元素特征线为主，在低电压下，电子主要与轻元素靶材作用，以长波特征辐射为主，例如，Sc/Mo、Cr/Ag、Sc/W 等的双阳极靶材结合等。

X射线光管的电压和电流均需要较高稳定性，故需要利用经整流后的电压和稳定电流。光管的长期稳定性一般至少需要使长期漂移保持在0.2%～0.5%，短期漂移小于0.2%，以便得到好的定量分析结果。光管或仪器的长期和短期漂移可通过与参照样的计数比值来得到校正，这种校正需要经常进行。利用这种校正，仪器的长期漂移可得以较好消除。

通常X射线光谱仪的分析范围为0.7～40keV，故一般激发电压范围为1～50kV，X射线光管可提供的最高管压一般为30～100kV，波长色散光谱仪的光管功率为2～4kW，能量色散光谱仪一般采用低功率光管（0.5～1.0kW）。对波长色散光谱仪，最佳激发电压约为临界激发电压的6倍。当测定多种元素时，为获得最佳的激发效果，多数情况下选择50kV以上，在60～100kV电压范围，可获得轻、重元素的最佳灵敏度。随着技术的进步，现在可以实现根据不同元素特性设定电压。增加管压，对激发分析物更为有效。对能量色散光谱仪而言，由于受到能量探测器计数率的限制，通常都采用待测元素吸收边能量的2～6倍。

第二节　液体金属阳极X射线光管

由于热扩散能力的限制，常规X射线光管通常只能达到几千瓦的功率。

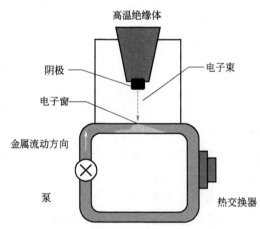

图3-5　液体金属阳极X射线光管

但这一功率范围不能满足当代科学技术的需求，特别是X射线图像技术对大功率X射线光管的需求，迫使人们寻求能达到具有更大功率、能产生更高X射线强度、同时又使用方便的X射线光管。液体金属阳极X射线光管即是这种需求的一种体现。

液体金属阳极X射线光管的设想于2001年提出，目前已获得实验结果，在150kV电压下，功率可以达到约20kW，有效焦斑面积为1mm×1mm，图3-5是其工作原理图。将负高压施加于阴极，当聚焦电子束穿过地极电子透射窗打击液体金属时，会激发出X射线，产生的热量被高速流动的金属带走，并被热交换器冷却。由于在泵的作用下，热量可被迅速带走，因此液体金属阳极X射线光管可以达到很高的功率。目前一般可用Ti、Mo薄膜作为电子窗，用金属Hg及Ga-In-Sn和Bi-Pb-In-Sn合金作为液体金属阳极靶材。液体金属阳极X射线光管的使用范围见表3-1。

表 3-1　液体金属阳极 X 射线光管的使用范围

阳极材料	电压/kV	电流/mA	受激元素
Ca(K 系线)	8～10	0.1～1	P,S,Cl
Pd(L 系线)	3～5	0.1～1	P,S,Cl
Pd(K 系线)	35	0.1～1	K～Sn(K 系线),Cd～U(L 系线)
Ti(K 系线)	10	0.1～1	Cl,K,Ca
Mo(K 系线)	30	0.1～1	K～Y(K 系线),Cd～U(L 系线)
W	35	0.1～1	K～Sn(K 系线),Tb～U(L 系线)
W	50	0.1～1	Zn～Ba(K 系线),Tb～U(L 系线)

第三节　冷 X 射线光管

与常见的热 X 射线光管不同，冷 X 射线光管无需施加高压，不会像常规大功率光管那样产生大量热量。当对冷 X 射线光管通电加热时，热电晶体会出现自发性极化减少。随温度增加，电场逐步增强直至跨越晶体。对一特殊晶面，晶体最表层获得正电荷，并吸引低压气体中的电子。当电子撞击晶体表面时，它们就会产生特征 X 射线（Ta）和韧致辐射 X 射线。当冷却状态开始时，自发极化增加，晶体顶层电子加速飞向基电位 Cu 靶，产生 Cu 靶的特征 X 射线和韧致辐射。当晶体温度达到低点时，加热状态又重新开始。这种冷热循环过程周期为2～5min。冷 X 射线光管结构与工作原理如图 3-6 所示。

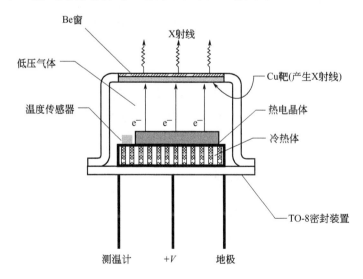

图 3-6　冷 X 射线光管结构与工作原理示意图

冷 X 射线光管属低功率 X 射线光管，使用 9V 电池作为电源，功率小于300mW，能量约为 35keV，适用于制作成现场 XRF 分析光谱仪。

第四节　单色与选择激发

单色激发有多种方式，例如二次靶和放射性同位素激发源。最常用的单色和选择激发方式是选用滤光片和二次靶。对能量分布范围较宽的多种元素分析，韧致辐射激发效率较高，但当需要分析痕量元素时，管光谱被轻基体强烈散射，在痕量元素的谱峰附近产生高背景，严重干扰测定。解决的办法之一是选择滤片或二次靶产生单色光，消除管光谱分布。

一、滤光片

当采用一个厚度为 d 的滤光片时，入射光强度 I_0 将被衰减为 I，两者强度比可由以下方程计算：

$$\frac{I}{I_0} = \exp(-\mu\rho d)$$

式中，μ 为滤片质量衰减系数；ρ 为材料密度。

质量衰减系数与能量按指数规律成反比下降，即质量衰减系数随能量上升而减小，再结合上式，可知滤光片对光管韧致辐射的低能连续谱有强吸收，使其显著降低。另外，由于在滤光片组成元素的低能端附近，透过率较高，自吸收低，允许滤光片元素的特征谱线透过，因此，可采用滤光片元素的特征辐射作为单色线来激发待分析元素，由于低能背景辐射显著降低，故可获得好的峰背比。在滤光片的吸收边高能端附近，背景也较低，并随滤光片厚度增加而更为显著。这一特征也可被用来分析能量高于滤光片吸收边的痕量元素。滤光片的几何配置如图3-7 所示。

二、二次靶

在 X 射线光管与样品之间可放置一个二次靶，利用光管连续辐射激发二次靶材的组成元素，产生选定靶材的特征辐射，利用此单色光可达到降低背景辐射，提高痕量元素峰背比，降低检出限的目的。二次靶的几何配置如图3-8 所示。

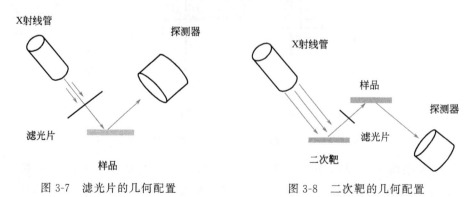

图 3-7　滤光片的几何配置　　　图 3-8　二次靶的几何配置

采用二次靶技术要求光管功率较大，靶材有高韧致辐射输出，以便有效激发二次靶特征元素。二次靶可利用的特征辐射份额较低，同时需有好的准直系统，以避免原级辐射到达样品或进入探测器。简单配置的二次靶可能还会有原级辐射与二次靶的散射线到达样品，故还可附加一个滤光片以进一步降低低能背景。

对于离开滤光片或二次靶特征线很远的元素，该方法的激发效率会很低，例如用 Mo 靶及 Mo 滤光片的情况，尽管改善了 Cu、Zn 等的峰背比，但对 Al、Ti 等灵敏度却显著降低。因此，无论是滤光片，还是二次靶，通常只是为了提高峰背比，用来选择性地分析痕量元素，降低检出限。

第五节 同位素源

放射性同位素利用 γ 射线或 γ-X 射线作为激发源，由于其结构简单，稳定性和可靠性高，体积小，花费低，可制成便携式光谱仪，常用于太空、现场或在线分析。

常用的放射性同位素多发射 γ 射线或特征 X 射线，基本上是单色光源。主要的 γ 源有 ^{241}Am、^{109}Cd、^{153}Gd、^{155}Eu、^{145}Sm 等，其光子能量和适用范围见表 3-2。在实际应用时，应根据待测元素的吸收边，选择能量适宜、干扰较少的同位素作为激发源。例如，图 3-9 是 ^{109}Cd 光源的能谱图。一方面可以利用 Ag 的 K 系线作为激发谱线；另一方面，还要考虑 Ag 的 K 系线对其他待测元素的干扰，同时，^{109}Cd 的 γ 射线正好在 Pb 的 K 吸收边之上，因此 ^{109}Cd 特别适合用来测定痕量 Pb，进行活体 Pb 的 XRF 分析。

表 3-2 常用的放射性同位素激发源特性

同位素	主要衰变方式	半衰期	衰变方式	光子能量/keV	适用范围
^{55}Fe	E.C.	2.7 年	Mn K	5.9	Al~Cr
^{57}Co	E.C.	270d	Fe K	6.4	<Cr
				7.1	
			γ	14.4	
			γ	122	
			γ	136	
^{109}Cd	E.C.	1.3 年	Ag K	22.2	Ca~Tc
				25.5	W~U
			γ	88.035	
^{125}I	E.C.	0.16 年	Te K	27	<Xe
			γ	35	
^{153}Gd	E.C.	0.65 年	Eu K	42	Mo~Ce
			γ	97	
			γ	103	
^{3}H-Ti	β^-		白光	3~10	Na~Cu
			Ti K	4~5	
^{210}Pb	β^-	22 年	Bi L	11	<Sm
			γ	47	
^{238}Pu	α	89.6 年	U L	15~17	Ca~Br
^{241}Am	α	470 年	Np L	14~21	Sn~Tm
			γ	26	

注：表中 E.C. 代表电子捕获。

23

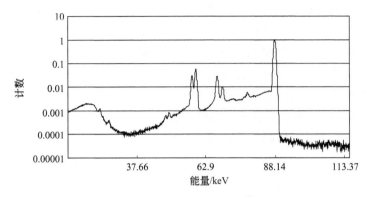

图 3-9　^{109}Cd 光源在 88.035keV 处的 γ 射线相干散射能谱图

第六节　同步辐射光源与粒子激发

电子激发由于需要真空条件并存在热消散问题，故并不常用于 X 射线荧光分析。质子激发和同步辐射则由于具有高灵敏度和微束特性而在痕量元素和微区分析领域受到广泛关注。同步辐射需要通过加速器产生，而建设高能加速器耗资庞大，其数量有限，因此实际应用受到一些限制，主要应用于探索性研究。目前采用单束或聚束毛细管聚焦 X 射线作为微束光源是一个现实、可行的应用研究发展方向。

第七节　聚束毛细管 X 射线透镜

大功率 X 射线光管除了可以提高激发效率，还会引起焦斑的增加。功率越大，焦斑越大。而为了获得图像或多维信息，必须采用微束分析技术。同步辐射是一个良好的微束光源，但要获得广泛应用，还比较困难。因此利用椭圆反射镜和聚束毛细管光源等进行微束分析，就得到了广泛关注和研究。

获得微束 X 射线的方法有多种，表 3-3 列出了可以利用的方法，目前研究较多的主要是玻璃毛细管聚焦和准直透镜系统。毛细管透镜系统可分为单根和聚束毛细管透镜。从功能上又可分为聚焦透镜和准直透镜，前者产生聚焦微束 X 射线，后者产生平行 X 射线束。

表 3-3　获得微束 X 射线的方法

方　　法	途　　径	聚焦光斑大小/μm	特　　征
狭缝	狭缝或准直器	50～500	连续谱
掠入射法	毛细管透镜	1～10	连续谱
	聚束毛细管透镜	30～100	连续谱
衍射法	不对称反射晶体	100	单色
折射法	折射透镜	10	长焦距

聚束毛细管透镜由大量细小的具有一定凹曲面的玻璃管排列，当 X 射线以小于临界角 $\theta_c=0.02\sqrt{\rho/E}$ 的角度入射时，X 射线就会在弯曲的毛细管内产生多重全反射，出射方向就会改变。改变凹曲管的几何角，可以产生平行、聚焦或发散的 X 射线，如图 3-10 所示。图 3-11 是北京师范大学低能所生产的 X 透镜实物照片。

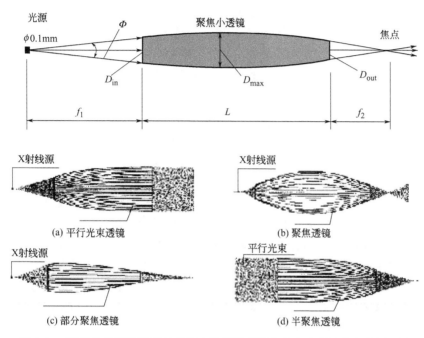

图 3-10　聚束毛细管透镜通过多重全反射形成聚焦光束或平行光束的原理图

由于临界角 θ_c 非常小，在 $5\sim30\text{keV}$ 范围内，对玻管介质通常只有几个毫弧度 $[\theta_c(\text{mrad})\sim30/E(\text{keV})]$。故毛细管的弯曲度必须是渐进的，毛细管的直径应该小得足以满足全反射条件。典型毛细管透镜的曲率半径一般在几毫米，毛细管中每一光子通道的直径一般在几微米到几十微米，一根聚束毛细管中总的通道数

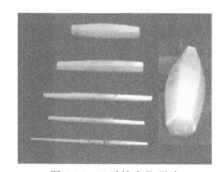

图 3-11　X 透镜实物照片

为几百万道。最大捕获角达 $30°$，输出束斑最大可达 $50\sim100\text{mm}$，最小为 $10\sim20\mu\text{m}$。

由于临界角与能量相关，故毛细管透镜的传播效率是能量的函数，随着能量的上升，传播效率下降。在高能辐射产生干扰背景时，可利用毛细管透镜的这种带通特性予以抑制。

焦斑大小与聚焦距离成正比，因此要获得较小的焦斑和足够高的光子通量就需要缩短聚焦距离，但这也限制了设备可用空间。焦斑大小是初始入射光源大小的函数。由于焦斑大小随临界角度变化，且临界角与能量相关，故焦斑大小也是能量的函数，焦斑大小随能量上升而下降。

与采用针孔方式获得的微束 X 射线相比，在光斑大小相同的条件下，毛细管透镜产生的光子通量要高 3 个量级。

目前聚束毛细管 X 射线透镜在 X 射线荧光光谱分析中愈来愈受到重视，应用也日益广泛，在某些领域已成为一种常规和必不可少的分析手段，例如在文物考古领域等。用毛细管透镜产生平行光构成毛细管准直透镜，在 X 射线衍射分析中也是十分有用的。

第八节　X 射线激光光源

受激辐射式光频放大器（激光）可产生相干、共线、强度极高的单色光。在 X 射线至紫外线波长范围内的激光由于用途广泛，目前研究、发展迅速。

原子中处于基态的电子在吸收波长为 λ 的光子能量后，将跃迁到一能级较高的轨道。通常受激电子会立即自发地返回到基态，并辐射出波长相同的光子。但也会出现电子落入中间态（亚稳态）的情况，在此中间态，电子自发跃迁到基态的概率很小，从而使得这些电子陷落于此中间态中。波长为 λ 的激发辐射不断将电子提升到这种亚稳态，并将最终导致总体逆转，出现处于亚稳态的电子多于基态电子的现象。每个原子中仅有一个特定电子经受这种转换。

在一定条件下，处于亚稳态的电子会向基态跃迁，并辐射出能量，其对应的波长为 λ_s（$\lambda_s < \lambda$）。这一转换可以由波长为 λ_s 的辐射受激产生。该辐射不能被吸收。当一个亚稳态原子恢复基态，其辐射能量将立即激发其他亚稳态原子衰变，产生波长为 λ_s 的强辐射。此即我们所想要得到的能量辐射——激光。

例如，将红宝石棒（含 Cr 的 Al_2O_3 材料）两端镀银，一端不透明，另一端透过率约 90%，形成共振器，并与一螺旋电子闪光灯同轴安装。受闪光辐射的作用，Cr 原子经受总体逆转，其辐射 λ_s 被两端反射，进一步激发跃迁，当所有 Cr 原子都回复到基态后，再次应用闪光辐射开始另一次激发，从而获得我们所需要的激光。

产生 X 射线激光的困难主要有两点：一是随着从亚稳态到基态能量间隔的增加，相应的状态寿命减少，从而很难保持其总体逆转性能；二是很难实现激光 X 射线的反射。

软 X 射线激光处于 4～40nm 范围，在光谱学领域的应用较少。但现阶段的技术已可以将用作原始激发源的激光脉冲能量的百分之几转换成非相干 X 射线，将可利用的光谱范围从软 X 射线扩展到硬 X 射线，应用于 X 射线衍射和吸收光谱。

利用超短脉冲激光和高次谐波发生器是发展实验室型相干 X 射线源的途径之一，目前可以达到 2.3～4.4nm 的波长范围。由激光等离子体也可以产生硬 X 射线，例如 Si、Ti、Cu 的特征 X 射线等。因此我们期待 X 射线激光能在不久的将来取得显著进展，以期在 X 射线光谱领域获得较大应用，较大程度地改善 XRF 的检出限和灵敏度。

参考文献

［1］ Michihiro Murata，Hiroyasu Shibahara. An evaluation of X-ray tube spectra for quantitative X-ray fluorescence analysis. X-Ray Spectrometry，1981，10（1）：41-45.

［2］ Harding G，Thran A，David B. Liquid metal anode X-ray tubes and their potential for high continuous power operation. Radiation Physics and Chemistry，2003，67：7-14.

［3］ Raymond C Elton. X-ray lasers. Boston：Academic Press，1990.

［4］ Longoni A，Fiorini C，Guazzoni C，et al. A novel high-resolution XRF spectrometer for elemental mapping based on a monolithic array of silicon drift detectors and on a polycapillary X-ray lens. X-Ray Spectrometry，2005，34：439-445.

［5］ Tianxi Sun，Xunliang Ding. Determination of the properties of apolycapillary X-ray lens. X-Ray Spectrometry，2006，35：120-124.

［6］ MacDonald C A，Gibson W M. Applications and advances in polycapillary optics. X-Ray Spectrometry，2003，32：258-268.

［7］ Bjeoumikhov A，Langhoff N，Wedell R. et al. New generation of polycapillary lenses：manufacture and applications. X-Ray Spectrometry，2003，32：172-178.

第四章 探 测 器

X射线探测器的作用是将X射线光子的能量转换成易于测量的电信号。在入射X射线与探测器活性材料的相互作用下产生光电子，由这些光电子形成的电流经电容和电阻产生脉冲电压。脉冲电压的大小与X射线光子的能量成正比。好的探测器通常要求量子计数效率和分辨率高，线性和正比性好。

最初的X射线探测器是无能量分辨能力的盖革计数器，现在已发展出了多种类型、不同用途，并具有极好分辨率的各种X射线探测器。特别是最近几年，随着太空探测技术和超导材料研究的进步，X射线能量探测器技术取得了显著的进展。目前除正比计数器、闪烁计数器及Si(Li)探测器等已广泛应用于各种商用仪器外，各种基于半导体原理及超导特性等制成的能量探测器也取得了显著进步。

第一节 波长色散探测器

在波长色散X射线荧光光谱仪中，由于使用分光晶体，使得待测元素的分析谱线可以较好分离，故通常使用分辨率较低的流气式正比计数器和NaI闪烁计数器作为X射线探测器。分光晶体与低分辨率探测器的结合应用，使得波长色散X射线荧光光谱仪的整体分辨率要优于使用常规半导体Si(Li)探测器的能量色散X射线荧光光谱仪。

一、流气式气体正比计数器

气体正比计数器主要分为封闭式和流气式正比计数器两种。由于封闭式正比计数器分辨率太低，而温差电冷能量探测器已实用化，这就导致了封闭式正比计数器被逐渐淘汰。

流气式正比计数器为一直径约2cm的柱状体，中间有一根$20\sim30\mu m$的金属丝，用作前放信号和外部高压的接头，如图4-1所示。筒内充惰性气体和猝灭气体，通常为90%氩和10%甲烷，并在金属丝和柱壳间（柱壳接地）施加$1400\sim1800V$的电压。

当流气式正比计数器中的探测气体受到X射线照射时，会产生大量的由负电子和正电性氩离子组成的离子对。设入射X射线光子的能量为E_x，产生离子对的有效电离能为V，则由入射X射线光子产生的平均离子对数n与入射X射线光子的能量成正比，与离子对的有效电离能成反比：

$$n = \frac{E_x}{V}$$

产生的电子在电压作用下会逐渐加速飞向阳极金属丝，并引发进一步的氩原子电离，这一效应被称为气体电离增益，流气式正比探测器的电离增益一般为 6×10^4。经放大后的电流由电容收集，产生的脉冲电压与入射光子的能量成正比。

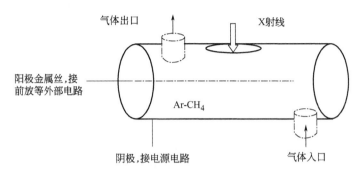

图 4-1　流气式正比计数器原理示意图

需要特别注意的是脉冲高度和强度的区别。脉冲高度（pulse height）是指由单个 X 射线光子产生的单个脉冲电压幅度，而 X 射线强度则是指每秒测得的脉冲数。

探测器的分辨率通常定义为峰高一半处所对应的谱峰宽度（FWHM），简称谱峰半高宽。流气式正比计数器的理论分辨率 R_t 为：

$$R_t = \frac{38.3}{\sqrt{E_x}} \times 100\%$$

式中，E_x 为入射 X 光子能量。

流气式正比计数器适用于长波长的 X 射线探测，通常用于 0.15～5nm 波长的 X 射线探测，对 0.15nm 以下的波长，探测灵敏度低。

二、NaI 闪烁计数器

闪烁计数器由荧光物质（闪烁体）和光电倍增器组成，闪烁体通常为一块涂有铊的 NaI 晶体。受 X 射线光子照射后，闪烁体产生蓝光，蓝光进而在光电倍增器表面激发出电子，并在倍增器电极的作用下，线性放大，经转换成脉冲电压后记录，倍增系数一般约为 10^6。其产生的电子数与入射 X 光子的能量成正比。如图 4-2 所示，图中倍增器电极电子线性放大的作用在后部以箭头表示，未按线条的多少来表达。

闪烁计数器的 X 射线-光子-电子转换效率很低，要比流气式正比探测器低一个数量级，故闪烁计数器的理论分辨率 R_t 更差，为：

$$R_t = \frac{128}{\sqrt{E_x}} \times 100\%$$

闪烁计数器为检测短波长 X 射线而设计，适用波长范围为 $0.02\sim0.2\text{nm}$。

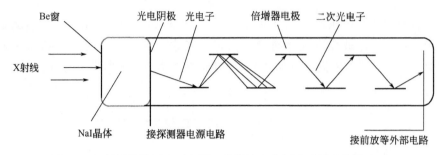

图 4-2　闪烁计数器原理示意图（线性放大作用在后部以箭头表示）

三、波长色散探测器的逃逸峰

入射 X 射线与探测器材料的相互作用机理包括三种。

（1）透射　入射 X 射线直接穿透探测器的有效探测区而不被吸收。

（2）光电吸收　入射 X 射线击出探测器组成材料中的外层电子，产生光电子，并生成相应的离子对，如 $Ar^{+}\text{-}e^{-}$。其脉冲输出与入射 X 射线光子能量（E_x）成正比。

（3）二次激发　入射 X 射线击出探测器组成材料中的内层电子，产生光电子、探测器组成元素的特征 X 射线及俄歇电子，并伴随逃逸峰的产生。

当入射光子的能量足以激发出探测器组成元素的特征 X 射线时，由于特征 X 射线光子不易被其组成元素本身所吸收而逃逸出探测器活性区。该入射光子的能量一方面激发出了特征谱线，另一方面在探测器中产生了光电子，而可被探测器活性区所探测的能量（E_e）则为两者之差。该光子此时输出的脉冲高度与入射光子能量（E_x）与探测器组成元素的特征 X 射线能量（E_K）之差成正比，其所对应的谱峰即为所谓的逃逸峰：

$$E_e=E_x-E_K$$

换句话说，入射 X 射线由于激发出了探测器组成元素的特征 X 射线而损失部分能量，这部分能量不能被探测器有效检测，剩余的能量可被探测器检测，形成的脉冲即是逃逸峰。逃逸峰的能量低于入射 X 射线光子的能量。

对于采用 $Ar\text{-}CH_4$ 的流气式正比计数器而言，Ar 的 E_K 约为 2.96keV，故探测器除输出被测元素的特征峰外，还将在比特征峰低 2.96keV 的地方产生 Ar 逃逸峰，如图 4-3 所示。对于 NaI 探测器，将在低于特征峰约 29keV 处产生 I 的逃逸峰。

越靠近探测器窗口，逃逸概率越大。对于能量刚好高于 Ar 或 I 吸收边的光子，在对应的正比或闪烁计数器中产生的逃逸峰强度最大。而具有较高能量的光子由于穿透力更强，进入探测器更深，逃逸峰减弱。

在选择脉高分布窗口和背景时，逃逸峰是要重点考虑的因素之一。

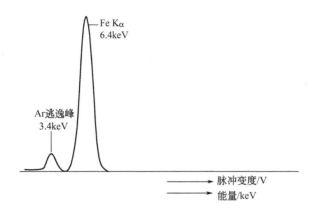

图 4-3　在比特征峰低 2.96keV 的地方产生 Ar 逃逸峰

第二节　能量探测器

波长色散 X 射线光谱仪的优点是整体分辨率高，稳定性好。但分光晶体的使用在提高分辨率的同时，也使得体系结构变得复杂。在严酷环境和现场分析时，波长色散 X 射线光谱仪变得不再适用。

能量探测器由于无需晶体分光即可获得足够的分辨率，因此省却了分光和测角系统，且能满足大部分实际应用的需要，特别是在太空探测、现场和原位分析领域具有不可替代的作用。因此能量探测器获得了足够的重视和相当快的发展。其中以 Si(Li) 为代表的半导体探测器已被广泛应用于实际。

一、能量探测原理

在 X 射线光谱分析技术领域，能量探测器是目前发展最快的，它具有比正比计数器和闪烁计数器更高的能量分辨率。目前锂漂移硅探测器已得到广泛应用。

在结构上，锂漂移硅探测器是一种硅或锗单晶半导体探测器，表层为正电性的 p 型硅，中间为锂补偿本征区，底层为负电性的 n 型硅，组成 PIN 型二极管。其中表层 p 型区为死层，是非活性探测区，本征区则是由锂漂移进 p 型硅中形成，以补偿其中的不纯物或掺杂物，并增加电阻。锂漂移硅探测器通常可表示为 Si(Li)，简称硅锂探测器。Si(Li) 探测器原理示意图如图 4-4 所示，图 4-5 是多种半导体能量探测器的实物照片。

当在探测器的两端施加一逆向偏压，产生的电场将耗尽补偿区中的残留电子空穴对载流子，该耗尽区就是探测器的辐射敏感区或活性区。当 X 射线光子穿过半导体的锂漂移活性区时，其中的硅原子将由于光电吸收产生光电子，在负偏压作用下，空穴流向 p 型区，电子流向 n 型区。探测器直径越小，在低能范围的分辨率越高，厚度越大，对高能光子的探测效率越高。

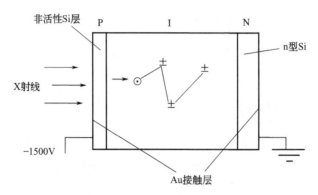

图 4-4　Si(Li) 探测器原理示意图

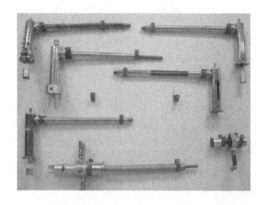

图 4-5　多种半导体能量探测器的实物照片

二、能量探测器组成与特性

能量探测器除半导体探测器和前置放大器外，还需由主放大器、多道分析器等共同组成完整的能量探测器。

主放大器的作用是将前置放大器微弱和低信噪比的信号放大成型，以便于脉高分析，并滤掉和压制极高和极低频信号，改善能量分辨率。

多道分析器则用来测量每一放大后的脉冲信号，并将其转换成数字形式。脉冲高度对应于入射光子能量，在一定脉冲高度下所累计的数量代表了特定能量光子的数量。即多道分析器首先确定脉冲高度（即道，对应能量），再将脉冲信号分类，按其高度大小排队，记录数量（即计数，对应强度），从而得到常见的以道-计数或能量-强度关系表示的能量色散 X 射线光谱谱图。

在室温下，锂具有很高的扩散速率。故锂漂移硅探测器以及前置放大器必须保持在低温下，以降低噪声，抑制锂的迁移，保证最佳分辨率。为了获得低能光谱和保证高探测效率，真空和薄的 Be 窗也是必要的。

此外，能量探测器死时间较长，当多个光子到达探测器时，由于长的脉冲周期，而使输出脉冲畸变，脉冲输出为其多个光子响应脉冲的线性加和，这种畸变被称为脉冲堆积。所以，能量探测器一般还具有死时间校正和抗脉冲堆积电学系统，以消除其影响。

能量探测器的探测效率受到多种因素的影响，高能 X 射线需要较厚的探测区域，而轻元素分析则需要使用更薄的 Be 窗。其他影响因素还包括不完全电荷收集，逃逸峰损失，边角损失，探测器材料产生的荧光及其死区吸收，接触层吸收与荧光等。

决定探测器的能量分辨率的关键因素有三个，即前置放大器噪声、电离统计分布和其他线性变宽因子，如不完全电荷收集等。通常可简化计算 Si(Li) 探测器分辨率（R）：

$$R=\sqrt{\sigma_n^2+(2.35FE_x)^2}$$

式中，σ_n 为 Si(Li) 探测器的前置放大器噪声；F 为 Fano 因子，与第一电离能相关，表示产生一个离子对时所需的平均能量分数。

当以高斯分布的半高宽表示时，则有如下的分辨率计算简式：

$$R=FWHM=2.35\sigma$$

式中，σ 为高斯分布中的标准偏差。

三、能量探测器的逃逸峰

硅锂能量探测器的逃逸峰的产生机理与正比计数器和闪烁计数器相同。硅锂能量探测器的逃逸峰主要由 Si 的 K 系线（1.74keV）产生，且由于谱线众多，高含量元素产生的逃逸峰通常会干扰低含量元素的测定。但逃逸峰与分析元素特征峰（父峰）的比值随着特征峰能量的增加按近乎指数的关系下降，故高能谱线的逃逸峰效应可以忽略。其原因在于 Si 的 K 系 X 射线能量太低，只有在靠近窗口时发生的概率才会较大，而高能光子则多会更深入地进入探测器内部，导致逃逸概率降低。

此外，用作触点的 Au 和 Pt，焊锡合金材料中的 In-Sn、Pb-Sn 及 Al、Si 等，由于探测器制作工艺的需要而被采用，它们的特征谱线也可能会在不同的情况下被观察到。有时甚至对分析谱线产生严重干扰。在实际工作中往往容易疏忽干扰的识别，因此需要高度重视，审慎对待实验数据与分析结果。

第三节　新型能量探测器

目前新型能量探测器技术的研究发展十分迅速，取得了令人瞩目的进展，一些探测器的分辨率已超过波长色散光谱仪的整体分辨率，适用能量范围更宽，应用领域也更广泛，并可获得多维信息，是 X 射线荧光光谱分析领域最活跃的研究领域之一。

一、Ge 探测器

硅的原子序数低，探测器死区对低能 X 射线吸收也小，逃逸峰出现的概率低，Si(Li) 探测器对 20keV 以下的能量探测效率高，通常用于 1～40keV 能量范围的 X 射线检测。但对高能射线，则最好选择高能探测器，例如高纯 Ge 探测器。

由于室温时，Li 在 Ge 中漂移性很强，故 Ge(Li) 探测器在经受温度升高后将会损坏。目前，Ge(Li) 探测器多已被各种高纯 Ge 探测器所取代。高纯 Ge 型探测器没有锂漂移补偿，故可像 Si(Li) 探测器一样，能在一定程度上承受温度的升高。

Ge 探测器也是一种具有 PIN 结构的半导体二极管，本征区敏感于电离辐射，特别是高能 X 射线和 γ 射线。在反向偏压作用下，入射光子在耗尽层产生的电子空穴对载流子分别流向 P、N 极，其电荷大小与入射光子能量成正比，并经前置放大器转换成电压脉冲。

Ge 探测器根据探测能量范围分为低能、超低能及宽能带 Ge 探测器。根据探测器外形的不同还有同轴和井型 Ge 探测器之分。超低能 Ge 探测器的可探测能量范围可低至几百电子伏特。低能 Ge 探测器（LEGe）的能量探测范围为几电子伏特至 1000keV。该型探测器的后接触层较小，故容量也较小。由于前置放大器的噪声与探测容量直接相关，故 LEGe 探测器在低能和中间能量范围内的分辨率好于其他几何形状的探测器。同时 LEGe 探测器也有更好的计数率和峰背比特性。同轴 Ge 探测器即通常称的高纯 Ge(HPGe) 探测器，是一种柱型探测器，其外表面接触面为锂漂移 n 型区，轴井的内表面为植入硼的 p 型区。图 4-6 是低能 Ge 探测器（LEGe）的结构示意图，实物图如图 4-7 所示。目前，该型探测器已发展成多元探测器，可由十几至二十几个小的探测单元组成，并仍在发展中。

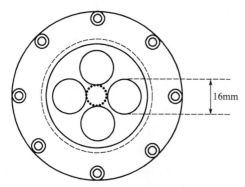

图 4-6　低能 Ge 探测器
（LEGe）的结构示意图

16mm

Ge 能带较低，故必须低温冷却以减少反向漏电流，降低噪声，保证好的分辨率。尽管高纯 Ge 探测器容许不使用时温度升高，但由 Li 漂移形成的 n 型接触层在室温下不是很稳定，故 Ge 探测器也应尽量避免长时间的温度升高。

Ge 探测器在 11～30keV 会有复杂的逃逸峰，且它的死区对低能 X 射线有强吸收，故 Ge 探测器通常用于探测谱线能量在 40keV 以上的元素。

目前在 Ge 探测器发展中，还有一种用于高能粒子探测的所谓四叶花瓣形或四叶苜蓿（clover leaf）探测器，它是将四个相同的方形圆边 Ge 探测器同轴安装，形成一个四叶花瓣形的整体 Ge 探测器，显著提高了探测效率，如图 4-8 所示。

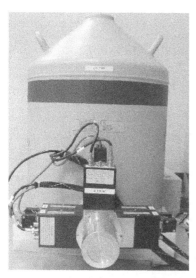

图 4-7　低能 Ge 探测器（LEGe）实物图　　　　图 4-8　四叶花瓣形高能探测器

　　低能 Ge 探测器也具有这种花瓣形探测器的某些特征。但四叶花瓣形探测器并不是四个探测器的简单集合，而是将四个探测器设计成特殊形状，其固定装置安在后部，使探测器整体具有更紧密的结构，Ge 与 Ge 晶体间的距离为 0.2mm。减少了晶体周围的附加材料，提高了峰背比，且能记录全能光子，其加和效应优于四个探测器的简单组合。而目前 LEGe 探测器还只是四个探测器的简单组合。四叶花瓣形探测器通过最小化多普勒展宽效应，改进了分辨率和检出限，目前该型探测器主要用于高能射线的探测，其在 1.33MeV 处的分辨率为 2.1keV，在 122keV 处为 1.05keV。

二、Si-PIN 探测器

1. 温差电制冷原理

　　通常的 Si(Li) 探测器需要液氮制冷，这对于日常维护及常规应用极不方便，而欲应用于太空探索则更是行不通。随着空间科学探索的需要，一种不用液氮制冷的新型温差电冷型（thermoelectric cooler）半导体探测器自发明之日起就得到了广泛关注，并迅速应用于太空探索及常规分析研究中。温差电冷型半导体探测器目前已广泛应用于 Si(Li)、Si-PIN、CdZnTe、CdTe 等多种类型 X 射线能量探测器研制中。

　　温差电冷过程利用了 Peltier 制冷原理。此现象为一法国钟表匠 Peltier 于 1834 年发现的。实验发现，在 Sb-Bi 半导体的结点处如果滴上一滴水，接通电流后，水滴将会结冰，但如果改变电流方向，则冰又会融化。实际上，在电场作用下，当电子加速时，其动能就会增加，并转换成热能；而当电子减速时，动能下降，结点温度就会降低。该过程完全可逆，从而通过电场的变化，就可实现冷热的转换。

　　如果将温差电冷原理用于 p-n 结半导体中，组成 pn 和 np 阵列，每一结点都与散热器相接，当按确定的极性接通电流后，半导体两端的散热器就会产生温差，一端温度上升，成为热池，另一端则温度下降，用作冷却器，其原理图如图 4-9 所示。采用无位错 p 型 Si 制造温差电冷型半导体探测器，其制造工艺的关键是使漏电流尽可能小，容量也要求小。目前温差电冷型半导体探测器在 Si-PIN 中的应用最为成功。两者的结合使温差电冷型 Si-PIN 半导体探测器得到广泛和实际的应用。

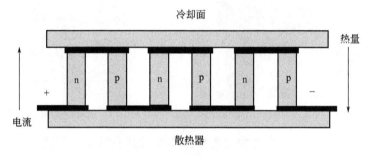

图 4-9　Peltier 半导体温差电制冷工作原理

2. 温差电冷型 Si-PIN 探测器

　　Si-PIN 探测器目前发展迅速，并得到广泛应用。Si-PIN 探测器与 Si(Li) 探测器之间有何不同吗？相信细心的读者会提出此问题。但似乎很难找到详细资料，多数均无解释或比较。本书试图依据笔者的理解，在此做些说明。

　　半导体探测器于 1949 年首次以 Ge 单晶制成，Si(Li) 探测器于 1962 年问世，1967 年出现了离子植入型 Si 二极管、二维探测器和高纯 Ge 探测器。20 世纪 60～70 年代的主要进步表现在材料处理技术和电子脉冲处理器的发展上。1987 年后，各种 Si 基探测器和集成电路得到广泛的研究和迅速发展，制造技术日益成熟。

　　开始阶段的单晶硅探测器采用表面势垒，即使一个小的指印都会损坏 Au 涂层，致使探测器不稳定。但超纯 Si 具有约 $100k\Omega \cdot cm$ 的近乎本征电阻特性，故应用前景广泛。但由于 B 在 Si 中的偏析，天然 B 对 Si 的污染很难除去。故需要反复的晶层净化工艺才能达到单晶硅的本征特性（10^{10} 载流子/cm^3）。

　　应用 Li 漂移技术可以克服需要反复进行晶层净化的复杂工艺过程，可以制成具有近乎本征硅特性并具有一定厚度的 Si(Li) 探测器，其显著特点是可以补偿任何局部受体密度，这一技术使得 Si(Li) 探测器迅速成为能量探测器领域的主要探测工具之一。但需要低温抑制 Li 漂移引起的噪声，避免分辨率下降。

　　而在此期间也出现了采用在前后触点分别植入 B 和 P 离子的 p-n 结探测器，并成功地应用于获取物体的二维图像。到 20 世纪 80 年代末，一种 SiO_2 氧化物钝化工艺应用于制造 Si 半导体探测器，以保护表面敏感区。场效应管（FET）的引入也是该时期的一个重要进展。

20 世纪 80 年代后，一项最重要的技术进步是平面二极管制造技术。通常的光电二极管由简单的 p-n 结组成，耗尽层未施偏压。如果结合离子植入技术，在 p 型和 n 型 Si 之间插入本征（i）硅层，而不是采用 Li 漂移技术，并运用 SiO_2 钝化工艺，就可制成具有较大厚度耗尽层的 PIN 光电二极管，即 Si-PIN 探测器。中间插入层也可是薄的涂层。

Si-PIN 探测器最初主要用于卫星等宇宙与太空探测，并在火星探路者中得到实际应用，其极端环境下的实用性和可靠性得到验证。1993 年商用型 Si-PIN 探测器投入使用。

Si-PIN 探测器的基质可以是掺杂度低的 n 型硅，中间为本征硅，前面为掺杂度高的 p 型硅，其表层为约 100nm 的 SiO_2 保护膜，后部为掺杂度高的 n 型硅，如图 4-10 所示。对于不同硅晶片，可选用不同的掺杂物，例如对于 p 型硅基质，可采用硼作为掺杂物，对 n 型硅，采用磷作为掺杂物。前后表面层处理的目的在于使非辐射载流子结合概率减至最小，从而增强探测效率。一般可采用 Al-Si(1%) 沉积形成接触面。

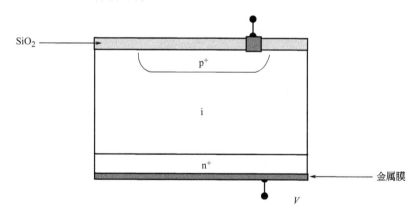

图 4-10　Si-PIN 探测器示意图

Si-PIN 光电二极管可制成具有一定厚度和有效面积的 X 射线探测器，漏电流小，具有较高的分辨率，由于没有 Li 漂移问题，故无须液氮冷却，仅用温差电冷器即可，因此特别适用于现场和原位分析，在太空探测和严酷环境下使用具有无法替代的地位。据估计，Si-PIN 探测器的有效使用寿命为 10 年。笔者亦购买该型探测器应用于现场岩芯原位分析。

三、Si 漂移探测器

Si 漂移探测装置的设想于 1983 年提出，利用了基于侧向耗尽原理，即一个具有高电阻率的 n 型硅晶片，在其两面覆盖上 p^+ 触点后，通过施加偏压，可使晶片完全耗尽。只要 n$^+$ 极到整个非耗尽区的通路不中断，耗尽带就会同时从所有整流结扩张。耗尽带在 p$^+$ 置入物之间的基质中部以对称形式存在，用作电子通道。在一特定电压下，从 p$^+$ 区传播的耗尽带会彼此相接，这时耗尽带将突然消失。使整个硅晶片耗尽的电压与耗尽相同厚度的简单二极管所需的电压相比，耗尽硅晶片的电压要低四倍。垂直于晶片表面的电子势能呈抛物线形，晶片中部的电子势能最小。

利用这一侧向耗尽原理，可制成 Si 漂移探测器（SDD），即通过施加平行于晶片表面的电场，在 p$^+$ 区两边形成条带电压梯度，选择电压梯度方向以使 n$^+$ 阳极处于最小电子势能，达到收集由入射光子在探测器耗尽区产生的电信号的目的。目前 Si 漂移探测器（SDD）多制成柱形，并用 p-n 结替代条带结构。晶片背面有一向心柱状漂移电极，迫使光电子向装置中心的小尺寸阳极迁移，只有第一条和最后的 p$^+$ 环在外部相接并施加偏压，形成电压梯度。目前脉冲电压放大器也已集成到了芯片上。其原理示意图如图 4-11 所示。

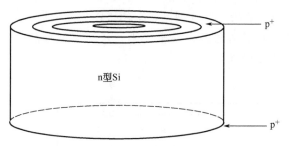

图 4-11　Si 漂移探测器（SDD）原理示意图

与相同大小的标准二极管型探测器相比，Si 漂移探测器的主要优点是阳极电容小，并与整个装置的活性区大小无关。这使得探测器的上升时间较短，输出信号的脉冲幅度更大，信号受电子元器件的噪声影响小。但来自于探测器边的电荷收集时间约为 100ns，电荷云的扩散时间约为 5ns，因此电荷重叠限制了单个光子计数率。

Si 漂移探测器的阳极一方面收集由吸收辐射所产生的光电子，另一方面也收集在耗尽区内产生的热电子，但由于电荷载流子的热生成率很小，使得这种装置可以在中等低温，甚至是不用冷却的条件下运行，再加上高计数率的特点，故 Si 漂移探测器在文物研究与卫星技术等在线或现场分析中具有实用价值，也是获取图像数据的有效技术之一。目前 SDD 探测器的能量分辨率较高，在 5.9keV 处为 $140 \sim 150 \mathrm{eV}(FWHM)$。灵敏区的面积可达到 $50 \sim 100 \mathrm{mm}^2$，计数率大于 $10^5 \sim 10^8 \mathrm{cps}$。

四、电耦合阵列探测器

电耦合阵列探测器（CDD）也是一种基于硅晶片的 p-n 型半导体探测器，其原理与 SDD 基本相同。CDD 同样是以反向偏压 PIN 二极管为基本原理，其构造如图 4-12 所示。它的中间层电阻率约为 5kΩ·cm，厚为 270μm 的 n 型 Si，上层也为 n 型 Si，但电阻率较大，为 40kΩ·cm，厚度较薄，为 12μm。它的前后两端为 p⁺ 型植入物。CDD 的两边各有 383 道。目前 p-n 型 CDD 探测器的尺寸可以达到 6cm×6cm，像素 150μm×150μm。这种装置采用侧向耗尽，以 n 型端为阳极，在前后两端的 p⁺ 极施加负电压，整个耗尽层约为 300μm，前置放大器置于芯片上，如图 4-12 所示。

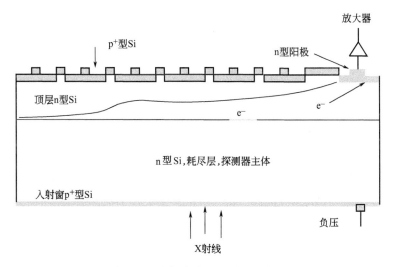

图 4-12　电耦合阵列探测器示意图

当 X 射线光子穿过 CDD 的后部窗口时，将在硅单晶片中产生大量的电子-空穴对。空穴被后部吸收，电子则快速向转移道迁移。硅片内的转换深度决定了电荷收集效率。由信号产生的电子-空穴对的平均转换区域约为 10μm，而 p⁺ 型道槽的间距也约为 10μm，因此在大约 70% 概率下，产生的信号都只限于单像素，分裂事件也不会多于四个像素区。每一像素由三个寄存器组成，中间由氧化层分隔，电子则被一像素中负电性最强的寄存器收集。在施加于寄存器上的脉冲电压作用下，电子沿道槽向 n 型阳极漂移，收集到的电荷与入射光子能量成正比。通过前置放大器等电学系统即可进行定性和定量分析。

目前电耦合阵列探测器的分辨率对 Mn Kα 线约为 130eV，主要用于太空探索、医学图像等需要记录时间与空间信息的领域。

五、超导跃变微热量感应器

通过 X 射线在本征半导体内吸收后产生电子空穴对，经施加偏压产生正比于 X 射线能量的电荷，此即半导体探测器的工作原理。但其能量分辨率限于约 100eV 量级，不足以分辨许多重要但却重叠的谱峰，如硅化钨中 Si 和 W 的谱线重叠。目前有两类新型能量探测器，即微热量计和超导隧道结能量探测器，在能量分辨率方面取得了重大进展。

微热量计主要有超导跃变感应器（transition-edge sensor，TES）和半导体热敏电阻两种形式，是用于探测 X 射线的新型能量探测器，其分辨率比传统 Si（Li）探测器明显提高。

TES 是一种超导薄膜，它从正常到超导状态的电阻跃变窄小。通常在 TES 两端施以偏压，流过薄膜的电流用一种低噪超导量子干涉放大器（SQUID）测量。整个超导跃变感应型微热量计装置如图 4-13 所示。氮化硅薄膜用于减少从探测器到热池的热传导，以避免高能光子透入基质而损失入射 X 光子能量。TES 的电触点采用超导铝线，其热导率非常低。在常态金属（Ag）和超导体（Al）间的临近耦合使超导跃变温度窄小且重复性好（0.05~1K）。

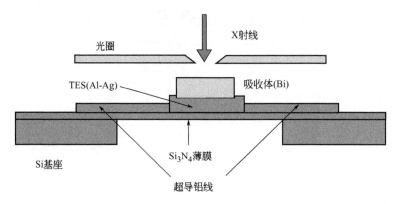

图 4-13　超导跃变感应型微热量计装置示意图

若将装置（热池）冷却到超导薄膜的跃变温度以下，这时随着 TES 温度下降，电阻降低，薄膜中的焦耳热随之上升，当由于电阻降低产生的焦耳热与传递到热池的热量相等时，就建立起了一种平衡态。此时，如果有 X 射线入射，将使 TES 温度和电阻上升，而电流则下降，TES 中的焦耳能量散逸也随之降低，但向热池传递的热量却几乎保持不变，故 X 射线的能量减小只能通过焦耳热的减少来实现。而其电荷量和温度变化的大小与入射 X 射线的能量成正比，即：

$$\Delta T \propto \frac{E}{C}$$

式中，E 为入射 X 射线的能量；C 为热容。简而言之，超导跃变感应型微热量计是通过测量入射 X 射线引起的超导薄膜的温度和电阻下降，以及由此引起的电流变化来实现的。目前 TES 探测器的分辨率在 1.5keV 处为 2.0eV，在 5.9keV 处为 3.9eV。

六、超导隧道结探测器

除超导跃变感应型微热量计 TES 外，超导隧道结探测器（STJ）是另一种高分辨率低温 X 射线探测器。两者相比，TES 分辨率稍好，但计数率较低，现在约在 1000cps，而超导隧道结探测器的计数率目前要高一个量级。

超导隧道结探测器现在的缺点是在脉冲高度谱中有一些杂峰。这些峰主要来源于基质或 Nb 触点对光子的吸收。谱线分裂和谱线延展概率会随入射光子能量的升高而增加，这是因为上部 Nb 层和 Al 层的吸收能力通常会下降，光子可以到达底部 Nb 层。底层和上部 Nb 层的响应彼此略有不同，当两响应重叠时，就会出现谱线分裂。该缺陷可通过采用增加顶层吸收能力的方式在一定程度上得到克服。

超导隧道结探测器的整个探测装置都置于约为 10^{-1}K 温度下，所有金属层都处于超导状态。超导隧道结由两层超导金属薄膜组成，中间为绝缘层，上部 Nb 层用于吸收入射 X 射线，超导 Al 层俘获产生的类粒子，而 Al_2O_3 则用作偏压阻隔层，结构示意图如图 4-14 所示。

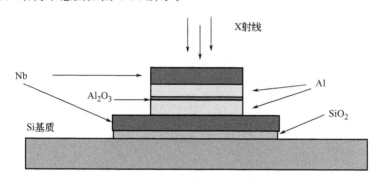

图 4-14　超导隧道结探测器的结构示意图

在平衡态下，只有少量由于热激发产生的类粒子穿过阻隔层。但超导隧道结的平衡态很容易被入射光子打破，当 Cooper 电子对被打破时，将大量产生类粒子，隧道电流显著上升。通过施加的偏压和平行磁场收集产生的电荷，其电荷量与入射光子能量成正比。超导隧道结探测器的工作原理如图 4-15 所示。目前超导隧道结探测器的能量分辨率在 5.9keV 时约为 12eV，计数率为 80kcps。

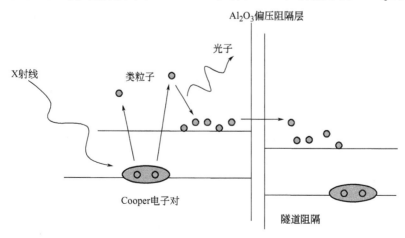

图 4-15　超导隧道结探测器的工作原理示意图

七、CdZnTe 探测器

CdZnTe 化合物的高原子序数和高密度提供了对高能光子的强吸收和高探测效率，半绝缘 CdTe 和 CdZnTe 探测器在室温 X 射线和 γ 射线探测领域的应用潜力巨大。该种材料的能带宽，故可制成耗尽层深、漏电流小的高阻探测器。载流子寿命长，流动性好，电荷迁移距离可达若干毫米甚至几厘米，故特别适用于探测高能光子。最初几十年具有高质量的商用型 CdZnTe 晶体很难获得，发展缓慢，但自 20 世纪 90 年代中期以来，$Cd_{1-x}Zn_xTe$ 探测器研制取得显著进展，现已广泛应用于工业监控、图像、核技术研究等领域。

CdZnTe 探测器的主体由半导体晶块和两端电极组成，晶块两端外施偏压，处于自由载流子状态。入射光子在半导体内通过光电作用和康普敦效应产生电子空穴对，其自身在连续的光电和康普敦作用下失去能量。由于该过程的截面大，电子空穴对只能形成几微米直径的电荷云。电子空穴对数量与入射光子能量成正比。如图 4-16 所示。

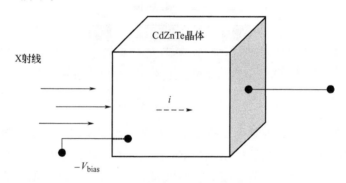

图 4-16　CdZnTe 探测器示意图

在外加偏压作用下，电子空穴对分离，分别反向迁移，在探测装置内形成电流。通过对电荷感应灵敏的前置放大器收集产生的总电荷量，形成电压脉冲。其电压脉冲幅度与总电荷量成正比。该电压脉冲被多道分析器放大、记录。不同能量的入射光子在前置放大器上产生大小不同的电压脉冲幅度，在多道分析器上则对应产生按能量大小排列的谱峰。而在单位时间内相同电压脉冲幅度出现的频率，在多道分析器上表现为峰位不同的峰强度大小。浓度越高，产生对应电压脉冲幅度频率越高，故峰强度越大。即探测器的实质是通过测量电压脉冲幅度获得元素的能量信息，通过测量其出现频率（频度），获得该元素的浓度信息。

由于电子噪声产生的脉冲幅度波动会导致谱峰拓宽，电荷在探测器中由于被俘获或复合而产生的电荷损失将使脉冲幅度降低，并引起谱峰低能拖尾。

为高效探测高能 γ 射线，需要探测器有效体积足够大。对 140keV 的 γ 射线，采用含 10%Zn 的 15mm 的 CdZnTe 探测器，探测效率接近 100%。为使如此厚度的晶块处于自由载流子状态，并保持在 1000eV/cm 的电场下，需要载流

子浓度小于 $10^{10}\,cm^{-3}$，或采用电阻率高于 $10^6\,\Omega\cdot cm$ 的材料，为达此目的，一般采用半绝缘晶体，或用半绝缘晶体形成势垒。为了获得高信噪比特性，漏电流要小于几纳安。

与此类似，还可以采用 GaAs 晶体制成适用于 $10\sim100keV$ 能量范围的半绝缘型 X 射线能量探测器。

八、钻石探测器

与半导体材料相比，钻石有几项优越性能，如能带宽，电子空穴对迁移率高，载流子生存时间短，对恶劣环境有极强的耐受力，故特别适用于高放射强度和高能量的粒子探测。

钻石能量探测器（CVD-D）的工作原理仍然是利用入射光子在钻石内产生电子空穴对，在电场作用下，载流子产生局部位移，电荷迁移的结果使装置电极产生瞬时信号。其典型配置也采用了通常的夹心层状结构，即在钻石两端安置电极触点。钻石探测器的探测效率 η 等于自由载流子的平均电荷收集距离。

天然钻石的探测效率几乎可达到 100%，只有非常少的几种宝石具有这样高的性能，如精心选择的 IIα 型钻石，使得探测到的电荷几乎等于碰撞粒子产生的电荷。但一般商业型 IIα 型钻石大约只能获得 15% 的探测效率，这主要由于天然钻石中存在有高浓度的不纯物和缺陷。这种现状就促进了人工制造钻石的技术研究，以便更好地用于探测器。

目前一种采用微波等离子体增强化学蒸气喷镀技术（PE-CVD）制成的 CVD 钻石，由于面积大，具有一定的可重复性，在放射性粒子探测器研制中得到了重视和应用。在 H_2 和 CH_4 混合气体中采用大稀释比（1%），并通过控制基质温度、能量密度、减低生长速率（每小时几十微米）等方法可增强钻石的电学性能。目前这种方法通常用来制造 $10\sim500\mu m$ 厚的钻石探测器材料。

钻石中可能存在的缺陷和不纯物会显著改变探测器性能，降低响应特性，探测区域内材料的不均匀性将导致光谱漂移，而电荷阱的存在会影响探测器衰变时间。CVD 钻石具有多晶结构，粒度为厚度的 $10\%\sim20\%$，一个固有缺点就是在颗粒边界会出现性能下降，导致探测响应特性的不一致。因此制造钻石探测器对合成钻石的制作工艺要求较高。

硅型探测器在稳定性、均匀性、分辨率、探测效率及价格性能比等方面更具优越性，而 CVD 钻石探测器分辨率极低，对单色 α 粒子的分辨率仅 30%，故 CVD 钻石探测器不适用于全谱分析领域，而主要用于严酷条件下的高能粒子探测。

钻石的 C—C 键的键能高，使得它对强辐射、腐蚀性环境具有极佳的耐受性，CVD 钻石探测器可用来监测极高通量的 γ 射线，其线性响应范围为 $10mGy/h\sim5kGy/h$，在核反应堆和核燃料再生过程控制中有成功应用。钻石探测器中的 CVD 钻石多晶结构如图 4-17 所示。例如在高能粒子物理研究中，粒子能量大，穿透力强，与探测器材料的相互作用程度就低，而钻石具有截面小、电子空穴对的生成能较高的特性，故每次作用产生的载流子也非常少。CVD 钻石探测器的探测效率（η）与探测器厚度（L）成反比，但与能量（E）和光生载流子迁移率-寿命乘积（$\mu\tau$）成正比：

$$\eta = \frac{\mu\tau E}{L}$$

因此 CVD 钻石探测器特别适合于满足高能物理研究的需要。此外，CVD 钻石探测器组成元素的低原子序数使得这种薄层材料对入射光子在一定程度上是透明的，故 CVD 钻石探测器可以用于同步辐射中监控束流强度。

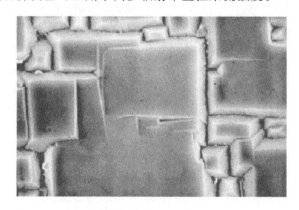

图 4-17　钻石探测器中的 CVD 钻石多晶结构（P. Bergonzo 等，2001）

九、无定形硅探测器

无定形硅探测器（A-Si）属于一种复合型探测器，它将闪烁体发光与半导体探测技术相结合，在医学图像研究与诊断领域得到应用。这种将多种探测原理相结合的复合型探测技术也许在未来会得到广泛的发展和应用。

无定形硅（A-Si）最显著的特点是它特别适用于制作成大面积的半导体探测器。无定形硅在可见光范围和场效应特性等方面具有特别显著的半导体特性，沉积温度较低，可选用多种基质，与硅加工工艺相容，且对 X 射线辐射稳定。达到了减少 X 射线辐射剂量，提高立体分辨率的目的。

通常用涂 Tl 的 CsI 作为闪烁体，将 X 射线转换成可见光，可见光再通过无定形硅 PIN 光电二极管阵列转换成电荷分布，从而得到信息丰富的医学诊断图像。

无定形硅探测器可由 $450\mu m$ 厚的 CsI：Tl 层与无定形硅阵列二极管耦合形成，像素 1024×1024，玻璃基质，活性探测区 $20cm \times 20cm$，显然这比常规半导体探测器的有效探测面积要大许多。每一像素由一个 NIP 光电二极管和一个 PIN 开关二极管组成，如图 4-18 所示。

与使用晶体管相比，双二极管技术的制造工艺更简易，几何充填因子也得以改善，故光电二极管在整个像素区域占有更大比例。两个二极管均采用常规等离子体化学蒸气法由无定形硅沉积制成，并通过最小化电流密度和提高量子效率使其达到最佳化。

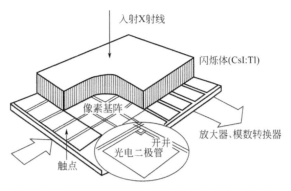

无定形硅探测器的优点在于在探测器边角没有几何畸变，有效探测面积大，灵敏度高，这也无形中减小了所需的放射剂量。因此，无定形硅探测器在医学诊断领域具有较好的应用发展前景。

图 4-18　无定形硅探测器（M. Hoheisel 等，1998）

第四节　各种探测器性能比较

由于探测器性能的不同，在选用探测器时，就需要综合考虑多种因素。好的探测器不仅需要具有高分辨率和高计数率，还需要有较宽的元素分析范围和有效活性区。其应用领域和使用环境等也是需要关注的重点之一。

一、波长色散与能量色散能力

由入射光子在探测器中产生的等价离子对数目与入射光子能量成正比，与产生离子对的平均能量成反比。就目前常用的三种 X 射线探测器而言，产生一个离子对的平均能量，在 Si(Li) 探测器、流气式正比计数器、闪烁计数器之间大约相差一个量级，而分辨率与一个光子产生的电子数的平方根成正比，故三者之间的分辨率也粗略相差三倍，如表 4-1 所示。

表 4-1　常用探测器性能比较

探 测 器	适用波长范围/nm	平均能量(离子对)/eV	电子数(光子)	分辨率/keV
流气式正比计数器	0.15~5.0	26.4	305	1.2
NaI 闪烁计数器	0.02~0.2	350	23	3.0
Si(Li)探测器	0.05~0.8	3.6	2116	0.16

流气式正比计数器主要用于轻元素分析，闪烁计数器用于重元素测定，此两种探测器由于分辨率低，必须与分光晶体同时使用，才能得到良好的谱线分辨效率，故主要用于波长色散 X 射线光谱仪。尽管曾经有一段时期流行用封闭式气体正比计数管作为现场分析仪，但由于分辨率太低，再加上温差电冷能量探测器的广泛采用，仅采用封闭式气体正比计数管的现场 X 射线分析仪在国际上已基本淘汰。

二、探测器分辨率比较

Si(Li) 探测器目前主要应用于能量色散 X 射线光谱仪。就能量探测器而言，Si(Li)、Si-PIN、高纯 Ge（HPGe）探测器已得到广泛使用，SDD、CDD 等则主要应用于获取成分及多维信息。由于 Si(Li) 探测器等没有增益，故需要前置放大器。

多种探测器分辨率及适用能量范围与应用领域的比较列于表 4-2 中，为比较方便，利用分光晶体的波长色散光谱仪的整体分辨率也列于表中。由表可见，目前能量探测器的分辨率和计数率多已达到实用水平，有些类型的能量分辨率甚至已接近理论极限。应该指出的是，采用不同的准直器，所得分辨率会有所差别。

表 4-2 探测器分辨率及适用能量范围与应用领域

探测器	分辨率/eV	条件/keV	适用领域与范围
分光晶体 LiF200	31	8.04(Cu Kα)	波长色散
波长色散-分光晶体 LiF220	22	8.04(Cu Kα)	波长色散
Si(Li)探测器	140	5.9(Mn Kα)	1～50keV
高纯 Ge 探测器	150	5.9(Mn Kα)	1～120keV
Si 漂移探测器(SDD)	140	5.9(Mn Kα)	二维阵列
温差电冷型半导体探测器(SiPIN)	149	5.9(Mn Kα)	2～25keV
电耦合阵列探测器(CDD)	130	5.9(Mn Kα)	二维阵列
超导跃变微热量感应器(TES)	3.9	5.9(Mn Kα)	实验新型
超导隧道结探测器(STJ)	12	5.9(Mn Kα)	实验新型
CdZnTe 探测器	280	5.9(Mn Kα)	2～100keV
低能 Ge 探测器	522	122(Co57)	5～1000keV
四叶花瓣型探测器	1050	122(Co57)	高能粒子

尽管波长色散 X 射线光谱仪由于使用分光晶体而达到约 22eV 的分辨率，但最新的能量探测器已可达到 4eV，在分辨率方面已取得优势。目前许多厂家已推出了成功的能量色散 X 射线光谱仪，波长色散与能量色散在 X 射线光谱仪中的份额已发生明显变化，能量色散 X 射线光谱仪的比重显著增加。如果新型能量探测器在计数率和制造工艺的稳定性方面能取得突破，则能量色散 X 射线光谱仪有可能在未来逐步取代复杂的波长色散 X 射线光谱仪系统，成为 X 射线荧光光谱分析领域的主流。

三、探测器的选用

探测器除了分辨率是需要考虑的重要因素外，活性区大小和计数率也很重要。在实际应用中，探测器的能量探测范围、分辨率、探测器有效活性区、线性响应范围、铍窗厚度等是选择探测器时需要考虑的重要因素。事实上，分辨率、有效活性区和线性响应范围这三种因素正好相互制约。

前置放大器噪声主要由脉冲成型时间常数所决定，能量分辨率与脉冲成型时间常数的关系呈一种极小值曲线分布，故有时适当选择稍大的脉冲成型时间常数，可有较高的能量分辨率，但线性分析范围可能会受到影响。当希望保持高计数率而需要窄脉冲宽度时，则可选择具有较小脉冲成型时间常数的探测器。探测器的谱峰成型时间越短，线性响应范围越宽，但探测器的分辨率越低。例如谱峰成型时间为 $0.8\mu s$ 的线性响应范围为 $(20\sim40)\times10^4$ cps，分辨率为 250eV，尽管谱峰成型时间为 $25.6\mu s$ 的探测器，其线性响应范围只有 $1\times10^4\sim1.5\times10^4$ cps，但分辨率则提高到优于 150eV，如图 4-19 所示。而探测器面积越小，谱峰成型时间越长，分辨率越高；面积越大，分辨率越差。故当需要高计数率时，通常只能选用大面积的探测器。

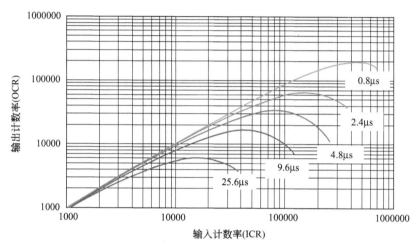

图 4-19　探测器脉冲成型时间与线性相应范围关系
(Amp Tek 公司 Si-PIN 探测器 XR-100CR 数据图)

铍窗厚度是选择探测器时需要考虑的另一个要点。由于铍对轻元素分析谱线的强吸收，使得其探测效率很低，如图 4-20 所示，采用 $25\mu m$ 的铍窗，将很难测定 Na 等轻元素。故为分析轻元素，当然希望铍窗越薄越好。但过薄的铍窗厚度其使用寿命也会受到影响。因此选择铍窗厚度时，应根据拟分析的对象，确定合适铍窗厚度的探测器，如果没有实际需求，过分追求薄的铍窗是没有必要的。

此外，对常规 X 射线荧光分析而言，通常的探测器厚度已满足需求，如果需要分析重元素的 K 系谱线或高能粒子，探测器厚度也是需要重视的一个环节。探测器厚度越大，越有利于分析高能粒子或高能射线。

在选购一台能量探测器时，一方面要考虑探测器的分辨率，另一方面还需要考虑是将主元素测定作为分析重点，以寻求尽可能宽的浓度测定范围，还是寻求好的分辨率而偏重于微量元素分析，综合与折中大概是通常的选择。

总之，在选择探测器时，应根据拟分析对象，综合考虑分辨率、线性响应范围、铍窗厚度、探测器厚度及有效探测面积，权衡主、次、痕量元素分析范围，有所侧重，以达到有效满足多数分析项目的目的。

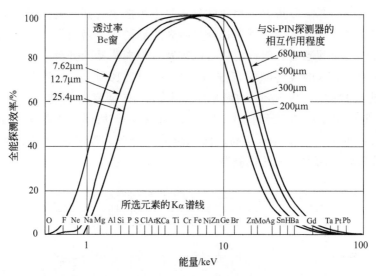

图 4-20　探测器厚度和铍窗厚度与探测效率关系曲线
（Amp Tek 公司 Si-PIN 探测器 XR-100CR 数据）

参考文献

Ge-HPGe

[1] Cüneyt Can, Serdar Ziya Bilgici. An investigation of X-ray escape for an HPGe detector. X-Ray Spectrometry, 2003, 32: 276-279.

[2] Darren G Smillie, Derek Branford, Klaus Föhl. Investigation of the use of a stacked HPGe detector for improving gamma ray spectra at energies above 2MeV. Nuclear Instruments and Methods in Physics Research Section A, 2005, 536: 131-135.

[3] Herrera Peraza E, Renteria Villalobos M, Montero Cabrera M E, et al. X-ray fluorescence analysis in environmental radiological surveillance using HPGe detectors. Spectrochimica Acta Part B, 2004, 59: 1695-1701.

[4] Jun Saegusa, Katsuya Kawasaki, Akira Mihara, et al. Determination of detection efficiency curves of HPGe detectors on radioactivity measurement of volume samples. Applied Radiation and Isotopes, 2004, 61: 1383-1390.

[5] Shepherd S L, Nolan P J, Cullen D M, et al. Measurements on a prototype segmented Clover detector. Nuclear Instruments and Methods in Physics Research Section A, 1999, 434: 373-386.

[6] Ercan Ylmaz, Cüneyt Can. Photoelectron, Compton and characteristic X-ray escape from an HPGe detector in the range 8-52 keV. X-Ray Spectrometry, 2004, 33: 439-446.

Si-PIN

[7] Elekes Z, Kalinka G, Fülöp Zs, et al. Optimization of the performance of a CsI (Tl) scintillator＋Si PIN photodiode detector for medium-energy light-charged particle hybrid array. Nuclear Physics A, 2003, 719: C316-C321.

[8] Murty VRK, Devan KRS. On the suitability of Peltier cooled Si-PIN detectors in transmission experiments. Radiation Physics and Chemistry, 2001, 61: 495-496.

[9] Ota N, Murakami T, Sugizaki M, et al. Thick and large area PIN diodes for hard X-ray astronomy. Nuclear Instruments and Methods in Physics Research Section A, 1999, 436: 291-296.

[10] Murty V R K, Winkoun D P, Devan K R S. On the comparison of performance of freolectric cooled Si (Li) and Si-PIN Peltier cooled detectors. Radiation Physics and Chemistry, 1998, 51: 459-460.

[11] Dalla Betta G F, Pignatel G U, Verzellesi G, et al. Si-PIN X-ray detector technology. Nuclear Instruments and Methods in Physics Research Section A, 1997, 395: 344-348.

[12] Terrence Jach. The instrumentation of X-ray beam lines with PIN diode detectors. Nuclear Instruments and Methods in Physics Research Section A, 1990, 299: 76-79.

[13] Sokolov A, Loupilov A, Gostilo V. Semiconductor Peltier-cooled detectors for X-ray fluorescence analysis. X-Ray Spectrometry, 2004, 33: 462-465.

SDD

[14] Eggert T, Boslau O, Goldstrass P, et al. Silicon drift detectors with enlarged sensitive areas. X-Ray Spectrometry, 2004, 33: 246-252.

[15] Marco Ferretti. Fluorescence from the collimator in Si-PIN and Si-drift detectors: problems and solutions for the XRF analysis of archaeological and historical materials. Nuclear Instruments and Methods in Physics Research Section B, 2004, 226: 453-460.

[16] Lechner P, Pahlke A, Soltau H. Novel high-resolution silicon drift detectors. X-Ray Spectrometry, 2004, 33: 256-261.

[17] Osmic F, Wobrauschek P, Streli C, et al. Si drift detector in comparison to Si (Li) detector for total reflection X-ray fluorescence analysis applications. Spectrochimica Acta Part B, 2003, 58: 2123-2128.

[18] Streli C, Wobrauschek P, Pepponi G, et al. A new total reflection X-ray fluorescence vacuum chamber with sample changer analysis using a silicon drift detector for chemical analysis. Spectrochimica Acta Part B, 2004, 59: 1199-1203.

[19] Streli C, Wobrauschek P, Schraik I. Comparison of SiLi detector and silicon drift detector for the determination of low Z elements in total reflection X-ray fluorescence. Spectrochimica Acta Part B, 2004, 59: 1211-1213.

CCD

[20] Hans-Beat Bürgi, Silvia C Capelli, Andrés E Goeta, et al. Electron Distribution and Molecular Motion in Crystalline Benzene: An Accurate Experimental Study Combining CCD X-ray Data on C_6H_6 with Multitemperature Neutron-Diffraction Results on C6D6. Chemistry-A European Journal, 2002, 8: 3512-3521.

[21] Cargnelli M, Fuhrmann H, Giersch M, et al. Performance of CCD X-ray detectors in exotic atom experiments. Nuclear Instruments and Methods in Physics Research Section A, 2004, 535: 389-393.

[22] Fedotov M G. CCD detectors for X-ray synchrotron radiation application. Nuclear Instruments and Methods in Physics Research Section A, 2000, 448: 192-195.

[23] Martin A P, Brunton A N, Fraser G W, et al. Imaging X-ray fluorescence spectroscopy using microchannel plate relay optics. X-Ray Spectrometry, 1999, 28: 64-70.

[24] Alan Owens, Fraser G W, Adam Keay, et al. Mapping X-ray absorption fine structure in the quantum efficiency of an X-ray charge-coupled device. X-Ray Spectrometry, 1996, 25: 33-38.

[25] Soltau H, Kemmer J, Meidinger N, et al. Fabrication, test and performance of very large X-ray CCDs designed for astrophysical applications. Nuclear Instruments and Methods in Physics Research

2000, A 439: 547-559.

TES

[26] Bruijn Marcel P, Norman H R Baars, Wouter M Bergmann Tiest , et al. Wiegerink, Development of an array of transition edge sensors for application in X-ray astronomy, Nuclear Instruments and Methods in Physics Research Section A, 2004, 520: 443-445.

[27] Bandler S R, Figueroa-Feliciano E, Stahle C K, et al. Design of transition edge sensor microcalorimeters for optimal performance. Nuclear Instruments and Methods in Physics Research Section A, 2004, 520: 285-288.

[28] Chervenak J A, Finkbeiner F M, Stevenson T R, et al. Fabrication of transition edge sensor X-ray microcalorimeters for Constellation-X. Nuclear Instruments and Methods in Physics Research Section A, 2004, 520: 460-462.

[29] Fraser G W. On the nature of the superconducting-to-normal transition in transition edge sensors. Nuclear Instruments and Methods in Physics Research Section A, 2004, 523: 234-245.

[30] Richard W Ryon. The transistor and energy-dispersive X-ray spectrometry: roots and milestones in X-ray analysis. X-Ray Spectrometry, 2001, 30: 361-372.

[31] Vitali Sushkov. TES microcalorimeter readout via transformer. Nuclear Instruments and Methods in Physics Research Section A, 2004, 530: 234-250.

STJ

[32] Beckhoff B, Fliegauf R, Ulm G. Investigation of high-resolution superconducting tunnel junction detectors for low-energy X-ray fluorescence analysis. Spectrochimica Acta Part B, 2003, 58: 615-626.

[33] Bechstein S, Beckhoff B, Fliegauf R, et al. Characterization of an $Nb/Al/AlO_x/Al/Nb$ superconducting tunnel junction detector with a very high spatial resolution in the soft X-ray range. Spectrochimica Acta Part B, 2004, 59: 215-221.

[34] Huber M, Angloher G, Hollerith C, et al. Superconducting tunnel junctions as detectors for high-resolution X-ray spectroscopy. X-Ray Spectrometry, 2004, 33 (4): 253-255.

[35] Masahiko Kurakado. An introduction to superconducting tunnel junction detectors. X-Ray Spectrometry, 2000, 29: 137-146.

[36] Nakamura T, Katagiri M, Soyama K, et al. Discrimination of neutrons and gamma rays by a neutron detector comprising a superconducting tunnel junction on a single crystal of $Li_2B_4O_7$. Nuclear Instruments and Methods in Physics Research Section A, 2004, 529: 402-404.

[37] Sato H, Takizawa Y, Shiki S, et al. Detection of hard X-rays using superconducting tunnel junctions. Nuclear Instruments and Methods in Physics Research Section A, 2004, 520: 613-616.

CdZnTe

[38] Kwon J S, Shin D Y , Choi I S, et al. Growth of polycrystalline $Cd_{0.8}Zn_{0.2}Te$ thick films for X-Ray detectors. Physica Status Solidi (b), 2002, 229: 1097-1101.

[39] Niraula M, Nakamura A, Aoki T, et al. Stability issues of high-energy resolution diode type CdTe nuclear radiation detectors in a long-term operation. Nuclear Instruments and Methods in Physics Research Section A, 2002, 491 (1-2): 168-175.

[40] Pashaev E M, Peregudov V N, Yakunin S N, et al. The effect of X-ray radiation on the structural and electrical properties of CdZnTe solid solution. Physica Status Solidi (c), 2003, 0 (3): 897-901.

[41] Rybka A V, Davydov L N, Shlyakhov I N, et al. Gamma-radiation dosimetry with semiconductor CdTe and CdZnTe detectors. Nuclear Instruments and Methods in Physics Research Section A, 2004, 531: 147-156.

[42] Csaba Szeles. CdZnTe and CdTe materials for X-ray and gamma ray radiation detector applications. Physica Status Solidi (b), 2004, 241 (3): 783-790.

[43] Gabriel Vidal-Sitjes, Paola Baldelli, Mauro Gambaccini. A CdZnTe pixel detector for bone densitometry. Nuclear Instruments and Methods in Physics Research Section A, 2004, 518: 401-403.

CVD-Diamond

[44] Bergonzo P, Tromson D, Mer C, et al. Particle and Radiation Detectors Based on Diamond. Phys. Stat. Sol. A, 2001, 185 (1): 167-181.

[45] Bisognia MG, Colab A, Fantaccia M E. Simulated and experimental spectroscopic performance of GaAs X-ray pixel detectors, Nuclear Instruments and Methods in Physics Research A, 2001, 466: 188-193.

[46] Krása J, Juha L, Vorlíček V, et al. Application of CVD diamonds as dosimeters of soft X-ray emission from plasma sources. Nuclear Instruments and Methods in Physics Research Section A, 2004, 524: 332-339.

[47] Olivero P, Manfredotti C, Vittone E, et al. Investigation of chemical vapour deposition diamond detectors by X-ray micro-beam induced current and X-ray micro-beam induced luminescence techniques, Spectrochimica Acta Part B, 2004, 59: 1565-1573.

[48] Minglong Zhang, Beibei Gu, Linjun Wang, et al. X-Ray detectors based on (100) -textured CVD diamond films. Physics Letters A, 2004, 332: 320-325.

A-Si

[49] Hosch W P, Fink C, Radeleff B, et al. Radiation Dose Reduction in Chest Radiography using a Flat-Panel Amorphous Silicon Detector. Clinical Radiology, 2002, 57: 902-907.

[50] Hoheisel M, Arques M, Chabbal J, et al. Amorphous silicon X-ray detectors. Journal of Non-Crystalline Solids, 1998, 227-230: 1300-1305.

[51] Jean-Pierre Moy. Large area X-ray detectors based on amorphous silicon technology. Thin Solid Films, 1999, 337: 213-221.

[52] Arokia Nathan, Byung-kyu Park, Qinghua Ma, et al. Rowlands, Amorphous silicon technology for large area digital X-ray and optical imaging. Microelectronics Reliability, 2002, 42: 735-746.

[53] Nathan A, Park B, Sazonov A, et al. Amorphous silicon detector and thin film transistor technology for large-area imaging of X-rays. Microelectronics Journal, 2000, 31: 883-891.

第五章　X射线荧光光谱仪

根据分光方式不同，X射线荧光光谱仪可分为波长色散和能量色散X射线荧光光谱仪两大类；根据激发方式又可细分为偏振光、同位素源、同步辐射和粒子激发X射线荧光光谱仪；根据X射线的出射、入射角度还可有全反射、掠出入射X射线荧光光谱仪等。

波长色散XRF光谱仪利用分光晶体的衍射来分离样品中的多色辐射，能量色散光谱仪则利用探测器中产生的电压脉冲和脉高分析器来分辨样品中的特征射线。以下将介绍波长色散和能量色散X射线荧光光谱仪及其他几种XRF光谱仪的主要结构和工作原理。

第一节　波长色散X射线荧光光谱仪

波长色散X射线荧光光谱仪有多道和顺序式XRF光谱仪之分。顺序式荧光光谱仪通过顺序改变分光晶体的衍射角来获取全范围光谱信息，具有很强的灵活性；而多道光谱仪则采用固定道，可同时获得多元素信息，快速简便，而灵活性不够。

一、X射线光管、探测器与光谱仪结构

顺序式波长色散X射线荧光光谱仪由X射线光管、分光晶体、测角仪、探测器以及样品室、准直器、计数电路和计算机组成。图5-1是采用平面分光晶体的顺序式波长色散X射线荧光光谱仪结构图，其中图5-1(a)利用平晶分光，图图5-1(b)采用弯晶分光。

X射线光管要尽可能靠近样品安装，以获得最大辐射强度。为满足Bragg定律，用重元素平行薄片形成原级准直器并安装在分光晶体之前以限制样品X射线的发散。二级准直器放在流气式正比计数器之前限制发散并改善分辨率。在闪烁计数器之前也放置一辅助准直器起类似的作用。X射线光管和探测器详情前面已有叙述，可参见相关章节。

样品室和样品需保持良好的平面精度，因为分析样品表面高度变化$500\mu m$可能引起0.5%的测量误差。对于压片法尤其要引起注意，通常我们用肉眼可以观察到样品压片的表面凹凸不平，这也可能是压片法误差较大的原因之一。

正比计数器与闪烁计数器通常前后顺序放置。正比计数器采用薄窗设计，能量分辨率高，对低能长波X射线探测效率好，而闪烁计数器尽管分辨率较低，

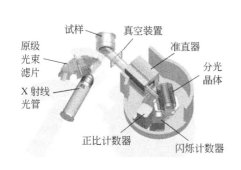

(a) 平晶分光

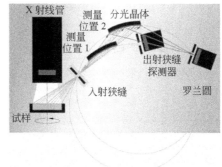

(b) 弯晶分光

图 5-1　波长色散 X 射线荧光光谱仪原理示意图

但对高能短波 X 射线的探测效率高。故正比计数器用来探测轻元素，闪烁计数器用来探测重元素。

两种探测器均将探测到的 X 射线光子转换成电荷脉冲，探测器产生的电荷脉冲（q）首先要经过电容（C）转换成电压脉冲（V），并被前置放大器收集，电压脉冲高度与入射 X 射线能量成正比：

$$V = Nq/C$$

式中，N 为与电路脉冲形成时间和增益相关的函数。

经过前置放大器、脉冲成形放大器和脉冲高度分析器后，脉冲信号可以图像或数字方式输出，得到我们所需的计数率或计数。通常信号处理电子学系统有积分电路和单光子计数系统两种。但前者由于漂移严重且不能选择或剔除第 n 级衍射线等缺陷，目前已很少采用。

二、分光晶体及分辨率

在波长色散 X 射线荧光光谱仪中，分光晶体既可采用平晶也可采用弯晶。平晶光谱仪采用准直器，而弯晶光谱仪在聚焦点上使用狭缝。这两大类光谱仪均利用了 Bragg 定律：

$$n\lambda = 2d\sin\theta \qquad (n = 1, 2, 3, \cdots)$$

来达到分离谱线的目的。

对平晶光谱仪，当进行波长扫描时，分光晶体转动 θ 角，探测器转动 2θ 角。谱峰半高宽（$FWHM$）等于晶体、准直器的均方根和，即：

$$FWHM = (FWHM_{晶体}^2 + FWHM_{初级准直器}^2 + FWHM_{二级准直器}^2)^{1/2}$$

光谱仪的角色散能力为：

$$d\theta/d\lambda = n/2d\cos\theta$$

上式表明，角色散力与分光晶体的 $2d$ 值成反比，即 $2d$ 值越小，分辨率越好。由于光谱仪可以达到的最大有效衍射角度在 $75°$ 左右，同时不同晶体的反射效率也不同。故波长色散光谱仪通常配备具有不同 $2d$ 值的多块晶体，以达到有效分析不同元素的目的。

三、脉冲放大器和脉高分析器

探测器产生的电荷脉冲需要经过前置放大器、脉冲成形放大器和脉高分析器才能最终转换为有效的光谱信号。

由于前置放大器的脉冲幅度极小，持续时间太长，叠加在信号上的过大噪声降低了脉高分辨率，故需采用脉冲成形放大器来放大脉冲信号至 $0\sim10\text{V}$，并缩短脉冲持续时间，减小高计数率时的死时间损失，抑制噪声并最佳化脉冲高度分辨率，从而使得脉冲高度与入射 X 射线能量成正比，且脉冲成形时间为 $1\sim9\mu\text{s}$。

多数脉冲幅度对应于由分光晶体选择的波长，但也会出现干扰脉冲。这些干扰脉冲可来源于晶体的二次或高次衍射线、晶体荧光、光子在探测器中的异常作用过程等。故还需采用脉冲高度分析器 PHA（或脉冲高度选择器 PHS）来消除这些干扰脉冲信号。对于落入预先选定的脉冲高度范围的脉冲，脉高分析器输出短而标准的数字逻辑脉冲信号。

脉冲高度分析器分为两种，一种是积分鉴频器，另一种是窗甄别脉高分析器。

积分鉴频器首先选择一低频脉冲阈值 V_L，对放大器中所有超过 V_L 阈值的脉冲，都产生一逻辑输出脉冲，而对所有没有超过阈值的脉冲，则没有逻辑脉冲产生。超出阈值的时间即为逻辑脉冲的持续时间。积分鉴频器可用来抑制脉冲幅度较低的计数，选择脉冲高度较大的计数，主要用于阻止前置放大器噪声引起的低幅度波动。

当两个 X 射线光子同时或几乎同时到达探测器时，就会出现脉冲堆积和组合峰，这时积分鉴频器只能对一个 X 射线光子计数。当两个脉冲高度均在鉴别阈值以下，本身并不能被计数，但由于脉冲堆积产生的合峰超出了鉴别阈值而被探测器计数。这种堆积事件是探测器死时间损失的主要原因之一。

在积分鉴别模式下，输出计数率等于所有超过 V_L 阈值的脉冲计数之和。此时放大器输出呈脉冲高度谱峰分布，积分鉴别器输出信号呈现出几个阶段。首先是由前放噪声引起的极高计数，但随着 V_L 阈值升高到超过前放噪声幅度，计数率陡峭下降；此后在背景阶段，由于 V_L 阈值逐渐升高，脉冲逐渐滤掉，计数平缓下降；当出现 X 射线光子产生的脉冲高度谱峰时，由于 V_L 阈值逐渐升高会过滤掉更多的计数，故计数率再次出现陡峭下降。

在利用积分鉴频器来选择谱峰时，考虑到在高计数率下，光谱可能向低脉冲高度漂移，故应适当将低频脉冲阈值 V_L 值调得低于谱峰值。当然这也包含了更多的背景计数。

窗甄别脉高分析器是在一低频脉冲阈值 V_L 的基础上，又增加了一高频脉冲阈值 V_U，形成一脉冲高度选择窗口，该种窗甄别脉高分析器只对大于低频阈值 V_L、小于高频阈值 V_U 的放大器脉冲计数输出，如图 5-2 所示。如果有脉冲堆积，则情况可能更复杂一些。当脉冲堆积大于高频阈值时，可能两个峰都不能计

数，而引起更大的计数损失。采
用记忆模板来判定是否需要进行
高频脉冲阈值 V_U 检验也是一种
选择。

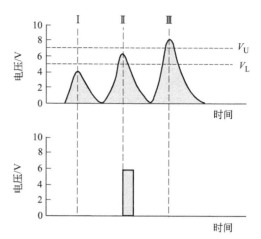

图 5-2　窗甄别脉高分析器原理示意图

　　在实际使用脉高分析器进行
扫描时，窗甄别会包含邻近背景
区域，展宽光谱特征，平滑峰顶。
一般将窗宽设定为小于最窄脉高
光谱峰半高宽的 1/4。如果想剔除
其他峰而仅选择感兴趣的谱峰，
则也可采用窗甄别模式，以便获
得最佳统计测量精度。当峰背比
低且来源于背景的统计误差占主
导时，窗口应选择在谱峰中间，宽度等于谱峰半高宽的 1.17 倍，这时统计精度
最高，但这种方式敏感于峰漂。因此实际应用中，窗宽应包含所有峰和邻近背
景。当逃逸峰未与感兴趣主峰的低能边完全分离时，窗宽必须展宽，并且做不对
称设置，以包含主峰和相关联的逃逸峰。

　　另一方面，在利用脉高分析器的同时，逃逸峰有时也会带来不能消除的干
扰。例如考虑一特例情况。Ar 和 I 的 K_α 逃逸峰分别为 2.957keV 和 28.51keV。
设一分析线能量为 E_0（波长为 λ），且 E_0 位于逃逸峰 10% 范围内。若样品中另
有一元素，其特征谱线能量为 E_1，它将进入探测器，且

$$E_1 = 2E_0$$

对应波长为 $\lambda/2$。这时，高能谱线 E_1 的逃逸峰与分析谱线严重重叠，对分析
谱线 E_0 产生干扰。例如，Mn 的 K_{α_1} 能量为 5.895keV，其使用正比计数器时
的逃逸峰能量则为 2.94keV。由于脉高分析器并不能过滤掉该能量，故此逃逸
峰将会对 K 的 K_α（3.312keV）谱线的背景产生干扰。背景测量值将与 Mn 的
含量强相关，这显然是错误的。因此在实际工作中，尤其要注意这种干扰的存
在和消除。

　　窗甄别脉高分析器最有效的应用实例就是消除高次衍射线对分析谱线的干
扰。例如，Si 的 K_α 线波长为 0.713nm，Zn 的 K_α 线波长为 0.144nm，Zn 的五
级衍射线为 0.718nm，Fe 的 K_β 线波长为 0.176nm，Fe 的四级衍射线为
0.661nm。这两个元素的高次衍射线对 Si 的 K_α 线均构成干扰。但如果采用脉
冲高度分析器，则可分开这三个干扰峰，它们的波长和能量对比如表 5-1 所
示。通过将脉高分析器的能量窗口设置为 1.740keV，并适当设置窗宽则 Fe 和
Zn 的高能光子由于远远超出高频脉冲阈值而被剔除，从而消去了高次线的
干扰。

表 5-1　Si、Fe、Zn 谱峰与衍射波长和能量的比较

线 系	波长/nm	衍射线级次	n 级衍射线/nm	能量/keV
Si K_α	0.713	1	0.713	1.740
Fe K_β	0.176	4	0.661	7.057
Zn K_α	0.144	5	0.718	8.630

第二节　能量色散 X 射线荧光光谱仪

能量色散 X 射线荧光光谱仪由 X 射线光管、样品室、准直器、探测器及计数电路和计算机组成，如图 5-3 所示。此外，亦可在样品前加一单色器，达到降低背景的目的，以改善能量色散 X 射线荧光光谱仪的检出限。它与波长色散 X 射线荧光谱仪的显著不同是没有分光晶体，而是直接用能量探测器来分辨特征谱线，达到定性和定量分析的目的。

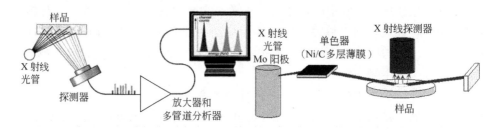

图 5-3　能量色散 X 射线荧光光谱仪原理示意图

当样品中待测元素的特征射线进入能量探测器时，即会产生电子孔穴对，其数量正比于入射光子的能量，经过前置放大器，产生电压脉冲。由于前放产生的信号幅度小、信噪比低，需要慢脉冲成型放大器将其放大，并采用滤波器压制极低和极高频信号，改善信噪比，提高分辨率。

在能量探测过程中，多道分析器起着模-数转换的重要作用。多道分析器的作用是测量每一放大器的脉冲输出高度，按积分方式对脉高分类计数，完成模拟信号向数字信号的转换，形成脉冲高度光谱。在多道分析器中，首先利用模数转换器甄别脉冲信号的高度（能量），并按其能量分类以一定能量间隔作为 x 轴（道），统计在该能量间隔内的脉冲数，得到相应能量的计数，并作为 y 轴，从而获得我们熟知的每道能量间隔的光子计数。

由于放大器和多道分析器均需要一定的时间进行信号处理和系统重置与恢复，在此期间无法接受新的脉冲信号，故会产生系统死时间。当计数率高时，两个 X 射线光子在放大器输出脉冲宽度内同时达到探测器的概率很高，这时会出现脉冲堆积，两个脉冲不能被分辨，脉冲发生畸变。故在多道分析器中，通常都会配置死时间校正和抗脉冲堆积电路来克服这两个问题。

此外，在能量色散 XRF 光谱分析中采用充 He 气条件时，应小心，因为 He 可能穿透较薄的探测器 Be 窗，损害探测器的低温真空系统。

第三节　同位素源激发 X 射线荧光光谱仪

同位素源激发 XRF 光谱仪的特点是设备简单，特别适合于现场分析，在太空探索中是首选设备之一。火星探路者射线原位分析器对火星表面岩石的现场分析应用就是一个成功的例子。

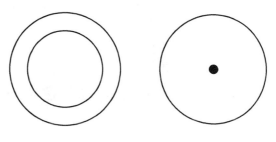

图 5-4　同位素点源和环源激发几何配置图示例

利用放射性同位素做激发源的几何设置通常有三种，即环源、点源和侧向激发分布，环源和点源的几何分布相似，激发源、样品和探测器分布在一条直线上，而侧向激发方式与光管激发的几何分布类似。图 5-4 是点源和环源设置的几何分布图。

除激发方式不同外，同位素源 X 射线荧光光谱仪的结构和原理与能量色散 X 射线荧光光谱仪相同。

第四节　偏振激发 X 射线荧光光谱仪

与其他电磁辐射一样，X 射线也能形成偏振光。原级韧致辐射是部分偏振光，最大偏振向量与 X 射线光管中的电子运动方向平行。在白光的高能端，X 射线光子几乎完全是平面偏振光。

X 射线与物质的散射作用可产生偏振 X 射线，当散射角为 90°时，可产生几乎完全偏振的 X 射线。晶体衍射也可产生偏振光。

由 X 射线光管发射的未偏振 X 射线经与轻元素靶以 90°发生散射后，产生高度偏振的平面 X 射线。用这一偏振光照射样品，由于样品中元素产生的 X 射线是各向异性的，而入射的平面偏振光是不能沿其平面传播的，故当探测器与样品成 90°，并且与偏振器和 X 射线光管平面相交时，来自 X 射线光管的背景降低，其原理如图 5-5 所示。常规配置与偏振光激发的光谱图比较如图 5-6 所示，图中黑色光谱为偏振光激发所产

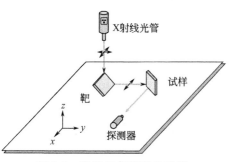

图 5-5　偏振 X 射线荧光光谱
分析原理示意图

生，可见背景明显降低。

采用偏振 X 射线荧光光谱仪分析样品时，可根据待测样品、元素特性和光谱仪配置，参照表 5-2，选择所需的二次靶。

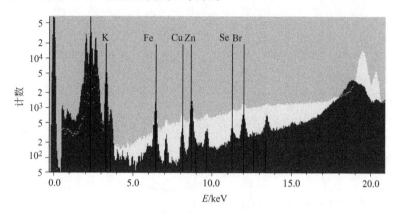

图 5-6　采用偏振 X 射线激发可显著降低背景

表 5-2　偏振 XRF 分析中二次靶的选择

靶型	二次靶	Barkla 靶	Bragg 晶体
靶材	纯金属：Al，Zr，Mo，…	低 Z 元素组成的高密度物质	单晶体：LiF，Cu，HOPG，…
效果	无极化作用，但产生很强的单色 X 射线	有极化作用，可产生强的多色 X 射线	有极化作用，产生强单色 X 射线
适用范围	对某些特定元素测量有效	用于激发 $Z>22$ 的元素	用于激发 $Z=11\sim22$ 的元素（HOPG）

第五节　全反射 X 射线荧光光谱仪

X 射线荧光光谱分析中的主要局限之一是检出限不够低，这其中的主要问题来源就是因为样品散射产生的高背景。为克服这一缺点，20 世纪 70 年代研究人员提出了全反射 X 射线荧光光谱分析概念，全反射 X 射线荧光光谱分析技术尤其适用于痕量元素分析，也可应用于表面和近表面分析。特别是需要进行痕量元素无损检测时，全反射 X 射线荧光光谱分析技术更显得无以替代。

当入射 X 射线以大入射角照射样品时（$\theta>\theta_{\mathrm{crit}}$），X 射线将表现为常规吸收与散射。而当入射 X 射线以一特定的低掠射角（$\theta=\theta_{\mathrm{crit}}$）照射样品或基体时，入射 X 射线将不再被样品散射，背景迅速下降。这种效应称为全反射，对应的角度称为临界角 θ_{crit}：

$$\theta_{\mathrm{crit}}=0.02\sqrt{\rho/E}$$

由上式可见，临界入射角与入射能量（E）的平方根成反比，与被照射样品的密度（ρ）平方根成正比。入射能量越大，临界角越小。当入射 X 射线小于临界角 θ_{crit} 时（$\theta < \theta_{crit}$），大部分辐射将离开样品，背景显著降低。这一过程及入射角度变化与背景的关系如图 5-7～图 5-9 所示。临界角通常非常小，绝大多数仅为几毫弧度，如表 5-3 所示。

表 5-3　不同材料对 8.0keV 入射光子的临界入射角

元　　素	临界入射角/mrad	元　　素	临界入射角/mrad
Si	3.9	Au	9.7
Ti	5.2	Pt	10.5
Ni	7.0		

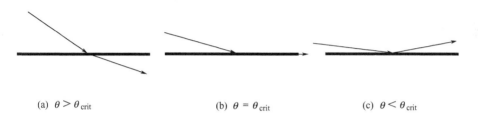

(a) $\theta > \theta_{crit}$　　　　　　(b) $\theta = \theta_{crit}$　　　　　　(c) $\theta < \theta_{crit}$

图 5-7　入射角、临界角与全反射

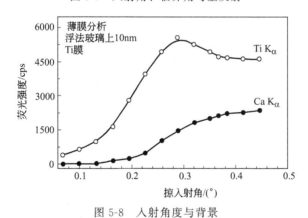

图 5-8　入射角度与背景

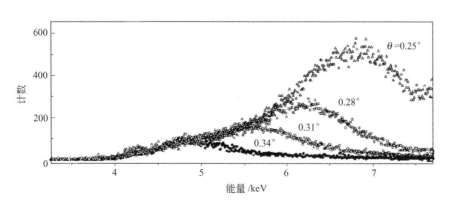

图 5-9　入射角度、能量与背景

由于在小于临界角的条件下，X 射线散射产生的背景戏剧性的降低，使得全反射 X 射线荧光光谱特别适合于进行痕量元素分析。

全反射 X 射线荧光光谱仪原理与装置示意图如图 5-10 所示。来自于 X 射线光管的原级辐射，经过两级精密排列的狭缝形成片形后，到达高能剪切反射体。在低于临界角的入射条件下，照射含样品的第二反射体，样品中的被测元素受激产生二次 X 射线。用探测器在载片上方接受被测元素的特征 X 射线，即可进行定性和定量分析。第一反射体既可以是镜面石英反射体，也可以是多层结构的单色体。探测器直接近距离安装在样品上方，使得尽可能多地接受样品特征 X 射线荧光。临界角通常小于 1°。由于小于临界角的入射光通常只能激发 1～100nm 有效厚度的样品，故全反射 X 射线荧光主要用于表层分析，如硅晶片及载体上的薄样分析。

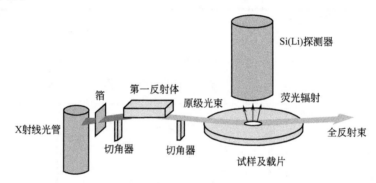

图 5-10　全反射 X 射线荧光光谱仪原理与装置示意图

在全反射 X 射线荧光光谱仪中，由于设置初级入射角小于临界角，使 X 射线几乎不能穿透基质，此时来自基质的散射和荧光最小，从而使得 X 射线主要来自于基质上的样品所含元素，获得高峰背比信号。目前全反射 X 射线荧光光谱的检出限可达到 10^{-9}～10^{-12} 级，绝对检出量 10^{-12}g，结合同步辐射，甚至可低至 10^{-15}g 量级。

全反射 X 射线荧光光谱的应用领域主要在硅晶片表面污染物检测及液体样品和植物样品分析。尽管也可用于固体样品，如颗粒物、沉积物、地质样品，但由于要进行样品前处理，如酸解、加内标等，故与 ICP-MS 相比优势不是很明显。简单地将 TXRF 用于地质等固体样品分析并不可取。而将 TXRF 与其他技术相结合，开展微束或原位分析则更能发挥其特长和优势。

第六节　聚束毛细管透镜微束 XRF 光谱仪

尽管同步辐射是进行微区分析的理想光源，但其装置庞大，使其常规应用受到限制。而聚束毛细管透镜微束 XRF 光谱仪则可在普通实验室和现场分析中得到应用，特别是在必须获得原位数据和多维信息等研究领域中具有重要应用价值。

聚束毛细管透镜微束 XRF 光谱仪的工作原理与普通 X 射线光谱仪基本相同，仅是在 X 射线管作为光源的基础上，安装一个聚束毛细管透镜来聚焦 X 射线，并在焦点位置安装样品。图 5-11 是一个聚束毛细管透镜微束 XRF 光谱仪的结构图。除了在 X 射线管和样品间加装一个聚束毛细管透镜用于聚焦 X 射线束外，通常还必须将样品支撑机构设计为三维可调，这一方面是为了满足聚焦的需要，另一方面也是为了获得多维信息。另外，也有将 X 射线管和样品台均设计为三维可调的光谱仪设置。

聚束毛细管透镜微束 XRF 光谱仪目前已实现商品化。许多研究机构也仍在研制用于不同目的的实验装置。此外，聚束毛细管透镜亦可在探测器前用作准直器，如图 5-12 所示。

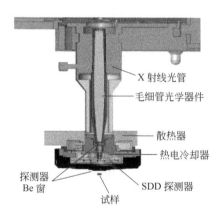

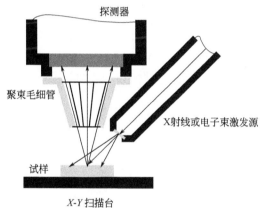

图 5-11　聚束毛细管透镜微束　　　　图 5-12　聚束毛细管透镜
XRF 光谱仪结构图　　　　　　　在探测器前用作准直器

应用聚束毛细管透镜的微束 XRF 光谱仪的优点在于聚焦 X 射线光束能用来增加小面积区域的光强，从而使信号增强，而来自于样品的背景则保持不变，因此提高了峰背比。在样品和探测器之间还可以加一块滤光片，使得探测器只收集来源于特定区域的 X 射线，这样净荧光强度保持不变或略有降低，但背景却显著降低。

聚束毛细管透镜不仅可应用于微束 XRF 光谱仪，还可在 X 射线衍射（XRD）、X 射线吸收近边结构（XANES）分析中得到广泛应用，是目前元素成分、形态、结构研究领域中的一个热点领域，值得我们关注。

参考文献

［1］ Bull Mater. Development of a total reflection X-ray fluorescence spectrometer for ultra-trace element analysis Indian Academy of Sciences，2002，25（5）. 435-441.

［2］ Bielewski M，Wegrzynek D. Lankosz M，et al. Micro-beam X-ray fluorescence analysis of individual particles with correction for absorption effects. X-ray Spectrometry，2006，35：238-242.

[3] Samek L, Ostachowicz B, Worobiec A, et al. Speciation of selected metals in aerosol samples by TXRF after sequential leaching. X-Ray Spectrometry, 2006, 35: 226-231.

[4] Korotkikh E M. Total reflection X-ray fluorescence spectrometer with parallel primary beam. X-Ray Spectrometry, 2006, 35: 116-119.

[5] Heckel J, Brumme M, Weinert A, et al. Multi-element trace analysis of rocks and soils by EDXRF using polarized radiation. X-Ray Spectrometry, 1991, 20: 287-292.

[6] Birgit Kanngiesser, Burkhard Beckhoff, Walter Swoboda. Comparison of highly oriented pyrolytic and ordinary graphite as polarizers of Mo K_a radiation in EDXRF. X-Ray Spectrometry, 1991, 20: 331-336.

[7] Selin E, Standzenieks P, Boman J, et al. Multi-element analysis of tree rings by EDXRF spectrometry. X-Ray Spectrometry, 1993, 22: 281-285.

[8] Goganov D A, Schultz A A. A gas-filled electroluminescence detector for EDXRF Spectrometry. X-Ray Spectrometry, 2006, 35: 47-51.

[9] Xiuchun Zhan. Application of polarized EDXRF in geochemical sample analysis and comparison with WDXRF. X-Ray Spectrometry, 2005, 34: 207-212.

[10] Arturs Viksna, Eva Selin Lindgren, Paulis Standzenieks, Jan Jacobsson. EDXRF and TXRF analysis of elemental size distributions and environmental mobility of airborne particles in the city of Riga, Latvia. X-Ray Spectrometry, 2004, 33: 414-420.

第六章　定性与定量分析方法

利用 X 射线荧光光谱仪分析物质组分时，除了正确使用和操作 X 射线荧光光谱仪外，还需要研究制定合理、准确的定性和定量分析方法。定性分析的目的是识别在未知样品中存在多少种元素，其存在形式是否适于用 XRF 方法分析，例如分析对象是硫化物或含有大量重金属元素时，就难以简单地采用熔融法 XRF 进行样品分析。在建立 XRF 分析方法中的主要困难之一在于各种谱线重叠和干扰因素的鉴别。定量分析则是要利用一定的实验或数学方法，准确获得未知样品中各元素的定量浓度数据，其关键在于基体校正。

第 一 节　　定 性 分 析

不同元素受 X 射线激发后，会发射出特征 X 射线。这些特征谱线是识别样品中存在某一元素的指纹信息。通过确定样品中特征 X 射线的波长或能量，就可以判定未知样品中存在何种元素。然而，如果样品并不是纯元素，而是含有其他元素，就会存在谱线重叠。同时，光谱仪、样品等有关因素也会带来干扰，因此，寻找证实特征谱线的存在，判断、识别干扰就是定性分析中的主要工作。

通常，在接收到一个未知样品后，需要根据分析要求，选择必要的样品制备方法，并进行定性分析。在对一个未知样进行定性分析时，应采取如下策略：

1. 从所有谱线中寻找最强线

① 多数情况下，当原子序数 Z 小于 40 时，应寻找 K 系线，大于 40 时，可寻找 L 系线。这主要取决于可用或所用的激发电压。

② 尽管 M 系线也可应用于此目的，但 M 系线的分布和强度变化较大，且可能来源于那些只是部分充填的轨道，甚至是分子轨道，故相对而言，M 系线较少应用于定性分析的目的。M 线多用于 Z 大于 71 的情况。

③ 如果一个谱线系被干扰，应选择其他谱系，并寻找最强线。

2. 多条特征光谱线同时存在，且相互间的强度比正确

① 在 XRF 光谱中，应证实同系列多个特征光谱线同时存在，必要时还需证实不同谱系特征线的存在。例如，当发现 K_α 线时，则应同时证实有 K_β 线的存在。否则，不能确认在未知样品中存在该种元素。应用其他谱线或谱系时亦如此。

② 在同一谱线系中，不同特征谱线的强度比例一定。当相互间的强度比例正

确时，才可确定某一元素真实存在。多数情况下，$K_{\alpha_1} \sim K_{\alpha_2}$ 在 K 系线中占据主导地位。低原子序数的 K_β 线要比 K_α 线弱得多。对 L 系线，则较为复杂。例如，Sr 的 $L_{\alpha_1} : L_{\beta_1} = 100 : 65$，而 Au 的 $L_{\alpha_1} : L_{\beta_1} = 89 : 100$。

③ X 射线谱线绝对测量强度尽管受多种因素影响，但主要由荧光产额 ω 和溢余临界电压值决定。溢余临界电压值是指光管激发电压（V）超出被测元素的临界激发电压（$V_{临}$）的多余部分，荧光强度与溢余临界电压的 1.6 次幂成正比，即荧光强度随 $(V - V_{临})^{1.6}$ 而变。

3. 干扰识别

在 XRF 实际分析应用中，最困难的工作之一就是识别样品中可能存在的干扰。在识别干扰时，可根据表 6-1 判断主要的干扰来源。

表 6-1　XRF 中的主要干扰来源

干扰来源	特　　性	干扰来源	特　　性
元素间的谱线重叠	K 系线相互干扰；高 Z 元素 L、M 系线对低 Z 元素的 K 系线产生干扰	样品衍射	来自试样的衍射线也会产生干扰线
连续谱的相干、非相干散射	随原子序数降低，干扰显著增强；低衍射角最大	分光晶体产生的高次线	WDXRF 中，高次线比衍射级次低的谱线强度弱
光管靶线相干、非相干散射	随原子序数降低，干扰明显增强	晶体产生的背景和干扰	在 WDXRF 中存在
靶材及其污染	Cu,W,Ni,Ca,Fe；光管使用寿命越长，干扰越强	拖尾	电荷采集不完全引起低能拖尾
二次靶	相干、非相干散射靶线	合峰	EDXRF 中的合峰
卫星线	随原子序数降低，干扰强度增加	康普顿棱	EDXRF 中不相干逃逸峰产生的康普顿棱
逃逸峰	逃逸峰位由探测器材料决定		

① 对于能量色散 XRF 而言，合峰容易被认为是元素谱线，需要特别注意。逃逸峰也有较大影响。

② 可定期使用低原子序数的纯有机样品检查仪器通道中的各种谱线干扰。除一直存在的连续谱、特征靶线外，可以检测到由于灯丝 W、Be 窗密封材料 Ni、Ca、Fe 产生的干扰线。借此还可以判断是否有来源于粉末或液体样品对光管、准直器的污染。有时样品杯或衬底材料也可能产生干扰谱线。

③ 尽管通常情况下，高次线是干扰因素，需用脉冲高度分析器（PHA）去除，但有时可使用高次线来识别元素，这时不应使用脉冲高度分析器。

第二节　定量分析

定量分析的前提是要保证样品的代表性和均匀性。过度强调分析准确度，而忽视样品采集方法和采样理论的研究应用，是不科学、不合理的。只有获得或采集具有代表性的特征样品，才具有科学价值和实际意义。目前关于采样理论的研究还有待于深入探讨。此处我们主要关注如何确保定量分析方法的准确。

要进行定量分析，需要完成三个步骤。首先要根据待测样品和元素及分析准确度要求，采用一定的制样方法，保证样品均匀和合适的粒度；其次通过实验，选择合适的测量条件，对样品中的元素进行有效激发和实验测量；最后运用一定的方法，获得净谱峰强度，并在此基础上，借助一定的数学方法，定量计算分析物浓度。制样方法另章讨论，这里主要讨论获取净强度的途径和定量分析方法。

一、获取谱峰净强度

要获得待测元素的浓度，首先要准确测量出待分析元素的谱峰净强度。谱峰净强度等于谱峰强度减去背景。

尽管真实背景是指分析物为零时，在对应于分析元素能量或波长处测得的计数，但这样做并不实际，因为背景依赖于基体组分。因此，使用一种不含分析物的所谓"空白"样测量背景并用于背景校正是危险的、不正确的。

当峰背比大于 10 时，背景影响较小。这时，最佳计数方式是谱峰计数时间要长于背景计数时间。当峰背比小于 10 时，背景影响较大，需要准确扣除。

扣除背景的方法主要有单点法和两点法，如图 6-1 所示。其净强度采用以下两式计算：

单点法：

$$I_{net} = I_p - I_b$$

两点法：

$$I_{net} = I_p - (I_H + I_L)/2$$

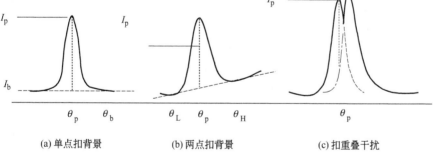

(a)单点扣背景　　　　(b)两点扣背景　　　　(c)扣重叠干扰

图 6-1　单点法和两点法扣除背景

当谱峰两边的背景比较平滑时，可采用单点扣背景，多在分析线波长的长波一侧，例如高出 1°(2θ)。选择高角度也是因为在某些情况下要考虑卫星线，例如 K_{α_3}、K_{α_4} 会显著地向谱峰短波边扩展，这种情况尤其在分析低原子序数时应该注意。此外也可采用公共背景法或比率法扣背景。

二、干扰校正

当样品中被测物存在分析谱线重叠时，可用比例法扣除干扰。对于复杂体系，需要通过解谱或拟合来消除干扰，例如图 6-1(c) 的情况。

当采用比例法扣除干扰时，需要分别测定两处的重叠因子。设 α 和 β 分别为两个元素的谱线重叠比例系数，由纯 j 元素求得在其峰位处的强度 I_j 和其在 i 元素峰位处的强度 I_{ji}，其比值即等于 α，即：

$$\alpha = \frac{I_{ji}}{I_j}$$

与之相似：

$$\beta = \frac{I_{ij}}{I_i}$$

又设脚标 net 和 lap 分别代表净强度和测定的重叠峰强度，则计算谱峰净强度的公式为：

$$I_i^{\text{lap}} = I_i^{\text{net}} + \alpha I_j^{\text{net}}$$
$$I_j^{\text{lap}} = I_j^{\text{net}} + \beta I_i^{\text{net}}$$
$$I_i^{\text{net}} = I_i^{\text{lap}} - \alpha I_j^{\text{net}}$$
$$= I_i^{\text{lap}} - \alpha I_j^{\text{lap}} + \alpha\beta I_i^{\text{net}}$$
$$= I_i^{\text{lap}} - \alpha I_j^{\text{lap}}$$

式中最后忽略了二次项的影响。如果干扰谱线 j 的谱峰离 i 元素的谱峰位置足够远，效果更好。

三、浓度计算

在扣除背景和干扰，获得分析元素的谱峰净强度后，即可在分析谱线强度与标样中分析组分的浓度间建立起强度-浓度定量分析方程。利用这类方程即可进行未知样品的定量分析。

对于简单体系，例如可以忽略基体效应的薄样或一定条件下的微量元素分析，可以在谱峰净强度和浓度间建立简单的线性或二次方程。而对于复杂体系中的主、次、痕量元素分析，如地质样品，则需要进行基体校正，才能获得准确结果。

X 射线荧光光谱分析的最大特点是制样技术简单，但需要进行复杂的基体校正，才能获得定量分析数据，XRF 分析的最大局限是依赖标样。

1. 基体效应

从前面章节可知，除质量衰减吸收外，当入射线能量大于分析元素的吸收边时，样品中的元素对入射线会产生强烈吸收。当样品中受激元素分析谱线的能量大于某一共存元素的谱线激发能时，该共存元素也会强烈吸收分析谱线。被吸收的这部分分析谱线强度不能出射样品，使得分析谱线强度降低，从而偏离理想线性方程，如图 6-2 所示。这种现象称为吸收效应。

如果共存元素谱线的能量大于分析元素的激发能，则分析元素会受到共存元素的额外激发，此为增强效应。增强效应使得特征谱线强度上升，如图 6-2 所示。这种吸收和增强效应通常统称为基体效应。

吸收和增强效应可采用多种方式校正，包括实验和数学校正方法。本处主要介绍简单体系下的定量分析方法和实验基体校正技术。对复杂体系进行基体校正的数学方法内容丰富，将在下章介绍。

2. 线性和二次曲线

当分析物质量分数（w）与分析谱线净强度（I）符合简单的线性

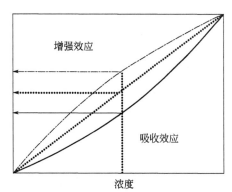

图 6-2　（理想）标准曲线及吸收和增强效应示意图

或二次曲线关系时，可以采用以下两个方程计算分析元素的浓度：

$$w = aI + b$$
$$w = aI^2 + bI + c$$

式中，a，b，c 为系数，可结合标样，由最小二次回归计算求得。

所用标样类型应具有代表性，浓度范围也应足够宽，至少需要涵盖拟测定的未知样浓度范围。

需要注意的是，以上两式也是利用基体校正方程和计算理论校正系数时需要用到的，是连接分析谱线强度、理论强度、浓度及表观浓度间的桥梁，是进行数学校正的基础。

第三节　数学校正法

通常情况下，样品中被测物的谱峰净强度与浓度的关系不是简单的线性或二次曲线关系，需要考虑共存元素（基体元素）的影响，即要进行基体效应校正。如以通式表述，可有：

$$w_i = X_i \left(1 + \sum_j d_j w_j\right) - \sum_j L_j w_j$$

式中，w_i、w_j、X_i、d_j、L_j 分别表示分析物浓度、基体元素浓度、分析物表观浓度、基体影响系数、干扰系数。其计算方法如下。

① 由标样浓度计算出表观浓度：

$$(X_i)_r = \left(\frac{w_i + \sum_j L_j w_j}{1 + \sum_j d_j w_j}\right)_r$$

② 测定标样强度，求出表观浓度和强度间的关系曲线：

$$(X_i)_r = a(I)_r + b$$

③ 将未知样测定强度分别代入以上三式即可得到未知样的浓度。

④ 系数 L 的计算：可通过强度校正，直接得到净强度，或由浓度校正方程，通过回归计算得到系数 L。

⑤ 系数 d 的计算方法：可采用实验方法通过回归分析得到，或由理论方法，如基本参数法等计算获得。

第四节　实验校正方法

在 X 射线荧光光谱分析中，实验校正方法是进行准确定量分析必不可少的手段。其目的一是减少仪器波动，二是补偿实验条件、样品组成及样品形态的变化。

如果将实验校正方法应用于基体校正，则多数情况下主要是应用于简单体系。当面对复杂样品或体系时，通常需要将实验和数学校正方法结合使用，才能达到理想效果。

一、标准化

现代 XRF 光谱仪具有良好的稳定性。但其长期稳定性以及可能的波动需要进行监测。同时实验条件，例如熔样温度，也会出现一些变化。因此，需要利用监控样品或所谓标准化样品，在一定程度上，减少和补偿其变化。

监控样品的使用可有两种方式：一是使用强度比；二是将测量强度进行标准化处理。

设 I_x^i、I_m^i 分别表示未知样品和监控样品中同一分析元素特征谱线的测量强度，则在每一次实验中，总是将同一监控样品与分析样品一起，经历整个实验过程，并测定相应分析谱线的强度，计算比值 R_i。利用其比值作为定量分析数据，如下式所示：

$$R_i = \frac{I_x^i}{I_m^i}$$

另外，也可利用监控样品进行测量强度的标准化处理，使得每次的测量强度都能"恢复"到出厂时或是建立分析方法时的原始测量强度。设标准化样品中同一分析元素特征谱线的初始测量强度为 I_s^1，实际测量强度为 I_s^m，未知样品实际测量强度为 I_x^m，则未知样品校准（或标准化）后的测量强度为 I_x^c，如下式所示：

$$\alpha = \frac{I_s^1}{I_s^m}$$

$$I_x^c = \alpha I_x^m$$

例如，设初始测量强度为 $I_s^1 = 12\text{kcps}$，实际测量强度为 $I_s^m = 10\text{kcps}$，则 $\alpha = 1.2$。此时说明由于仪器漂移、样品条件的改变等引起了实际测量强度比初始强度显著降低，如果仍利用原来的系数进行基体校正或定量分析，则会带来较大误差，因此需要利用监控样品或标准化样品使其恢复到初始强度。例如设实际测量强度为 $I_x^m = 20\text{kcps}$，则标准化（校准）后的强度为 $I_x^c = 24\text{kcps}$。

如果采用多个监控样品，则可利用线性方程进行测量强度的标准化。

二、内标法

内标法也是利用了比值法的特点来校正基体效应，或补偿由于实验条件和仪器漂移等带来的变化。

设分析元素为 i，添加内标元素为 j；添加内标元素前原试样的质量分数为 w_0，添加后为 w_a，则：

$$C_i = K_i I_i M_i \frac{w_0}{w_a}$$

式中，M_i 为基体效应校正系数。对于加入的内标元素也有：

$$C_j = K_j I_j M_j$$

两式相除得：

$$C_i = C_j \frac{K_i I_i M_i w_0}{K_j I_j M_j w_a}$$

若分析元素和内标元素的性质及吸收与增强效应彼此十分接近，即 K_i、M_i、K_j、M_j 可以消去，则可得简式：

$$C_i = C_j \frac{I_i w_0}{I_j w_a}$$

从而达到校正基体效应的目的。

应用内标法的重要原则是在两条发射线之间不能有主、次量元素的吸收边。此外，亦可利用背景内标法在一定程度上补偿基体效应或实验条件等的变化。

值得注意的是，应用添加一个元素作为内标来校正基体效应，由于需要针对不同分析对象分别选择不同的内标元素，通常要耗费大量时间，实用程度和灵活性不理想，而且所选内标元素自身又可能引入附加基体效应。因此，实用性较差。但可以使用其中的一种特例，即使用分析物自身作为内标，这种方法称为标准添加法。

三、标准添加法

设 I_x^i、I_{x+a}^i 分别表示未知样品和添加分析元素后特征谱线的测量强度，添加分析元素前后对应的质量分数为 w_x，w_a，于是有：

$$w_x = \frac{I_x^i}{I_{x+a}^i}(w_x + w_a)$$

式中，w_a 已知，w_x 可从上述方程中经过简单计算后得到。

标准添加法主要适用于分析物浓度在 5% 以下的分析体系。要注意上述方程为线性方程，因此该种方法仅能在分析物浓度和测量强度呈线性关系时才可用，否则将产生较大误差。实际应用标准添加法时，因为不能保证其线性，故一般须额外制备两个样，加上样品自身，共三个样品。

四、散射线内标法

散射线内标法包括散射背景法、相干和非相干散射线法、靶线内标法等。

散射线的背景强度 I_B 与原子序数 Z 的平方呈反比，即：

$$I_B = k_B Z^{-2}$$

分析物的荧光强度 I_x 与总的质量吸收系数呈反比，而质量吸收系数与原子序数呈正比 [见式(2-12)]，Z 越大，μ 越大，故：

$$I_x = k_x C_x Z^{-3}$$

于是采用相干散射线作为内标，并合并常数项后，其强度比为：

$$\frac{I_x}{I_B} = k \frac{C_x}{Z}$$

由此方程可见，强度与原子序数的关系已由三次幂降为一次幂，峰背比对平均原子序数的依赖程度明显减小，故采用散射线内标法可以显著降低基体效应，但还不足以完全消除。

尽管散射线内标法并不能完全抵消基体效应，但某些特殊情况下是十分有用的，例如硅酸盐分析中，当存在含有 Fe、Zr、Ba、Pb 等不同基体元素时银的测定。如果仅采用 Ag 的计数，将产生数倍的误差，但若采用康普顿散射线强度 $I_{compton}$ 作为内标，则由 Ag 的 K_α 线强度和 $I_{compton}$ 之比可得到较为准确的结果。

第五节 实验校正实例——散射线校正方法

一、散射效应与利用

X 射线弹性散射（Rayleigh 散射）和非弹性散射（Compton 散射）既可以作为一种有用工具，例如用来获得结构信息、研究基态电子性质，也可以是一种不利因素，例如散射线与分析元素谱线重叠干扰测定、或产生大的探测器死时间等。非弹性散射还可用于获得材料密度，判定肿瘤组织的治疗效果等。激光-Compton 散射技术目前在医学和生命科学中也已得到了应用。

在 X 射线荧光分析中，X 射线弹性散射效应被用来补偿仪器、样品和基体变化。例如 Pb 的峰强度与 Rayleigh 散射之比可以有效消除几何角、重叠组织厚度、骨的形状及距离变化等对分析结果的影响。此外，Rayleigh 和 Compton 散射已用于无标样 X 射线基本参数法。通常 Rayleigh 散射峰可以比较准确地描述，但 Compton 峰由于峰形变宽，非高斯函数因子等影响，目前如何准确拟合 Compton 峰仍是研究热点。此外，已发现 Compton 峰随着石墨样品厚度增加而向高角度漂移，且准直器直径越小，Compton 峰的强度越低。

二、滤光片对 Compton 峰和分析谱线的影响

当使用二级滤光片时，Compton 峰强度降低，峰位出现漂移。图 6-3 是采用 ^{109}Cd 源，HPGe 探测器测定 $210\mu g/g$ Pb 时，采用不同厚度和材料作为二级滤光片时的实测光谱图。Al 滤光片使 Compton 峰变宽，峰位向高能漂移，元素越轻，漂移越大。Al 滤光片产生的 Compton 峰拖尾还会影响到 Pb 等元素的测定。此外辐射角度和位置对 Compton 峰的实验结果也会产生影响。

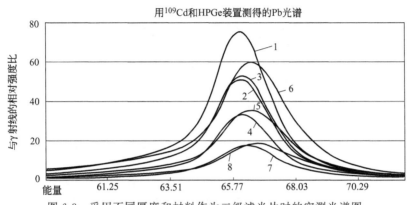

图 6-3　采用不同厚度和材料作为二级滤光片时的实测光谱图

1—无滤光片；2—1In；3—1Cu；4—2In；5—2Cu；6—4Al；7—2Cu2In；8—4Cu

滤光片厚度增加，Compton 峰呈指数下降，尽管 $K_{\alpha1}$、$K_{\beta1,3}$ 与 Rayleigh 散射峰强度各自也下降，但 $K_{\alpha1}$ 及 $K_{\beta1,3}$ 与 Compton 峰的强度之比却随滤光片厚度增加成指数上升，如图 6-4 所示。

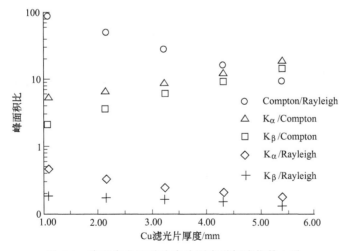

图 6-4　峰强度之比随滤光片厚度增加成指数上升

Cu，In 滤光片的使用还可以显著降低探测器的死时间，但由于峰面积下降，不确定度也上升，如表 6-2 所示。如选择合适的滤光片，在一定程度上可以提高信噪

比，如表 6-3 所示，分别可提高 4%～6%。平均测量 9 次，最大信噪比有所提高，但平均值和最小值则有高有低。使用滤光片后，测量精度有较显著提高。遗憾的是，在该应用条件下，使用滤光片后，分析线的灵敏度有所下降，故未能降低 Pb 的分析检出限。

表 6-2 滤光片的使用可以显著降低探测器的死时间

项 目	无滤光片	0.26mm In	0.52mm In	2.16mm Cu	5.4mm Cu	2.0mm Al	0.26mm In/In
死时间/%							
死时间变化	14.02	7.54	3.46	2.26	0.11	19.27	6.2
FWHM/keV							
Rayleigh 散射	0.707	0.731	0.707	0.732	0.725	0.725	0.740
Compton 散射	1.992	2.066	1.995	2.546	2.601	2.380	2.657
$K_{\beta 1,3}$	0.828	0.858	0.837	0.906	0.311	0.878	0.840
$K_{\alpha 1}$	0.660	0.653	0.639	0.658	0.434	0.660	0.690
不确定度/%							
Rayleigh 散射	0.39	0.44	0.51	0.47	1.21	0.32	0.22
Compton 散射	0.05	0.06	0.10	0.12	0.77	0.04	0.12
$K_{\beta 1,3}$	1.43	1.73	1.95	2.21	6.69	1.30	2.75
$K_{\alpha 1}$	1.13	1.53	1.73	2.32	6.68	1.11	2.49

表 6-3 选择合适的滤光片，在一定程度上可以提高信噪比

项目	无滤光片	0.26mm In	0.52mm In	1.08mm Cu	2.0mm Al	0.52mm In+1.08mm Cu
$R_{Pk/Cmpt}$①						
$K_{\beta 1,3}$	1.17	1.63	2.68	2.09	1.26	4.20
$K_{\alpha 1}$	3.69	4.21	6.11	5.27	3.64	7.60
$R_{Pk/Ryl}$②						
Compton	174.5	112.9	71.8	85.71	152.2	39.8
$K_{\beta 1,3}$	0.20	0.18	0.19	0.18	0.19	0.17
$K_{\alpha 1}$	0.64	0.48	0.44	0.45	0.55	0.30

① $R_{Pk/Cmpt}$＝峰面积$_{Peak}$/峰面积$_{Compton}$（×10^{-3}）。

② $R_{Pk/Ryl}$＝峰面积$_{Peak}$/峰面积$_{Rayleigh}$。

三、准直器直径对谱线的影响

准直器直径对 X 射线荧光能量光谱有显著影响，合理使用准直器可以改善峰形。长且窄的准直器可以提高信噪比，改善分辨率，但也会降低分析线强度。比较三种直径的准直器发现，直径过大，Compton 峰较宽，$K_{\alpha 1}$ 附近背景增高，产生峰形畸变，峰背比下降，而较小直径的准直器则使 Compton 峰宽变窄，$K_{\alpha 1}$ 谱背比明显改善，如图 6-5 所示。此外，使用 W 作为滤光片或面罩，由于 W 的 K 系线可能会对 Pb 产生重叠干扰，应尽量避免。准直器直径越小，$K_{\alpha 1}$ 与峰左边的最小处的背景比越高，如图 6-6 所示。

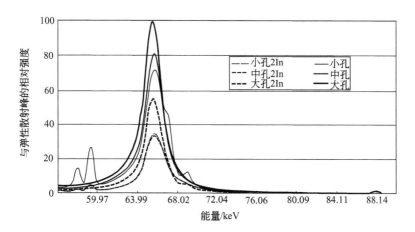

图 6-5 较小直径的准直器使 Compton 峰宽变窄，K_{α_1} 谱背比明显改善

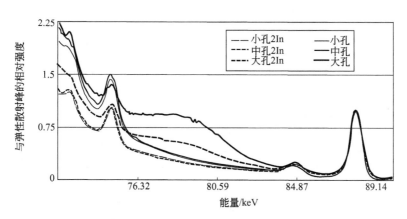

图 6-6 准直器直径越小，K_{α_1} 与峰左边的最小处的背景比越高

大直径的准直器会使 Compton 峰面积更大，并降低信噪比，较小直径的准直器不仅提高信噪比，还在一定程度上减小了不确定度，如表 6-4 和表 6-5 所示。PbK_{α_1} 的净峰面积大约只占总面积的 10%，这可能给低浓度时的谱峰拟合带来一些困难。从实验技术上降低散射背景，对于更准确地获取净峰值强度也是有益的。

表 6-4 不同准直器直径，K_{α_1} 与峰的左边最小处背景比

项目	小孔径 2In	小孔径	中孔径 2In	中孔径	大孔径 2In	大孔径
P/G	1.50	1.45	1.46	1.42	1.26	1.19

四、Compton 峰位随滤光片材料的原子序数增加而产生漂移

我们发现 Compton 峰位随滤光片材料的原子序数增加会产生漂移。由于有效入射角的变化，Compton 峰位会随着石墨厚度的增加向高角度漂移，在 K. D. Kundra 的实验中，由于 Al 样品材料过多的衰减，没有观察到类似漂移。我们在

实验中观察到不仅 Compton 峰位随 Al、Cu 材料厚度增加漂移（图 6-7），Compton 峰位随滤片材料的原子序数增加也会出现向高能漂移（图 6-8）。

表 6-5　准直器直径与不确定度

滤光片	峰	峰计数	峰面积	强度比[①]	$FWHM/keV$	死时间/%	不确定度/±%
大孔径							
无	Rayleigh	8049	119968		0.736	22.87	0.37
	$K_{\beta1,3}$	1737	5738	0.05	0.700		7.05
	$K_{\alpha1}$	11002	22256	0.19	0.596		3.81
0.52mm In	Rayleigh	3547	52441		0.731	5.04	0.58
	$K_{\beta1,3}$	772	5252	0.10	0.728		4.47
	$K_{\alpha1}$	3827	7532	0.14	0.595		7.65
中孔径							
无	Rayleigh	10898	174768		0.754	25.48	0.28
	$K_{\beta1,3}$	2768	29441	0.17	0.863		1.39
	$K_{\alpha1}$	16432	86194	0.49	0.694		0.90
0.52mm In	Rayleigh	7509	115435		0.730	6.99	0.36
	$K_{\beta1,3}$	1714	18293	0.16	0.917		1.78
	$K_{\alpha1}$	7636	41864	0.36	0.684		1.70
小孔径							
无	Rayleigh	8877	140396		0.752	21.33	0.31
	$K_{\beta1,3}$	2025	21801	0.16	0.957		1.80
	$K_{\alpha1}$	12709	68776	0.49	0.652		1.24
0.52mm In	Rayleigh	5014	77918		0.739	4.95	0.44
	$K_{\beta1,3}$	1151	11366	0.15	0.843		2.34
	$K_{\alpha1}$	5235	18434	0.24	0.594		4.06

① Pb K 系线与 Rayleigh 散射线强度比。

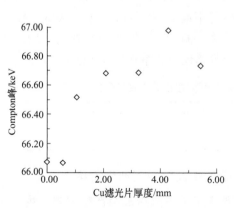

图 6-7　Compton 峰位随 Al、Cu 材料厚度增加漂移

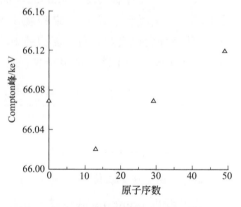

图 6-8　Compton 峰位随滤光片材料的原子序数增加向高能漂移

在本实验中，不存在入射角的变化，根据 Compton 动力学方程：

$$E_c = \frac{E_0}{1 + (E_0/mc^2)(1 - \cos\theta)}$$

式中，E_c 和 E_0 分别为 Compton 散射和入射光子能量；θ 为散射角；m 为电子的静止质量。从上式看，Compton 散射光子能量与材料原子序数没有关系。但如果考虑 Compton 散射的多普勒效应：

$$\Delta E = \frac{E_0^2}{mc^2}(1 - \cos\theta) + \frac{2E_0 P_x}{mc}\sin\frac{\theta}{2}\cos\psi$$

式中，ΔE 为 Compton 散射和入射光子能量的能量差；P_x 为电子冲量；ψ 为电子运动方向和散射面法线间的夹角。因此材料的改变对于电子运动的影响或许是产生这种相关性的原因之一。

参考文献

[1] Achmad B，Hussein E M A. An X-ray Compton scatter method for density measurement at a point within an object. Applied Radiation and Isotopes，2004，60 (6)：805-814.

[2] Alvarez R P，Espen P Van，Quintana A A. Assessing scattering effects in annular radioisotope excited XRF. X-Ray Spectrometry，2004，33 (1)：74-82.

[3] Can C，Bilgici S Z. An investigation of X-ray escape for an HPGe detector. X-Ray Spectrom，2003，32：276-279.

[4] Can C，Bilgici S Z. Escape of photoelectrons and Compton-scattered photons from an HPGe detector. X-Ray Spectrometry，2003，32：280-284.

[5] Chettle D R. Lead in bone：Sampling and quantitation using K X-ray excited by [109]Cd，Environmental Health Perspectives，1991，91：49-55.

[6] Guo W，Gardner R P，Todd A C. Using the Monte Carlo-Library Least-Squares (MCLLS) approach for the in vivo XRF measurement of lead in bone，Nuclear Instruments and Methods in Physics Research Section A：Accelerators，Spectrometers，Detectors and Associated Equipment，2004，516 (2-3)：586-593.

[7] Gysel M Van，Lemberge P，Espen P Van. Description of Compton peaks in energy-dispersive X-ray fluorescence spectra. X-Ray Spectrometry，2003，32 (2)：139-147.

[8] Kundra K D. Compton peak shift in XRF study of graphite. X-Ray Spectrometry，1992，21：115-117.

[9] Manninen S. Compton scattering：present status and future. Journal of Physics and Chemistry of Solids，2000，61 (3)：335-340.

[10] Nie H，Chettle D R，Arnold I M，et al. A study of MDL improvement for the in vivo measurement of lead in bone. Nuclear Instruments and Methods in Physics Research Section B：Beam Interactions with Materials and Atoms，2004，213：579-583.

[11] O'Meara J M，Börjesson J，Chettle D R. Improving the in vivo X-ray fluorescence (XRF) measurement of renal mercury. Applied Radiation and Isotopes，2000，53 (4-5)：639-646.

[12] O'Meara J M，Börjesson J，Chettle D R，et al. Normalization with coherent scatter signal：improvements in the calibration procedure of the [57]Co-based in vivo XRF bone-Pb measurement. Applied Radiation and Isotopes，2001，54 (2)：319-325.

[13] O'Meara J M, Börjesson J, Chettle D R, et al. Optimization of an in vivo X-ray fluorescence mercury measurement system. Nuclear Instruments and Methods in Physics Research Section B: Beam Interactions with Materials and Atoms, 2004, 213: 560-563.

[14] Panek P, Kaminski J Z, Ehlotzky F. X-ray generation by Compton scattering of elliptically polarized laser light at relativistic radiation powers. Optics Communications, 2002, 213 (1-3): 121-128.

第七章　基 体 校 正

　　X射线荧光分析技术具有快速、简便、精密度好、准确度高和非破坏测定等优点，在常规测定、在线分析、流程控制、考古研究、环境监测与治理、化学探矿中都得到了广泛应用。X射线发现后所进行的一些重大物理学实验和所揭示出的理论与定律为X射线光谱分析的研究发展奠定了基础。最初的X射线荧光定量分析主要采用实验校正方法，包括内标法、外标法、增量法、散射线标准法、质量衰减系数直接测定法、可变出射角法等。但随着工业技术的进步和日益扩大的应用范围，这些方法已不能满足科技发展的需要。因此，应用数学方法进行基体校正就成了人们共同关心和研究的领域。同时，计算机技术的出现与应用也为数据处理与基体校正数学模型的研究提供了基础和条件。

　　X射线荧光分析数据处理技术与基体校正数学模型的研究约经历了三个发展阶段。

　　第一阶段是经验校正方程研究时期。1954年被提出的著名的Sherman方程，在有限浓度范围内对二元和三元体系进行共存元素间的基体效应校正。之后，不断有经验基体校正方程提出以适应不同的体系和用途，彼此各有优点和局限性。这中间较为重要的有Beattie-Brissey方程、Lachance-Traill方程、Lucas-Tooth方程、Claisse-Quintin方程、de Jongh方程和Rasberry-Heinrich方程。这一阶段从20世纪50～70年代跨越20年的时间，基本上提出和完善了经验基体校正模型。对于有较多标准物质的情况，根据不同体系，可以选择具有相应特征的经验方程，进行基体校正，给出定量分析结果。经验基体校正模型的主要缺陷在于所需标样较多，体系依赖性强，灵活性差；分析浓度范围较窄，外推预测能力不理想。这促使人们开始从数学和物理学领域寻找解决办法，从此基体校正研究进入了下一个活跃期。

　　第二阶段是基本参数法与理论α系数算法的建立和逐渐成熟时期。根据实际工作的需要并考虑到经验校正方程的局限，一些研究人员在原级和二次X荧光计算公式的基础上，开展了新的探索性工作。Criss和Birks提出了基本参数法（FP），在1975年又利用基本参数法计算理论强度，再由回归分析确定α系数。此后，不断有一些利用FP的理论α系数算法和结合算法提出，同时也开发出了一些相应的计算机程序。至20世纪80年代中期，已有NRLXRF和NBSGSC等软件问世，并有不少成熟的商用软件出现。这一方法的特点是所需标样少、分析浓度范围较宽和灵活性较好。缺点是各类算法和软件仍然依赖于特定体系，对不同分析对象，不同的算法和软件给出不同的分析准确度；基本参数，如管光谱分布、质量吸收系数等的不准确度引入了较大误差；在模型建立阶段，二元和三元非真实体系的假设与实际多元体系有差异；如果应用经典最小二乘法建立多元回归模型，则可能出现复共轭现象，而病态方程的出现将使模型不具有好的预测能力；可能包含的过多噪声，也将使模型预测稳定性变差。与此同时，科学技术尤其是计算机技术的不断进步，带动了分析技术向前发展。在此环境下，孕育了第三阶段的出现。

第三阶段是一个以自动化和智能化为特征的发展时期。在经历了经验系数法的发展阶段和基本参数法与理论 α 系数算法的建立和逐渐成熟两个阶段后，从 20 世纪 90 年代至今，应该说，X 射线荧光分析数据处理技术与基体校正数学模型研究领域，经历了一个相对平稳发展的过渡时期。一方面仍然有一些改进算法和软件出现，并有研究者考察不同算法和软件的特点与适用范围，对影响 FP 的因素进行评估和修正；另一方面也有研究者开展了神经网络、专家系统等化学计量学方法的研究，并取得了一些有价值的成果。在 X 射线荧光分析专家系统研制开发方面，已有能量色散专家系统和波长色散光谱定性解释专家系统问世。由于 X 射线荧光光谱已实现高度自动化控制，因此有条件实现从制样到最终报出分析结果的完全自动化。这无疑是一个既复杂但又充满前途的研究领域。这一领域的深入研究和突破势必带来 XRFA 领域中基体校正研究的第 3 个高潮。

本章主要介绍基本参数法，包括 X 射线荧光强度理论计算公式的推导、基本参数法、理论校正系数及系数间的转换。

第一节　基本参数法

一、理论荧光强度

1. 一次荧光强度

（1）一次荧光的产生　考虑一厚度为 h 的平滑、均匀试样 s，设含有荧光元素 i，相对浓度为 c_i，入射原级光谱分布为 I_λ，入射角和出射角分别为 α 和 β（见图 7-1）。并将 X 射线强度以单位截面下的每秒计数（或光子数）来表达。则荧光强度与下列因子成正比：

① 经过入射路径衰减，达到 $\mathrm{d}x$ 体积的入射光强度 a 为：

$$a = I_\lambda \mathrm{d}\lambda \exp\left(-\mu_{s,\lambda}\rho\frac{x}{\sin\alpha}\right) \tag{7-1}$$

式中，$\mu_{s,\lambda}$ 是试样 s 对波长为 λ 的入射光的质量衰减系数；ρ 为试样密度。

② 原级辐射在 $\mathrm{d}x$ 体积中被质量衰减系数为 $\mu_{i,\lambda}$ 的元素 i 吸收的份数为：

$$b = c_i \mu_{i,\lambda} \rho \frac{\mathrm{d}x}{\sin\alpha} \tag{7-2}$$

③ 从 $\mathrm{d}x$ 体积中产生的 K_α 线荧光由所吸收的光子数与激发因子的乘积得

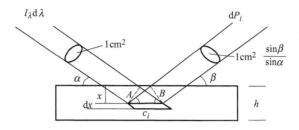

图 7-1　一次荧光强度推导过程中的物理和几何示意图

到，它等于三个概率因子吸收跃变因子 J_K［式(2-11)］、荧光产额 ω_K 和谱线相对强度份数 f_{K_a} 的乘积，即：

$$E_i = \frac{r_K - 1}{r_K} \omega_K f_{K_a} \tag{7-3}$$

④ 受激产生的 X 射线荧光从 $\mathrm{d}x$ 体积中向各方向均一发射，进入准直器的份数为：

$$c = \frac{\mathrm{d}\Omega}{4\pi} \tag{7-4}$$

式中，Ω 为准直器立体角。

⑤ 出射 X 射线荧光 λ_i 经试样衰减后的强度份数为：

$$d = \exp\left(-\mu_{s,\lambda_i}\rho\,\frac{x}{\sin\beta}\right) \tag{7-5}$$

式中，μ_{s,λ_i} 为试样 s 对荧光 λ_i 的质量衰减系数。

⑥ 由于已设入射光为单位面积，因此应将出射光也换算成单位面积，故需附加一个单位面积调节因子。

因为

$$\sin\alpha = \frac{A}{C}$$

$$\sin\beta = \frac{B}{C}$$

则 $\dfrac{\sin\beta}{\sin\alpha} = \dfrac{B}{A}$

由于 $A=1$，故调节出射光至单位面积的面积调节因子为：

$$e = \frac{\sin\alpha}{\sin\beta} \tag{7-6}$$

⑦ 由上式可得总的一次荧光强度计算式，即出射 X 射线荧光强度 $\mathrm{d}P$ 等于以上几个因子的乘积：

$$\mathrm{d}P_i(\lambda,x) = qE_i c_i\,\frac{\rho}{\sin\psi_1}\mu_{i,\lambda}I_\lambda\mathrm{d}\lambda\exp\left[-\rho x\left(\frac{\mu_{s,\lambda}}{\sin\psi_1}+\frac{\mu_{s,\lambda_i}}{\sin\psi_2}\right)\right]\mathrm{d}x \tag{7-7}$$

式中

$$q = \frac{\sin\alpha}{\sin\beta}\times\frac{\mathrm{d}\Omega}{4\pi}$$

且 $\psi_1 = \alpha$，$\psi_2 = \beta$。

(2) 一次荧光强度计算式　对于式(7-7)从 $x=0$ 到 $x=h$ 积分即可得到一次荧光强度计算式：

$$P_{i,s} = qE_i c_i \int_{\lambda_0}^{\lambda_{abs,i}} \left\{ 1 - \exp\left[-\rho h \left(\frac{\mu_{s,\lambda}}{\sin\psi_1} + \frac{\mu_{s,\lambda_i}}{\sin\psi_2} \right) \right] \right\} \frac{\mu_{i,\lambda} I_\lambda \, d\lambda}{\mu_{s,\lambda} + \dfrac{\sin\psi_1}{\sin\psi_2} \mu_{s,\lambda_i}} \tag{7-8}$$

对于一无限厚试样，上式变为：

$$P_{i,s} = qE_i c_i \int_{\lambda_0}^{\lambda_{abs,i}} \frac{\mu_{i,\lambda} I_\lambda \, d\lambda}{\mu_{s,\lambda} + A\mu_{s,\lambda_i}} \tag{7-9}$$

式中

$$A = \frac{\sin\psi_1}{\sin\psi_2} = \frac{\sin\psi_{in}}{\sin\psi_{off}}$$

2. 二次和三次荧光强度

(1) 二次和三次荧光的产生　设一试样由 Cr、Fe、Ni 组成，由于 $\lambda_{Ni,abs} < \lambda_{Fe,abs} < \lambda_{Cr,abs}$（$E_{Ni,abs} > E_{Fe,abs} > E_{Cr,abs}$），故 Ni 只受到入射光 I 的激发，产生一次荧光，并由于样品的吸收，存在基体吸收效应；Fe 不仅受到入射光的激发，产生一次荧光，而且由于 $\lambda_{Ni,abs} < \lambda_{Fe,abs}$，所以 Ni 可以激发 Fe 原子，使 Fe 产生二次荧光，基体效应表现为吸收和增强效应；Cr 的波长最长，除受到入射光的激发外，它还可受到 Fe 和 Ni 荧光谱线的二次激发，并有可能受到被 Ni 激发的 Fe 的二次线的再次激发，从而产生三次荧光，如图 7-2 所示。

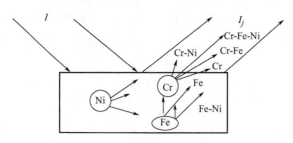

图 7-2　原级荧光、二次荧光和三次荧光产生过程示意图

(2) 二次荧光强度计算式　在二次荧光强度计算式的推导过程中，几何因子的计算较为复杂，篇幅较长，故这里省略推导过程，只给出二次荧光强度计算式。

对于一无限厚试样，有：

$$S_{ij} = \frac{1}{2} qE_i c_i \int_{\lambda_0}^{\lambda_{abs,i}} E_i c_i \mu_{i,\lambda_i} L \frac{\mu_{i,\lambda} I_\lambda \, d\lambda}{\mu_{s,\lambda} + A\mu_{s,\lambda_i}} \tag{7-10}$$

其中

$$L = \frac{\ln\left(1 + \dfrac{\mu_{s,\lambda}/\sin\psi_1}{\mu_{s,\lambda_j}} \right)}{\mu_{s,\lambda}/\sin\psi_1} + \frac{\ln\left(1 + \dfrac{\mu_{s,\lambda_i}/\sin\psi_2}{\mu_{s,\lambda_i}} \right)}{\mu_{s,\lambda_i}/\sin\psi_2}$$

（3）三次荧光计算式　根据图 7-2 的原理，可推导出三次荧光计算式。这里仅给出三次荧光计算式：

$$T_{ijk,s} = \frac{1}{4} q E_i c_i \int_{\lambda_0}^{\lambda_{abs,k}} E_i E_k c_i c_k \mu_{i,\lambda_j} \mu_{i,\lambda_k} F \frac{\mu_{k,\lambda} I_\lambda \, d\lambda}{\mu_{s,\lambda} + A \mu_{s,\lambda_i}} \qquad (7\text{-}11)$$

式中

$$F \propto f\left(\mu_{s,\lambda}, \ \mu_{s,\lambda_i}, \ \mu_s, \ \lambda_j, \ \mu_{s,\lambda_k}, \ \sin\psi_1, \ \sin\psi_2\right)$$

三次荧光强度一般占总的荧光强度的 2%，在极端情况下通常也不会超过 3%～4%，故大多数情况下，可以忽略三次荧光强度。

3. 理论相对强度计算

对于样品 s，当考虑有三次荧光产生时，元素 i 的 X 射线荧光理论相对强度等于：

$$R_{i,s} = \frac{P_{i,s} + S_{i,s} + T_{i,s}}{P_{i,1}} \qquad (7\text{-}12)$$

式中，$P_{i,1}$ 为纯元素 i 的 X 射线荧光强度，且：

$$S_{i,s} = \sum_j S_{ij} \qquad (7\text{-}13)$$

$$T_{i,s} = \sum_j \sum_k T_{ijk} \qquad (7\text{-}14)$$

二、相关基本参数计算

为了利用理论相对强度公式进行基本参数法计算，还需获得式（7-1）～式（7-14）中的各基本参数。获得的途径有两个，一是采用实验数据，二是利用公式计算。下面将介绍利用实验数据拟合得到的各基本参数经验计算公式。

1. 样品质量衰减系数 μ_s

样品或化合物的质量衰减系数遵循算术加权平均和定律。质量衰减系数可采用多种由实验数据拟合得来的公式计算，详见第二章中的式（2-12）～式（2-14）。

2. 激发因子 E

入射 X 射线被原子吸收后，产生的荧光谱线由所吸收的光子数与激发因子的乘积得到，它等于 3 个概率因子，即吸收跃迁因子 p、谱线相对强度份数 f 和荧光产额 ω 的乘积，对于 K 系线有：

$$E_K = p_{K,i} f_{K,i} \omega_{K,i}$$

三个概率因子可分别采用以下方法计算。

（1）吸收跃迁因子 p　吸收跃迁因子 p 是某一能级在给定波长间隔下的光电吸收占总吸收的份数，吸收跃迁比 r 定义为在吸收跃迁（陡变）两边的质量吸收系数之比，吸收跃迁因子 p 的计算式如下：

$$p_{K,i} = \frac{r_{K,i} - 1}{r_{K,i}} = a + b Z_i + c Z_i^2 + d Z_i^3$$

式中，a、b、c 和 d 均为常数；Z_i 为待测元素的原子序数。

(2) 谱线相对强度份数 f　谱线相对强度比是指某一谱线占该谱系总强度的份数。对于 K-L$_{2,3}$ 谱线，谱线相对强度比为：

$$f_{K\text{-}L_{2,3}} = \frac{I_{K\text{-}L_{2,3}}}{I_{K\text{-}L_{2,3}} + I_{K\text{-}M_{2,3}}}$$

例如可采用以下公式对原子序数在 30～60 之间的 K-L$_{2,3}$ 谱线相对强度份数进行计算：

$$f_{K\text{-}L_{2,3}} = 1.0366 - 6.82 \times 10^{-3} Z + 4.815 \times 10^{-5} Z^2 \quad (Z = 30 \sim 60)$$

3. X 射线光管发射谱分布

由于在通常情况下，多采用 X 射线光管激发，即多色光激发，因此，需要获得 X 射线光管发射谱分布 $I(\lambda)$，以便计算理论相对强度。$I(\lambda)$ 既可利用实测 X 射线光管发射谱强度分布，也可利用光管谱分布函数。X 射线光管发射谱分布 $I(\lambda)$ 函数现在一般采用连续谱分布和特征谱分布分别计算，然后进行叠加。连续谱分布计算公式如下：

$$I(\lambda) = 2.72 \times 10^{-6} Z \left(\frac{\lambda}{\lambda_0} - 1 \right) \frac{1}{\lambda^2} f W_{ab}$$

式中

$$f = (1 + C\xi)^{-2}$$

$$\xi = \left(\frac{1}{\lambda_0^{1.65}} - \frac{1}{\lambda^{1.65}} \right) \mu_t \csc \Psi$$

$$C = \frac{1 + (1 + 2.56 \times 10^{-3} Z^2)^{-1}}{(1 + 2.56 \times 10^3 \lambda_0 Z^{-2})(0.25\xi + 1 \times 10^4)}$$

$$W_{ab} = \exp(-0.35 \lambda^{2.86} t_{Be})$$

式中，t_{Be} 为 X 射线光管铍窗厚度；λ_0 为短波限。作为示例，由我们编制的 FP 程序计算所得的 Cr 靶在 45kV 激发电压下的光管连续谱分布参见第三章图 3-4。

4. 特征谱分布

特征谱分布采用下式计算：

$$\frac{N_{chr}}{N_{con}} = \exp\left[0.5 \left(\frac{U_0 - 1}{1.17 U_0 + 3.2} \right)^2 \right] \times \left[\frac{a}{b + Z^4} + d \right] \left[\frac{U_0 \ln U_0}{U_0 - 1} - 1 \right]$$

式中

$$U_0 = \frac{\lambda_i}{\lambda_0}$$

式中，λ_i 为阳极靶特征谱线波长。

三、基本参数法

进行基本参数法计算，首先要将积分式转换成累加求和，然后再做迭代计算。

（1）积分用求和代替　将式（7-9）、式（7-10）积分式用求和代替，并忽略三次荧光的影响，可得

$$P_{i,s} = qE_i c_i \sum_{\lambda_0}^{\lambda_{\text{abs},i}} \frac{D_{i,\lambda}\mu_{i,\lambda}I_\lambda \Delta\lambda}{\mu_{s,\lambda} + A\mu_{s,\lambda_i}} \tag{7-15}$$

$$S_{ij} = \frac{1}{2}qE_i c_i \sum_{\lambda_0}^{\lambda_{\text{abs},i}} D_{j,\lambda}E_j c_j \mu_{j,\lambda_j} L \frac{\mu_{j,\lambda}I_\lambda \Delta\lambda}{\mu_{s,\lambda} + A\mu_{s,\lambda_i}} \tag{7-16}$$

式中，参数 D 在吸收限内和吸收限外时分别等于 1 和 0；$\Delta\lambda$ 为所取波长间隔，一般取 $\Delta\lambda = 0.02$。

（2）迭代计算　迭代计算可采用以下步骤。

① 测定并计算实验和理论相对强度：

$$P_{i,s(\text{meas})} = \frac{I_{iu}}{I_{i,1}} = \left(\frac{I_{iu}}{I_{ir}}\right)\left(\frac{P_{i,s} + S_{i,s}}{P_{i,1}}\right)_r \tag{7-17}$$

其中

$$I_{i,r} = (P_{i,s} + S_{i,s})_r$$

式中，r 代表标准参考样；u 代表未知样；meas 代表实验测量值。

② 将实验和理论相对强度归一化得到浓度初始值 $(c_i)_1$，并可得 $(R_i)_1$。

③ 由内插方程：

$$(c_i)_{k+1} = \frac{R_{i,\text{meas}}}{(R_{i,\text{calc}})_k}(c_i)_k \tag{7-18}$$

或

$$(c_i)_{k+1} = \frac{R_{i,\text{meas}}(c_i)_k[1.0 - (R_{i,\text{calc}})_k]}{R_{i,\text{meas}}\{(C_i)_k - (R_{i,\text{calc}})_k + (R_{i,\text{calc}})_k[1.0 - (C_i)_k]\}} \tag{7-19}$$

计算浓度估计值 c_i。

④ 迭代计算浓度 $(c_i)_{k+1}$ 和理论相对强度 $(R_i)_{k+1}$，至

$$(C_i)_{k+1} - (C_i)_k < 设定值(0.1\%) \tag{7-20}$$

即迭代计算至收敛，最后所得值即为由基本参数法计算所得的未知样中的浓度。

第二节　理论校正系数

在前节中，已对基本参数法，包括 X 射线荧光强度理论计算公式的推导、基本参数计算式和利用基本参数法进行基体校正等内容做了介绍。本节将对理论校正系数，即基本校正系数和理论 α 系数的计算等做进一步的介绍。

一、基本影响系数

基本影响系数代表了各元素间相互影响的作用大小和影响形式，其值可以由基本参数法公式计算得到。

1. 基本影响系数 A_{ij} 和 E_{ij} 的定义

（1）影响系数 M　影响系数 M 代表了试样中元素浓度与 X 射线荧光强度在共存元素基体效应影响下的依存关系，它的大小反映了基体效应强弱，影响形式（正负号）则显示出共存元素对分析元素的分析线是吸收还是增强。影响系数 M 可由下式计算：

$$c_i = K_i I_i \sum_j M_{ij} c_j \tag{7-21}$$

式中

$$K_i = \frac{\sum_{r=1}^{N} K_i^r}{N} \tag{7-22}$$

$$K_i^r = \frac{(P_{i,s} + S_{i,s})_r}{I_{ir} P_{i,1}} = \left(\frac{P_{i,s} + S_{i,s}}{I_i P_{i,1}}\right)_r$$

（2）基本吸收效应影响系数　考虑分析元素 i 的原级 X 射线荧光强度只受吸收的影响，则由于吸收效应导致分析元素的 X 射线荧光强度减少：

$$P_{i,s} = P_{i,1} c_i - \sum_j A_{ij} c_j \tag{7-23}$$

（3）基本增强效应影响系数　共存元素中的增强效应将导致分析元素的 X 射线荧光强度增加：

$$P_{i,s} + S_{i,s} = P_{i,s} + \sum_j E_{ij} c_j \tag{7-24}$$

（4）基本影响系数　综合考虑吸收和增强效应，即结合式（7-23）和式（7-24），则有

$$P_{i,1} c_i = P_{i,s} + S_{i,s} + \sum_j A_{ij} c_j - \sum_j E_{ij} c_j \tag{7-25}$$

2. 基本影响系数计算模型

为校正吸收和增强效应，已有多种模型提出。本文主要介绍四种常见基本影响系数计算模型。

（1）Tertain 和 Broll-Tertian 模式　由式（7-23）可得：

$$P_{i,1} c_i = P_{i,s} \left(1 - \sum_j \frac{A_{ij}}{P_{i,s}} c_j\right) \tag{7-26}$$

即：

$$c_i = \frac{P_{i,s}}{P_{i,1}} \left(1 - \sum_j \frac{A_{ij}}{P_{i,s}} c_j\right) = R_{ip} \left(1 - \sum_j a_{ijp} c_j\right) \tag{7-27}$$

由式（7-24）可得：

$$P_{i,s} + S_{i,s} = P_{i,s} \left(1 + \sum_j \frac{E_{ij}}{P_{i,s}} c_j\right) \tag{7-28}$$

上式两边同除 $P_{i,1}$，则有：

$$R_i = \frac{P_{i,s} + S_{i,s}}{P_{i,s}} = \frac{P_{i,s}}{P_{i,1}} \left(1 + \sum_j \frac{E_{ij}}{P_{i,s}} c_j\right)$$

$$= R_{ip}\left(1 + \sum_j e_{ijp}c_j\right) \tag{7-29}$$

又由式(7-27)除以式(7-29)得：

$$\frac{c_i}{R_{i,s}} = \frac{\left(1 + \sum\limits_j a_{ijp}c_j\right)}{\left(1 + \sum\limits_j e_{ijp}c_j\right)} \tag{7-30}$$

由上式有：

$$\frac{c_i}{R_{i,s}} = \left(1 + \sum_j e_{ijp}c_j\right) = \left(1 + \sum_j a_{ijp}c_j\right)$$

故

$$c_i = R_{i,s}\left[1 + \sum_j \left(a_{ijp} - e_{ijp}\frac{c_i}{R_{i,s}}\right)c_j\right]$$

$$= R_{i,s}\left[1 + \sum_j m_{ijp}c_j\right] \tag{7-31}$$

式中

$$a_{ijp} = \frac{A_{ij}}{P_{i,s}}$$

$$e_{ijp} = \frac{E_{ij}}{P_{i,s}}$$

$$m_{ijp} = a_{ijp} - e_{ijp}\frac{c_i}{R_{i,s}} \tag{7-32}$$

式(7-31)即为 Broll-Tertian 模式。不过计算时，用式(7-30)更为简便。这时该式与 Rousseau 模式相同。

（2）Rousseau 模式　Rousseau 模式有与式(7-30)相同的形式，即：

$$\frac{c_i}{R_{i,s}} = \frac{1 + \sum\limits_j a_{ijp}c_j}{1 + \sum\limits_j e_{ijp}c_j} \tag{7-33}$$

尽管作者给出的各系数计算公式的表达形式与式(7-32)不同，但其实质是相同的。经过一定的推导，可以转化为相同形式。

（3）Lachance 模式　由式(7-25)可得：

$$c_j = \frac{P_{i,s} + S_{i,s}}{P_{i,1}} + \sum_j \frac{A_{ij}}{P_{i,1}}c_j - \sum_j \frac{E_{ij}}{P_{i,1}}c_j$$

$$= \frac{P_{i,s} + S_{i,s}}{P_{i,1}}\left(1 + \sum_j \frac{A_{ij}}{P_{i,s} + S_{i,s}}c_j - \sum_j \frac{E_{ij}}{P_{i,s} + S_{i,s}}c_j\right)$$

$$= R_{i,s}\left(1 + \sum_j a_{ij}c_j - \sum_j e_{ij}c_j\right)$$

$$= R_{i,s}\left(1 + \sum_j m_{ij}c_j\right) \tag{7-34}$$

式中

$$a_{ij} = \frac{A_{ij}}{P_{i,s} + S_{i,s}}$$

$$e_{ij} = \frac{E_{ij}}{P_{i,s} + S_{i,s}}$$

$$m_{ij} = a_{ij} - e_{ij} \tag{7-35}$$

从式(7-31)、式(7-33) 和式(7-34) 可以看出，Broll-Tertian 模式和 Rousseau 模式主要由原级荧光强度计算基体校正系数，而 Lachance 模式则考虑了原级和二次荧光强度的计算。

（4）de Jongh 模式　当遇到待测试样中有某一元素不需测定或分析时，可采用 de Jongh 模式：

$$c_i = \left(D_i + \frac{1 + m_{in}}{I_{i,1}} I_i \right)\left(1 + \sum_{\substack{j = i,j,k,\cdots \\ j \neq n}} m_{ijn} c_j \right)$$

$$= (D_i + K_i I_i)(1 + \sum_{\substack{j = i,j,k,\cdots \\ j \neq n}} m_{ijn} c_j) \tag{7-36}$$

式中

$$m_{in} = \frac{-m_{in}}{1 + m_{in}}$$

$$m_{ijn} = \frac{m_{ij} - m_{in}}{1 + m_{in}} \tag{7-37}$$

其中，n 代表被消除元素。de Jongh 模式允许选择消除任一元素（通常为主元素）。

以上四种模式如果避免不必要的近似处理，那么它们与 Criss 和 Birks 的算法均是等价的。

3. 基本影响系数的计算

从基本参数公式可以计算出以上各模式中的基本影响系数。

（1）吸收系数 A_{ij} 的计算　对于多色激发，吸收系数 A_{ij} 为：

$$A_{ij} = \sum_{\lambda} A_{ij\lambda} \Delta\lambda \tag{7-38}$$

其中

$$A_{ij\lambda} = P_{i\lambda,s}\left(\frac{\mu_j^* - \mu_i^*}{\mu_i^*} \right)_{\lambda}$$

$$= P_{i\lambda,s}\left[\frac{(\mu_{j\lambda}\csc\psi_{in} + \mu_{j\lambda_i}\csc\psi_{off}) - (\mu_{i\lambda}\csc\psi_{in} + \mu_{i\lambda_i}\csc\psi_{off})}{\mu_{i\lambda}\csc\psi_{in} + \mu_{i\lambda_i}\csc\psi_{off}} \right]_{\lambda} \tag{7-39a}$$

或

$$A_{ij\lambda} = P_{i\lambda,s} \left[\frac{\left(\dfrac{\mu_{j\lambda}}{\sin\psi_{in}} + \dfrac{\mu_{j\lambda_i}}{\sin\psi_{off}} \right) - \left(\dfrac{\mu_{i\lambda}}{\sin\psi_{in}} + \dfrac{\mu_{i\lambda_i}}{\sin\psi_{off}} \right)}{\dfrac{\mu_{i\lambda}}{\sin\psi_{in}} + \dfrac{\mu_{i\lambda_i}}{\sin\psi_{off}}} \right]_\lambda$$

$$= P_{i\lambda,s} \left[\frac{(\mu_{j\lambda} + A\mu_{j\lambda_i}) - (\mu_{i\lambda} + A\mu_{i\lambda_i})}{\mu_{i\lambda} + A\mu_{i\lambda_i}} \right]_\lambda \tag{7-39b}$$

其中

$$P_{i,s} = \sum_\lambda P_{i\lambda,s} \Delta\lambda \tag{7-40}$$

由式(7-39b) 可见：

$$A_{ij\lambda} = 0$$

若 $\Delta\lambda$ 已在连续谱计算时考虑，则此处不再重复计算。

（2）增强系数 $E_{i,j}$ 的计算　增强系数由下式计算：

$$E_{ij} = \sum_\lambda E_{ij\lambda} \Delta\lambda \tag{7-41}$$

且

$$E_{ij\lambda} = P_{i\lambda,s} \left\{ \left(0.5 p_{\lambda j} \mu_{i\lambda_j} \frac{\mu_{j\lambda}}{\mu_{i\lambda}} \right) \left[\frac{1}{\mu'_s} \ln \left(1 + \frac{\mu'_s}{\mu_{s\lambda_j}} \right) + \frac{1}{\mu''_s} \ln \left(1 + \frac{\mu''_s}{\mu_{s\lambda_j}} \right) \right] \right\}_{\lambda_j} \tag{7-42}$$

式中

$$\mu'_s = \mu_{s\lambda} \csc\psi_{in}$$
$$\mu''_s = \mu_{s\lambda_i} \csc\psi_{off} \tag{7-43}$$

$$E_{ij\lambda} = P_{i\lambda,s} \left\{ \left(0.5 P_{\lambda_j} \mu_{i\lambda_j} \frac{\mu_{j\lambda}}{\mu_{i\lambda}} \right) \left[\frac{\ln \left(1 + \dfrac{\dfrac{\mu_{s,\lambda}}{\sin\Psi_{in}}}{\mu_{s,\lambda_j}} \right)}{\dfrac{\mu_{s,\lambda}}{\sin\Psi_{in}}} + \frac{\ln \left(1 + \dfrac{\dfrac{\mu_{s,\lambda_i}}{\sin\Psi_{off}}}{\mu_{s\lambda_j}} \right)}{\dfrac{\mu_{s,\lambda_i}}{\sin\Psi_{off}}} \right] \right\}_{\lambda_j}$$

$$= P_{i\lambda,s} \left\{ \left(0.5 P_{\lambda j} \mu_{i\lambda_j} \frac{\mu_{j\lambda}}{\mu_{i\lambda}} \right) L \right\}_{\lambda_j} \tag{7-44}$$

由于

$$S_{ij} = \frac{1}{2} q E_i c_i \sum_\lambda D_{j,\lambda} E_j c_j \mu_{i,\lambda j} L \frac{\mu_{j,\lambda} I_\lambda \Delta\lambda}{\mu_{s,\lambda} + A\mu_{s,\lambda i}}$$

$$= \sum_\lambda \frac{D_{j,\lambda} E_j \mu_{i,\lambda j} \mu_{j,\lambda} L}{2\mu_{i,\lambda}} c_j \frac{q E_i c_i \mu_{i,\lambda} I_\lambda \Delta\lambda}{\mu_{s,\lambda} + A\mu_{s,\lambda i}}$$

$$= \sum_\lambda \frac{D_{j,\lambda} E_j \mu_{j,\lambda} \mu_{i,\lambda j} L}{2\mu_{i,\lambda}} (P_{i,s})_\lambda c_j$$

$$= \sum_\lambda (P_{i,s})_\lambda \frac{E_{j,\lambda} E_j \mu_{i,\lambda j} \mu_{j,\lambda} L}{2\mu_{i,\lambda}} c_j$$

$$= \sum_\lambda E_{ij\lambda} c_j = E_{ij} c_j \tag{7-45}$$

从而有

$$E_{ij} = \sum_\lambda E_{ij\lambda} = \sum_\lambda \frac{D_{j,\lambda} E_j \mu_{j,\lambda} \mu_{i,\lambda j} L}{2\mu_{i,\lambda}} (P_{i,s})_\lambda = \sum_\lambda (P_{i,s})_\lambda \frac{D_{j,\lambda} E_j \mu_{i,\lambda j} \mu_{j,\lambda} L}{2\mu_{i,\lambda}}$$

(7-46)

且

$$E_{ijs} = \sum_j E_{ij}$$

(7-47)

其中

$$L = \frac{\ln\left(1 + \dfrac{\dfrac{\mu_{s,\lambda}}{\sin\psi_1}}{\mu_{s,\lambda j}}\right)}{\dfrac{\mu_{s,\lambda}}{\sin\psi_1}} + \frac{\ln\left(1 + \dfrac{\dfrac{\mu_{s,\lambda i}}{\sin\psi_2}}{\mu_{s,\lambda j}}\right)}{\dfrac{\mu_{s,\lambda i}}{\sin\psi_2}}$$

基本影响系数可以由基本参数法公式计算得到，因此在基本影响系数和基本参数法之间没有本质区别。

二、理论校正系数

严格地讲，在上一部分讲述的基本校正系数是针对已知组成的试样，利用基本参数方程计算而得，因此理论基本校正系数是样品组成的函数，它随组分的改变而显著变化。不言而喻，经验校正系数受到所用标样类型的严格限定，未知样超出标样范围极易产生大的误差，甚至错误。所谓理论 α 系数，它是在直接利用基本参数方程的基础上，选取特定浓度范围的设定标样，由二元或三元体系，应用一定的模型计算理论校正系数。它具有较少依赖标样、适用范围较宽、准确度好的优点，但理论 α 系数仍然随样品组成的改变而变化，因此就有了实时计算理论 α 系数的算法和程序。这种算法特别适用于样品类型多、浓度范围宽的情况。

采用 α 系数的基体校正方程通常取以下形式：

$$c_i = K_i I_i (1 + \sum_j \alpha_{ij} c_j)$$
$$= R_i (1 + \sum_j \alpha_{ij} c_j)$$

它最初多与 Lanchance-Trail 方程相联系。当采用基本参数方程和特定模型与方法进行计算时，它就有了理论 α 系数的称谓。确切地讲，当考虑到其他算法时，将采用类似方法计算所得的系数统称为理论校正系数则更为合适。

以下介绍理论校正系数的计算流程和模型。

（1）基本二元校正系数 m_{ij}　可利用基本参数公式和二元体系，分别计算样品中各元素的基本二元校正系数 m_{ij}。即在 Lanchance-Trail 模型中：

$$\alpha_{ij} = m_{ijr}$$

（2）线性模型　用线性方程近似处理基本二元校正系数的变化，建立理论 α

系数模型。这是一种改进的 Claisse-Quintin 算法：

$$c_i = R_i \left[1 + \sum_j (\alpha_j + \alpha_{jj} c_M) c_j \right]$$

$$c_M = c_j + c_k + \cdots + c_n = 1 - c_i$$

对于二元体系 m_{ij}，取标样 1 和标样 2，有：

$$m_{ij1} = \alpha_j + c_{j1} \alpha_{jj}$$

$$m_{ij2} = \alpha_j + c_{j2} \alpha_{jj}$$

所以可得计算式：

$$\alpha_j = \frac{m_{ij1} c_{j2} - m_{ij2} c_{j1}}{c_{j2} - c_{j1}}$$

$$\alpha_{jj} = \frac{m_{ij2} - m_{ij1}}{c_{j2} - c_{j1}}$$

对于体系浓度范围 $c_i = 0.0 \sim 1.0$，使用由 $c_j = 0.2$ 和 $c_j = 0.8$ 计算所得的 m_{ij}；对于体系浓度范围 $c_i = 0.0 \sim 0.5$，使用由 $c_j = 0.1$ 和 $c_j = 0.4$ 计算所得的 m_{ij}。

(3) 双曲函数模型　由于用线性方程还不能很好地处理二元校正系数随组分浓度的变化，因此一些研究人员采用双曲函数近似处理基本二元校正系数的变化，建立理论 α 系数模型。

① Lanchance 算法

$$c_i = R_i \left(1 + \sum_j \alpha_{ij, \text{hyp}} c_j \right)$$

$$\alpha_{ij, \text{hyp}} = \alpha_1 + \frac{\alpha_2 c_M}{1 + (1 - c_M) \alpha_3}$$

$$\cong m_{ij, \text{bin}}$$

上式中的各系数均采用在特定浓度时的二元体系 m_{ij} 计算：

$$\alpha_1 = m_{ij, \text{bin}}(c_i = 0.999, c_j = 0.001)$$

$$\alpha_2 = [m_{ij, \text{bin}}(c_i = 0.001, c_j = 0.999)] - \alpha_1$$

$$\alpha_3 = \alpha_2 / [(m_{ij, \text{bin}}(c_i = 0.5) - \alpha_1)] - 2$$

② Tertian 算法

$$c_i = R_i \left(1 + \sum_j \alpha_{ij, \text{hyp}} c_j \right)$$

$$\alpha_{ij, \text{hyp}} = \left[\gamma_1 + \frac{\gamma_2 c_i}{1 + (1 - c_i) \gamma_3} \right]_{ij}$$

其中

$$\gamma_1 = m_{ij, \text{bin}}(c_i = 0.001, c_j = 0.999)$$

$$\gamma_2 = [m_{ij, \text{bin}}(c_i = 0.999, c_j = 0.001)] - \alpha_1$$

$$\gamma_3 = [(\gamma_1 + \gamma_2) - 2 \times m_{ij, \text{bin}}(c_i = 0.5)] / [m_{ij, \text{bin}}(c_i = 0.5) - \gamma_1]$$

在这两者之间存在以下关系：

$$\gamma_1 = \alpha_1 + \alpha_2$$

$$\gamma_2 = -\alpha_2$$

$$\gamma_3 = \frac{\alpha_3}{1+\alpha_3}$$

（4）交叉校正系数　在一些情况下，仅应用上述公式不能完全校正基体效应，仍会存在较大误差，其原因可归于第三元素效应，但它绝不是在基本参数法中所提到的三次荧光。通常增强效应是产生第三元素效应的主要来源。因此在增强效应显著的情况下，需要引入校正第三元素效应的附加校正项——交叉校正系数。计算交叉校正系数主要有两种，即 COLA 算法和 Tertian 算法。

① COLA 算法　在 COLA 算法中，认为二元体系中的系数 $m_{ij,\mathrm{bin}}$ 可以用双曲函数来近似计算，并将双曲函数与交叉校正系数相结合来补偿第三元素效应：

$$c_i = R_i \Big(1 + \sum_j \alpha_{ij} c_j \Big)$$

$$\alpha_{ij} = \alpha_1 + \frac{\alpha_2 c_{\mathrm{M}}}{1+(1-c_{\mathrm{M}})\alpha_3} + \sum_k \alpha_{ij_k} c_k$$

$$= \alpha_{ij,\mathrm{hyp}} + \sum_k \alpha_{ij_k} c_k$$

在一给定分析范围内，α_1、α_2、α_3 为常数，交叉系数 α_{ij_k} 在定义范围内变化。交叉系数 α_{ij_k} 利用三元体系，由基本参数法公式计算：

$$\alpha_{ij_k} = \frac{\dfrac{c_i}{R_i} - 1 - \alpha_{ij,\mathrm{hyp}} c_j - \alpha_{ik,\mathrm{hyp}} c_k}{c_j c_k}$$

或

$$\alpha_{ij_k} = \frac{\Delta}{c_j c_k}$$

$$\Delta = \Big(\frac{c_i}{R_i} \Big)_\mathrm{r} - \Big(1 + \sum_j \alpha_{ij,\mathrm{hyp}} c_j \Big)$$

其中

$$\Big(\frac{c_i}{R_i} \Big)_\mathrm{r} = \Big(\frac{P_{i,1} c_i}{P_{i,\mathrm{s}} + S_{i,\mathrm{s}}} \Big)_\mathrm{r} = \Big(1 + \sum_j m_{ij} C_j \Big)_\mathrm{r}$$

可以用 Δ 对 $c_j c_k$ 作最小二乘拟合；或算得 α_{ij_k} 后再对其进行简单平均；或在 $R_i c_j c_k$ 为最大，即 $c_i = 0.30$，$c_j = 0.35$，$c_k = 0.35$ 时，计算交叉系数 α_{ij_k}，也是实用的。脚标 r 代表所用标准样。

为了求得交叉校正系数，可设计利用一套二元和三元体系，也可用平均浓度计算。

② Tertian 算法　在 Tertian 算法中，通过在分母中引入一个因子来校正第三元素效应：

$$c_i = \frac{R_i}{1+\varepsilon_i} \Big(1 + \sum_j \alpha_{ij,\mathrm{hyp}} c_j \Big)$$

$$\alpha_{ij,\mathrm{hyp}} = \left[\gamma_1 + \frac{\gamma_2 c_i}{1+(1-c_i)\gamma_3}\right]_{ij}$$

$$1+\varepsilon_i = \left(\frac{R_i}{c_M}\sum_j \frac{c_j}{R_{ij}}\right)_{\mathrm{bin}}$$

$$1+\varepsilon_i = \frac{1+\sum_j m_{ij,\mathrm{bin}}c_j}{1+\sum_j m_{ij}c_j}$$

尽管引入校正第三元素效应的附加校正项——交叉校正系数可提高校正准确度，但它们仍仅在一定浓度范围内保持常数。因此遇到基体复杂、浓度范围宽的体系，应注意校正系数的可能变化，可采用样条函数、实时计算等方法进行补偿。

三、系数变换

（1）消去溶剂项的理论 α 系数　在实际的应用中，会用到消去溶剂项的理论 α 系数，这时需要对系数做一定的变换。其过程如下：

$$y = \frac{W_o}{W_o+W_d}$$

$$1-y = \frac{W_d}{W_o+W_d}$$

$$c_j' = yc_j$$

$$c_f' = 1-y$$

$$R_i = \frac{I_{i,s}'}{I_{i,1}}$$

$$R_i' = \frac{I_{i,s}'}{I_{i,1}'} = \frac{R_i}{R_{i,1}}$$

$$c_i' = R_i(1+\alpha_{i1}c_1'+\alpha_{i2}c_2'+\cdots+\alpha_{if}c_f')$$

$$c_i = \frac{c_i'}{y} = \frac{R_i}{y}[1+\alpha_{i1}yc_1+\alpha_{i2}yc_2+\cdots+\alpha_{if}(1-y)]$$

$$= R_i\left[\frac{1+\alpha_{if}(1-y)}{y}+\alpha_{i1}yc_1+\alpha_{i2}yc_2+\cdots\right]$$

$$1 = \frac{I_{i,1}'}{I_{i,1}}\frac{1+\alpha_{if}(1-y)}{y}$$

$$c_i = \frac{I_{i,s}'}{I_{i,1}'}\left\{1+\sum\left[\frac{y}{1+\alpha_{if}(1-y)}\alpha_{ij}c_j\right]\right\}$$

$$= R_i'(1+\sum \alpha_{ij}'c_j)$$

$$\alpha_{ij}' = \frac{y}{1+\alpha_{if}(1-y)}\alpha_{ij}$$

（2）消去烧失量的理论 α 系数　在 XRF 分析中，烧失量（LOI）目前一般可采取输入和消去的办法。对于未知样分析来说，消去烧失量更方便一些，以下是其系数的转化算法：

$$c_{\mathrm{LOI}} = (1 - \sum_k c_k)$$

$$c_i = R'_i(1 + \sum \alpha'_{ij}c_j + \alpha'_{i\mathrm{LOI}}c_{\mathrm{LOI}})$$

$$= R'_i[1 + \sum \alpha'_{ij}c_j + \alpha'_{i\mathrm{LOI}}(1 - \sum_k c_k)]$$

$$= R'_i(1 + \alpha'_{i\mathrm{LOI}} + \sum \alpha'_{ij}c_j - \alpha'_{i\mathrm{LOI}}\sum_k c_k)$$

$$= R'_i[1 + \alpha'_{i\mathrm{LOI}} + \sum (\alpha'_{ij} - \alpha'_{i\mathrm{LOI}})c_j]$$

$$= R'_i(1 + \sum \frac{\alpha'_{ij} - \alpha'_{i\mathrm{LOI}}}{\alpha'_{i\mathrm{LOI}}}c_j)$$

$$= R'_i(1 + \sum \alpha''_{ij}c_j)$$

即

$$\alpha''_{ij} = \frac{\alpha'_{ij} - \alpha'_{i\mathrm{LOI}}}{\alpha'_{i\mathrm{LOI}}}$$

式中

$$\alpha'_{i\mathrm{LOI}} = \frac{-y}{1 + (1-y)\alpha'_{if}}$$

基体校正发展到目前阶段已基本成熟，商业化仪器和软件的推出，使得用户可以有所作为的空间十分有限。这一方面给用户带来了应用上的方便，但另一方面也限制了一些高端用户的研究和开发。这也是近年来在该领域发展缓慢的主要原因之一，目前，国际上一些学术机构和科研人员正开展广泛合作，联合测定 XRF 光谱分析中所涉及的各类参数，以提高基本参数的准确度和可靠性，并为下一步的发展奠定基础。

参考文献

[1] Criss J W，Birks L S. Calculation Methods for Fluorescent X-Ray Spectrometry-Empirical Coefficients vs. Fundamental Parameters. Anal Chem，1968，40：1080.

[2] Criss J W. NRLXRF. A Fortran Program for XRFA. Washington DC：NRL，1977.

[3] Tao G Y，Pella P A，Rousseau R M. NBSGSC-A Fortran Program for Quantitative XRFA. NBS Tech. Note，1213 (1985)，Gaithersburg，MD20899 USA .

[4] Klimasara A J. A Mathematical Comparison of the Lachance-Traill Matrix Correction Procedure with Statistical Multiple Linear Regression Analysis in XRF Applications. Adv. in X-ray Anal. NY：Plenum Press，1993，36：1.

[5] Klimasara A J. Mathematical Modeling of XRF Matrix Correction Algorithms with an Electronic Spreadsheet. Adv. in X-ray Anal. NY：Plenum Press，1994，37：647.

[6] Janssens K，Espen P V. Evaluation of EDXRS with the Aid of Expert Systems. Anal. Chim. Acta，

1986, 191: 169.

[7] Mantler M. Software for XRF. Adv X-Ray Anal, 1994, 37: 13.

[8] Zaitz M A. Small Area XRFA of Multilayer Thin Metal Films. Adv. X-Ray Anal., 1994, 37: 219.

[9] Weber F, Mantler M, Kaufmann M. Analysis of Boron and Other Light Element in Glasses by the Fundamental Parameter Method. Adv X-Ray Anal, 1994, 37: 677.

[10] Mantler M. Quantitative XRFA of Light elements by the Fundamental Parameter Method. Adv. X-Ray Anal., 1993, 36: 27.

[11] Mori S, Mantler M. Application of the FP Method to Analysis of Light Element Components considering the Scattering Effects. Adv X-Ray Anal, 1993, 36: 47.

[12] Lanksosz M, Pella P A. A Procedure Using Polychromatic Excitation and Scattered Radiation for Matrix Correction in X-ray Microfluorescence Analysis. X-Ray Spectrom., 1995, 24 (6): 320.

[13] Lanksosz M, Pella P A. Quantitative Analysis of Individual Particles by X-ray Microfluorescence Spectrometry. X-Ray Spectrom, 1995, 24 (6): 327.

[14] Ringdby A, Voglis P, Attaelmanan A. Analysis of Inhomogeneous and Irregularly Shaped Samples by the Use of XRF Micro-beam Correlation Analysis. X-Ray Spectrom, 1996, 25 (1): 39.

[15] Martins E, Urch D S. Problems in the Use of Multilayers for Soft XRS and Analysis: A Comparison of Theoretically and Experimentally Determined Refraction Effects. Adv X-Ray Anal, 1992, 35B: 1069.

[16] Vincze L, Janssens K, Adams F, et al. A General Monte Carlo Simulation of EDXRF Spectrometer II. Polarized Monochromatic Radiation, Homogeneous Samples. Spectrochim. Acta, 1993, 50B: 127.

[17] Gunicheva T N, Kalughin A G, Afonin V P. Calculation of the X-ray Fluorescence Intensity from Heterogeneous Substances by the Monte Carlo Method. X-Ray Spectrom, 1995, 24: 177.

[18] Sahin Y, Budak G, Karabulut A. X-ray Fluorescence Intensity Distribution in Circular Specimens. Chem Abs, 1995, 123: 96545p.

[19] Vekemans B, Janssens K, Vincze L, et al. Comparison of Several Background Compensation Methods Useful for Evaluation of EDXRF Spectra. Spectrochim. Acta, 1995, 50B: 149.

[20] Smolniakov V I, Koltoun I A. New Empirical Regression Type Algorithm and Software for High Precision XRF Spectrometry. Adv X-Ray Anal, 1994, 37: 657.

[21] Rousseau R M. Why the Fundamental Algorithm is so Fundamental. Adv X-Ray Anal, 1994, 37: 639.

[22] Szaloki I, Magyar B. Evaluating Indirectly the X-ray Tube Spectra on the Basis of the FP method in WDXRF. Adv X-Ray Anal, 1994, 37: 689.

[23] Ebel H, Ebel M F, Pohn C, et al. Spectra of X-ray Tubes with Transmission Anodes for FP Analysis. Adv X-Ray Anal, 1993, 36: 81.

[24] Stoev K N, Dlouhy J F. Measurement of Relative X-ray Intensity Ratios for Elements with $Z=14$ to 90 Using EDXRF Spectrometer. Adv X-Ray Anal, 1994, 37: 697.

[25] Homma S, Nakai I, Misawa S, et al. Site-specific Distribution of Copper, Selenium and Zinc in Human Kidney by Synchrotron Radiation XRF. Nucl Instrum Methods Phys Res, Sect B, 1995, 103: 229.

[26] Khadikar P V, Joshi S. Novel Application of Topological Indices I-Correlation of Edge Shifts in X-ray Absorption with Wiener Indices. X-Ray Spectrom, 1995, 24: 201.

第八章 分析误差和统计不确定

任何实验测量过程都会存在误差。误差是指观测值或计算值与真值之间的差。通常我们并不知道真值，但需要用实验或理论去逼近真值，以确定我们的结果逼近程度和数据的可信度。

有一类误差是首先必须排除的，即由于错误测量或错误计算得到的结果，这类误差可认为是不合理误差，易于识别，可通过重复实验排除。例如样品中主元素的 XRF 测量强度，如果测量中重复性误差大于 1%，这远远大于现代仪器的精密度，因此可判断此误差来源于不合理误差，应该找出原因消除。

还有两类误差，在分析科学中非常重要。一是由于测量过程中的随机波动引起的不确定度，还有一类是限制结果准确度和精密度的系统误差。为了获得准确、可靠的结果，应该尽可能消除或减小系统误差，控制随机误差。评价一个结果的好坏，通常要采用一定的评价指标，同时可借助统计学方法进行计算。

第一节 分析误差和分布函数

一、分析误差

评价分析方法和测定结果的好坏通常采用准确度。准确度是指测量结果与标准物质"真值"间的一致程度。而精密度是指对同一样品进行重复测量时其结果间的一致性。精密度与结果准确与否无关，仅代表数据的可重复程度。精密度好的数据，可能准确度很差，反之亦然。理想的情况是获得准确度和精密度均好的结果。

通常采用标准偏差 s 和相对标准偏差 RSD 来度量测量值与平均值间的离散程度。s 或 RSD 越小表明观测值离散小。在一定条件下，例如当应用于与标准物质的推荐值进行比较时，也可用标准偏差和相对标准偏差的大小来判断方法或结果的好坏。

标准偏差 s 的计算式如下：

$$s = \sqrt{\frac{\sum (x_i - \bar{x})^2}{n-1}}$$

$$\bar{x} = \frac{\sum x_i}{n}$$

式中，x_i，n，$\bar{x}$ 分别为第 i 次测定值，总的测量次数和算术平均值。

相对标准偏差 RSD 为：

$$RSD = \frac{s}{\bar{x}} \times 100\%$$

二、分布函数

X 射线光谱的特点是其 X 射线光子的发射和探测等均符合一定的统计学分布，例如泊松分布和正态分布。这也是 X 射线光谱分析中进行误差分析的基础。

1. 泊松分布

$$P_P(x; \mu) = \frac{\mu^x}{x!} e^{-\mu}$$

2. 正态（高斯）分布

$$P_G = \frac{1}{\sigma \sqrt{2\pi}} \exp\left[-\frac{1}{2} \left(\frac{x-\mu}{\sigma} \right)^2 \right]$$

式中，σ 为标准偏差；μ 为来自于总体分布的平均值。

第二节　计数统计学

X 射线光谱分析的一个特点是它的计数 N 在足够大时，符合正态分布，其平均值和标准偏差易于计算。

1. 单次测量标准计数偏差和相对标准偏差

设测量的 X 射线计数为 N，则单次测量标准计数偏差 S_c 和相对标准偏差 ε 为：

$$S_c = \sqrt{N}$$

$$\varepsilon = \frac{1}{\sqrt{N}}$$

对于多次测量，其标准偏差为平均值的均方根。值得注意的是，该公式仅在背景强度可以忽略的情况下适用。

2. 谱峰净计数标准偏差和相对标准偏差

当背景不能忽略时，为了获得谱峰强度，还须扣除背景。此时将使计数标准偏差和相对标准偏差增加，如下式所示：

$$S_c = \sqrt{S_P^2 + S_B^2} = \sqrt{N_P + N_B}$$

$$\varepsilon = \frac{\sqrt{N_P + N_B}}{N_P - N_B}$$

3. 比率法计数标准偏差和相对标准偏差

当分析一未知样 x 时，为了获得准确结果，一般需要使用标准物质 s。当采用简单的比率法计算结果时，计数误差将增加：

$$\varepsilon = \sqrt{\left[\frac{N_P + N_B}{(N_P - N_B)^2}\right]_x + \left[\frac{N_P + N_B}{(N_P - N_B)^2}\right]_s}$$

4. 重复测量计数标准偏差和相对标准偏差

当计数较小时，计数误差会在整个分析误差中占据较大的份额，这时采取多次重复测量可以减小平均计数误差：

$$(S_c)_n = \frac{S_c}{n}$$

$$(\varepsilon)_n = \frac{\varepsilon}{n}$$

事实上，对于统计分析而言，重复测量均符合上述规律。因此，采用重复测量的方式是降低分析误差的途径之一。

5. 计数时间与误差

在 XRF 分析中，绝大多数情况下都需要获得谱峰净强度。对波长色散 XRF 而言，净强度 I_{net} 是峰强度与背景强度之差，可通过下式计算：

$$I_{net} = I_P - I_B$$

波长色散可以对谱峰和背景分别计数，测量时间长度可以不同。根据以上的计数统计学分析，可以选择和确定最佳计数时间。设脚标 FC、FT、FTO 分别代表定数、定时、最佳定时计数法，则它们的标准偏差大小符合下式：

$$S_{FC} > S_{FT} > S_{FTO}$$

其最佳定时计数法的相对标准偏差和时间为：

$$\varepsilon_{FTO} = \frac{1}{\sqrt{T_P + T_B(\sqrt{I_P} - \sqrt{I_B})}}$$

$$T_P = \sqrt{\frac{I_P}{I_B}} T_B$$

且

$$T = T_P + T_B$$

式中，T，T_P，T_B 分别为总计数时间、谱峰和背景计数时间；I_P，I_B 分别为谱峰和背景强度。

上述公式表明，净强度随着谱峰和背景计数平方根之差的增加而减小。当峰背比大时，增加谱峰计数时间，减少背景计数时间，可以降低计数误差。此外，给出要求达到的误差水平，可由上述三式计算出最佳计数时间。

第三节　灵敏度、检出限及 XRF 中的误差来源

一、灵敏度和检出限

灵敏度是指单位浓度下的 X 射线光子计数，等于工作曲线的斜率 m。灵敏

度越高，则单位浓度下测得的计数越大。

检出限是指在一定置信度水平下，X 射线荧光光谱法可检出的最小浓度（c_L）：

$$c_L = \frac{KS_B}{m}$$

一般 K 取 3（3σ），即：

$$c_L = \frac{3S_B}{m}$$

这时，如果谱线净计数大于 $3S_B$，则在 99.7% 的置信水平下（有 99.7% 的把握），可以检出该元素。可以采用更实用的方程计算检出限：

$$c_L = \frac{3}{m}\sqrt{\frac{I_B}{T_B}}$$

一般，$T_P = T_B$。

实际测定限通常取 6σ。

二、XRF 中的误差来源

系统偏差通常指实验结果与可接受的参照值间的恒定偏差，可以消除或减小到一定程度。而随机误差是指实验过程中的非系统性波动，无法消除，主要受实验设备和分析条件控制。

表 8-1 列出了 X 射线光谱分析中系统误差和随机误差的主要来源。

表 8-1　XRF 中系统误差和随机误差的主要来源

随 机 误 差	系　统　误　差
计数误差 光管稳定性 高压发生器的不稳定性 电学系统的不稳定性	样品 　元素间吸收增强效应 　样品：粒度大小、不均匀性、表面效应、微结构 　化学漂移 　谱线干扰 　标准样品退化 仪器 　仪器的长、短期漂移 　测角仪、样品定位器、仪器与样品加热装置、操作条件的重置变化 　晶体退变 　光管污染

为了消除、减小各种误差，判断分析过程中的误差来源，必须依赖相关的数学工具，例如进行 F 检验或 t 检验等，同时，还应给出分析结果的不确定度，对数据质量进行评估。

第四节　不确定度及不确定度计算

误差是指观察值或计算值与真值之间的差。误差和不确定度在所有实验和观测过程中总会存在。我们用不确定度来表达结果中的误差，而估计误差的过程称为误差分析。

准确度取决于实验中控制和补偿系统误差的方法与程度好坏。系统误差是指结果与真值间不易检测也不能用统计分析研究的误差，它必须通过对实验条件和技术的分析来评估。开始实验前首先就必须充分认识和寻找减少系统误差来源的方法。精密度可通过在实验中努力克服随机误差和观测值波动来提高。减少随机误差的方法主要是通过改进实验技术和实验方法或重复实验来进行。

实验结果的不确定度可分为两类，即来源于观测波动的不确定度和理论描述上的不确定度。

一、测量不确定度

测量不确定度主要是指在仪器测量过程中的数值波动，这种波动有两个来源，一是由仪器设备的不完备而带来的数值变化，二是人在测量时由于观测精度不够而产生的，也可能同时来源于两者。这种不确定度可称为测量不确定度或仪器不确定度，例如质量、电压、电流等。这些不确定度常独立于要测量的实际物理量。

测量不确定度通常由考察仪器和测量过程来评估测量的可靠性。如果可能做重复测量，就可以用来计算标准偏差，此标准偏差可对应于单次测量的期望不确定度。原则上，测量不确定度的内部法应得到与考虑仪器设备和实验过程的外部方法得到的不确定度相一致。当两者不一致时，往往表明实验过程存在不能忽视的问题，应予以解决。当两者达到一致时，从数据内部计算得到的标准偏差就是不确定度的估计值。

二、统计不确定度

如果被测物理量来自于一个随机过程，例如探测器中的单位时间计数，则称为统计不确定度，因为这种不确定度并不是因为仪器测量精度误差引起的，而是由于在一定时间内收集有限计数存在的统计波动而产生的。对统计波动，我们不必用实验来测定，而可从理论分析来评估每次观测的标准偏差。如果做重复测定，观测值应该呈泊松（Poisson）分布而不是高斯（Gaussian）分布。

对于任何可根据一定判据分类成直方图或频数图的数据，每个二元事件数都遵守泊松分布，按统计不确定度规律波动。如果数据遵守泊松分布，则其标准偏差 σ 为：

$$\sigma = \sqrt{\mu}$$

相对不确定度：

$$\frac{\sigma}{\mu} = \frac{1}{\sqrt{\mu}}$$

即相对不确定度随计数率的上升而下降。式中，μ 为来自于总体分布的平均计数率，而每次的测量值 x 则是一近似样本。通常可用 $\sqrt{x}$ 来近似表示单次测量的标准偏差。

三、误差传递与不确定度

假设测量值 x 是多个变量的函数，例如 u，v，…则：

$$x_i = f(u_i, v_i, \cdots)$$

我们可以将标准偏差 σ 表示为：

$$\sigma_x^2 = \lim \left[\frac{1}{N} \sum (x_i - x)^2 \right]$$

根据泰勒（Taylor）级数的一次展开式：

$$\sigma_x^2 = \lim \left[\frac{1}{N} (x_i - x)^2 \right]$$

$$x_i - x \approx (u_i - u) \frac{\partial x}{\partial u} + (v_i - v) \frac{\partial x}{\partial v} + \cdots$$

$$\sigma_x^2 \approx \lim \frac{1}{N} \sum \left[(u_i - u) \frac{\partial x}{\partial u} + (v_i - v) \frac{\partial x}{\partial v} + \cdots \right]^2$$

可得误差传递方程为：

$$\sigma_x^2 \approx \sigma_u^2 \left(\frac{\partial x}{\partial u} \right)^2 + \sigma_v^2 \left(\frac{\partial x}{\partial v} \right)^2 + \cdots + 2\sigma_{uv}^2 \frac{\partial x}{\partial u} \frac{\partial x}{\partial v}$$

如果变量 u 和 v 不相关，或在可以忽略二次项的情况下有：

$$\sigma_x^2 \approx \sigma_u^2 \left(\frac{\partial x}{\partial u} \right)^2 + \sigma_v^2 \left(\frac{\partial x}{\partial v} \right)^2 + \cdots$$

在可以忽略协变量的情况下，可使用该式评估测量不确定度对最终结果的影响。但在应用最小二乘法进行曲线拟合时，协变量对参数不确定度的影响却起着不容忽视的作用。

四、不确定度计算式

设 a 和 b 为常数，u 和 v 为变量，则可得到以下不确定度计算公式，如表8-2所示。

表 8-2 不确定度计算公式

关 系	计 算 方 程	不 确 定 度
代数和	$x = au + bv$	$\sigma_x^2 = a^2 \sigma_u^2 + b^2 \sigma_v^2 + 2ab\sigma_{uv}^2$
积	$x = auv$	$\dfrac{\sigma_x^2}{x^2} = \dfrac{\sigma_u^2}{u^2} + \dfrac{\sigma_v^2}{v^2} + \dfrac{2\sigma_{uv}^2}{uv}$
除	$x = \dfrac{au}{v}$	$\dfrac{\sigma_x^2}{x^2} = \dfrac{\sigma_u^2}{u^2} + \dfrac{\sigma_v^2}{v^2} - \dfrac{2\sigma_{uv}^2}{uv}$
幂	$x = au^b$	$\dfrac{\sigma_x}{x} = \dfrac{b\sigma_u}{u}$
指数	$x = a\,e^{bu}$	$\dfrac{\sigma_x}{x} = b\sigma_u$
	$x = a^{bu}$	$\dfrac{\sigma_x}{x} = (b\ln a)\sigma_u$
对数	$x = a\ln(bu)$	$\sigma_x = \dfrac{ab\sigma_u}{u}$
三角函数	$x = a\cos(bu)$	$\sigma_x = -\sigma_u ab\sin(bu)$
	$x = a\sin(bu)$	$\sigma_x = \sigma_u ab\cos(bu)$

例如，设 X 射线总计数为 $P = 200000$，背景计数 $B = 2500$，对于 X 射线净计数应有：

$$Net = P - B$$

根据：

$$x = au + bv$$

这里，$a = 1$，$b = -1$，且 $\sigma_x^2 = \sigma_u^2 \left(\dfrac{\partial x}{\partial u}\right)^2 + \sigma_v^2 \left(\dfrac{\partial x}{\partial v}\right)^2 + 2\sigma_{uv}^2 \dfrac{\partial x}{\partial u}\dfrac{\partial x}{\partial v}$

而 $(\partial x / \partial u) = a$，$(\partial x / \partial v) = b$，因此：

$$\sigma_x^2 = a^2 \sigma_u^2 + b^2 \sigma_v^2 + 2ab\sigma_{uv}^2$$

在忽略协变量的基础上，可有：

$$\sigma_x^2 = a^2 \sigma_u^2 + b^2 \sigma_v^2$$

于是：

$$\sigma_x^2 = \sigma_u^2 + (-\sigma_v)^2 = N + B$$

故不确定度为：

$$\sigma_x = \sqrt{N+B} = \sqrt{202500} = 450$$

所以在考虑不确定度的情况下，净计数可以表示为：

$$Net = (P - B) \pm \sigma_x = (200000 - 2500) \pm \sqrt{202500} = 197500 \pm 450$$

相对不确定度为：

$$\frac{\sigma_x}{Net} = \frac{450}{197500} = 0.22\%$$

五、平均值的不确定度计算

尽管希望测量数据既符合泊松分布，又符合高斯分布，但多数情况下很难区分，故通常假设其符合高斯分布。设平均值为 μ'：

$$\mu' = \frac{1}{N}\sum x_i$$

又设各数据点的不确定度相等，即 $\sigma_i = \sigma$，则有：

$$\sigma_\mu^2 = \frac{\sigma^2}{N}$$

σ 可从实验测量估算，即：

$$\sigma \approx s = \sqrt{\left[\frac{1}{N-1}\sum (x_i - x')^2\right]}$$

从而可得平均值的不确定度计算式为：

$$\sigma_\mu \approx \frac{s}{\sqrt{N}}$$

由上式可以看出，随测量次数的增加，平均值的标准偏差可以减小。但数据的标准偏差并不随重复测量而下降。

如果各数据点的不确定度并不相等，即 $\sigma_i \neq \sigma$，则有：

$$\mu' = \frac{\sum \dfrac{x_i}{\sigma_i^2}}{\sum \dfrac{1}{\sigma_i^2}}$$

则不确定度为：

$$\sigma_\mu^2 = \frac{1}{\sum \dfrac{1}{\sigma_i^2}}$$

设加权因子 w_i 已知，则加权平均值为：

$$\mu' = \frac{\sum w_i x_i}{\sum w_i}$$

不确定度为：

$$\sigma_i^2 = \frac{\sigma^2 \sum w_i}{N w_i}$$

六、统计波动

如果观测值遵循高斯分布，则标准偏差是无约束参数，需由实验测定。但如果服从泊松分布，则标准偏差等于平均值的平方根。泊松分布适合于描述计数实验中数据点的分布，计数率的波动只是由于随机过程的本征特性，与重复实验无关。这种波动称为统计波动。

如果平均值大于 10，高斯分布趋近于泊松分布的形状，故可应用相同的平均值计算公式。设遵守泊松分布的平均值为 μ_t，时间间隔 Δt，则有：

$$\mu_t = \frac{1}{N} \sum x_i$$

$$\sigma_{t\mu} = \frac{\sigma_t}{\sqrt{N}}$$

单位时间内的不确定度为：

$$\sigma_\mu = \frac{\sigma_{t\mu}}{\Delta t} = \sqrt{\frac{\mu}{N \Delta t}}$$

例如，设取样 $N = 20$ 次，每次计数 $1\mathrm{min}$，总计数 3000，平均值 150，以标准偏差表示的不确定度为：

$$\sigma_t = \sqrt{150} = 12.2$$

$$\sigma_{t\mu} = \frac{\sigma_t}{\sqrt{N}} = 2.74$$

需要指出的是这里列出的不确定度的计算主要考虑了计算统计学的情况，而对于 X 射线荧光分析结果不确定度的计算则需要考虑多种因素。读者可参考相关文献进行计算。

参考文献

[1] Owoade O K，Olise F S，Olaniyi H B，et al. Model estimated uncertainties in the calibration of a total reflection X-ray fluorescence spectrometer using single-element standards. X-Ray Spectrometry，2006，35：249-252.

[2] Asbjornsen O A . Error in the propagation of error formula. AIChE Journal，1986，32：332-334.

[3] Graham J，Butt C R M，Vigers R B W. Sub-surface charging，a source of error in microprobe analysis. X-Ray Spectrometry，1984，13：126-133.

[4] Staffan Malm. A systematic error in energy dispersive microprobe analysis of Ni in steel due to the method of background subtraction. X-Ray Spectrometry，1976，5：118-122.

[5] Yoshihiro Mori，Kenichi Uemura. Error factors in quantitative total reflection X-ray fluorescence analysis. X-Ray Spectrometry，1999，28：421-426.

[6] Alimonti A，Forte G，Spezia S，et al. Uncertainty of inductively coupled plasma mass spectrometry based measurements：an application to the analysis of urinary barium，cesium，antimony and tungsten. Rapid Communications in Mass Spectrometry，2005，19：3131-3138.

[7] Reagan M T，Najm H N，Pébay P P，et al. Quantifying uncertainty in chemical systems modeling. International Journal of Chemical Kinetics，2005，37：368-382.

[8] Sieber John R，Yu Lee L，Marlow Anthony F，et al. Uncertainty and traceability in alloy analysis by borate fusion and XRF. X-Ray Spectrometry，2005，34：153-159.

[9] Wegrzynek D，Markowicz A，Chinea-Cano E，et al. Evaluation of the uncertainty of element determination using the energy-dispersive X-ray fluorescence technique and the emission-transmission method. X-Ray Spectrometry，2003，32：317-335.

[10] Zewail Ahmed H. Chemistry at the Uncertainty Limit，Angewandte Chemie International Edition. 2001，40：4371-4375.

[11] Reis Marco S，Saraiva Pedro M. Integration of data uncertainty in linear regression and process optimization. AIChE Journal，2005，51：3007-3019.

[12] Vasquez Victor R，Whiting Wallace B. Incorporating uncertainty in chemical process design for environmental risk assessment. Environmental Progress，2004，23：315-328.

[13] Renyou Wang，Urmila Diwekar，Catherine E，et al. Efficient sampling techniques for uncertainties in risk analysis. Environmental Progress，2004，23：141-157.

第九章　XRF中的化学计量学方法和应用

化学计量学作为一门运用数学和统计学原理及计算机技术来揭示化学中各种数据间相关性的分支科学，在复杂问题求解，非线性和动态体系下的关系描述方面取得了巨大成功。它可应用于建立稳健模型，寻找隐含或非直接性相关函数，构建多维模型，优化试验等；具有处理含有噪声和不完全数据，自适应学习的能力。

化学计量学的研究领域非常广泛，就X射线荧光光谱而言，主要包括曲线拟合、多变元校正、模式识别和图像处理。可以运用的方法也有许多，例如神经网络、遗传算法、支持向量机、偏最小二乘、主元分析、聚类分析、Kalman滤波、Monte Carlo模拟等。神经网络和遗传算法在解决实际问题方面有成功应用，而支持向量机则是一个相对较新但发展极快的一种方法，Monte Carlo模拟尽管在应用放射学领域有着海量应用，但在XRF领域却很少。针对X射线荧光光谱的特点，本章重点介绍遗传算法、神经网络、支持向量机及其在光谱拟合、基体校正、模式识别领域中的应用，比较它们及其相关算法的优点和局限性，介绍它们在XRF中的研究应用，同时也对知识工程和专家系统做了简单介绍。

第一节　曲线拟合与遗传算法

在能谱XRF分析中，由于分辨率的限制，谱峰重叠的影响非常显著，常常需要对重叠谱进行分解。而且能量探测器还存在低能峰拖尾、变形，因此需要采用一定的方法对光谱进行拟合。在波长色散XRF中，主要是需要进行重叠峰的分解。

曲线拟合的主要困难在于元素谱峰数未知、基线和背景位置不确定、模型参数初始值设定准确度不够等。在分析涂层材料时涂层数也表现出相似的问题。

曲线拟合通过最小化残差的方式从实验测量数据获得没有重叠的纯粹光谱矩阵 S，通过最小化残差矩阵 E，对测量光谱矩阵实行分解，获得纯谱。用矩阵方程可表达为：

$$R = CST + E$$

式中，R 为原始测量数据矩阵；C 为浓度矩阵；S 为光谱矩阵；T 为转置矩阵。

为了实现通过最小化残差而获得光谱的构成要素，目前已有多种方法可以选用，例如主成分分析、各种因子分析方法、自构模型曲线解析等。

曲线拟合中的一项重要进展是遗传算法的采用，该算法目前已在许多研究领域获得应用。下面将对遗传算法及其在曲线拟合中的应用做些介绍。

一、遗传算法

遗传算法（GA）于 1975 年由 Holland 提出，随后由于其在解决科学问题中的实用性而得到广泛研究和应用。遗传算法基于生物学中适者生存的进化论原理，通过保存最重要的有用信息并避免体系退化，使得一个模型优化并最终得到最优解。

遗传算法中，针对某一问题的解由所谓染色体（Chromosome）来代表，经过对染色体（即解）的随机最初化，通过执行选择、交叉和变异三类遗传操作后，运用拟合度来评估其解的优劣。该过程迭代进行，直接收敛。

遗传算法的操作执行过程按以下四步进行。

（1）数据初始化　首先要根据需要解决的问题，将候选解和期望输出表达为数串或数组。这些期望输出既可以是组分浓度，也可以是层厚或光谱参数。这些数串还需以二进制或实数形式进行随机初始化编码。根据专业知识将它们限定在候选解的合理范围内，有助于提高收敛速度。数串规模大小由程序设计者确定。

（2）拟合评估　为了评估算法拟合结果好坏，通常需要设计一个误差函数来计算和评估遗传算法的拟合质量，拟合度越好，解的质量越高。在光谱学领域，一般将计算和测量值之差的倒数作为拟合度。

（3）遗传操作　遗传操作算法由选择、交叉、变异三种运算方法构成，遗传操作相对简单，不同学科领域的算法彼此相似。

（4）收敛条件　整个遗传运算过程迭代进行，直到满足预先设定的收敛条件。一般收敛阈值取一定的代数或一设定的误差值。

通常数串大小取 50～500，交叉概率 0.5～0.9，变异概率在 0.001～0.05 之间。

二、遗传算法在 XRF 中的应用

遗传算法在 XRF 光谱拟合中已得到成功应用。其显著特点是谱峰识别率优于传统算法，并具有全局搜寻能力。研究表明，应用于 EDXRF 光谱时遗传算法（GA）优于标准 Marquardt-Levenberg（ML）算法，GA 比 ML 的谱线识别率更高，限定条件较少，例如对一土壤样，GA 可拟合 20 个峰，而 ML 仅拟合了 6 个峰，5 个峰未能分辨出，但 ML 的收敛速度快得多。

结合算法往往是解决某些问题的途径之一。例如将 GA 与基于实例的推理方法相结合，可以加速 X 射线光谱处理的速度。从经验上看，拟合度的定标和最佳保留选择机制有利于获得可信解并达到快速收敛的目的。有时几个有高拟合度的个体，会占据群体中的主导地位，使 GA 在开始阶段即出现过早收敛；GA 也可能由于它的最大拟合度接近群体平均拟合度而陷入随机漫步的境地，达不到最优搜寻的目的，因此需要采用拟合度定标。将遗传算法应用于 γ 射线光谱中时，在应用 GA 搜寻参数空间后，再用网格爬山法在局部寻找最优解，结果较好。

在某些情况下，通常采用的最佳化策略，如梯度算法、微积分型搜寻法等，由于可能陷入局部最小或必须知道确切的误差函数形式，使得结果有时不甚可靠。模拟退火技术可成功应用于解决多种实用性问题，但可能系统地丢失迭代计算过程中所携带的信息。而 GA 则具有更高的全局搜索能力，GA 的全局最优化性能也优于常规最小二乘算法。

X 射线溶液散射技术能给出时间尺度的结构信息，分辨率可达纳米级。然而，在缺乏其他信息时，此类信息很难转换成三维模型结构。即使傅里叶变换能用于计算已知结构的散射剖面，但相位信息在各向同性的散射剖面中丢失，溶液中的物体具有不同方位，而衍射强度则只能反映出平均值。强度剖面的傅里叶逆变换只能给出一维距离分布函数信息，而不是三维结构。相反，应用遗传算法则可以获得形貌和近似的多维信息。用传统的遗传算法和 X 射线溶液散射数据可以再构蛋白质结构，但可能出现拟合度较低的情况，某些模型由于没用惩罚函数而会出现与主结构不相干的滴珠。改用并行策略，逐渐、重复地搜索离散空间，借助三维限制性遗传操作，可以产生更好的模型，获得各蛋白质的形貌和近似的多维结构信息。

涂层和薄膜材料的厚度和浓度可以用已知数据和 GA 算法估算。当层厚与浓度未知，或者假定存在其他层时，则很可能错估层数及深层浓度。当 GA 直接应用于薄层 XRF 分析时，结果并不十分理想，一个可供选择的途径是运用混合算法，例如将遗传算法与神经网络或小波变换相结合等。

遗传算法与 Marquardt-Levenberg 算法相结合应用于掠入射 XRF 分析可显著改进计算结果。这是一种两步法，首先用 GA 估算每层的层厚和浓度，再用 M-L 梯度方法修正估算值。对两层薄样的计算准确度为 100%，对三层则下降为 80%，对四层为 20%。而将 GA 与掠入射 X 射线技术应用于纳米材料的密度和粗糙度估算时，粗糙度变化 2%~32% 时，采用 GA 模型拟合含 21 个参数的密度模型，其拟合偏差为 2.5%~5%。

图像处理技术目前受到普遍关注。将 GA 算法应用于投影图像再构时，即使有较多噪声，拟合得也相当好，而标准算法由于统计噪声的抑制而对此无能为力。

GA 算法亦已应用于 X 射线荧光光谱，在缺乏已知数据的情况下，其解的质量和优越性更为明显，这种算法不依赖于对输入数据的"幸运"揣测，故预测的结果更客观可靠，此外，GA 算法还广泛应用于 γ 射线光谱、波导技术、光管响应、应力梯度、核子响应等诸多领域。

三、不同拟合方法的比较

遗传算法是一种全局最优化算法，有好的准确度，但精度较差。这正好与传统算法相反。传统算法尽管搜寻精度较高，但由于会陷入局部最小，而导致准确度较差。GA 算法比多元线性回归算法具有更高的预测能力。

遗传算法也存在过拟合问题，对未知样预测能力不理想，也会不同程度地出现局部最优问题，对 GA 分辨重叠谱的能力也有一些争论。

为了克服 GA 的缺点，除了改进算法外，混合模型也是一种改进途径。应用相关领域的专业知识建立模型也有助于提高算法的可信度。

Kalman 滤波目前在分析化学领域研究较少，它的主要缺点是容错能力差，对含有噪声、非线性体系处理能力不足。但在其他工程研究领域，它仍有大量的改进和应用文章发表。

尽管曲线拟合技术已取得重要进展，但拟合真实样品中的复杂重叠峰的工作仍需加强。准确、可靠、精度好的拟合方法仍是人们努力的方向。

第二节　基体校正与神经网络

X 射线荧光分析中基体校正模型的研究经历了经验方程、基本参数法、理论校正系数和结合法的探索研究，目前虽然还有一些改进公式或算法提出，但与分析化学中的其他分支学科相比，对化学计量学方法的研究较少。Klimasara 从统计学的角度讨论了 Lachance-Traill 方程与多元线性回归之间的关系，为在 XRF 基体校正中深入开展化学计量学方法的研究奠定了基础。

统计学是一门可以应用于任何分支学科的基本数学方法。从统计学中的多元回归分析可以推导出 X 射线强度多元回归模型：

$$C_{ik} = A_{i0} + \sum A_j I_{jk}$$

式中，I_{jk} 为归一化 X 射线测量强度；C_{ik} 为浓度；A 为系数。当以浓度形式表示时，可得：

$$C_{ik} = A_{i0} + A_i I_{ik} \left(1 + \sum \frac{A_j}{A_i} C_{jk} \right) \quad (j \neq i)$$

当以 Lachance-Traill 方程的形式表示时，则可得：

$$C_i = A_{i0} + R_i (1 + \sum \alpha_{ji} C_j) \quad (j \neq i)$$

而通常所见的 Lachance-Traill 方程为：

$$C_i = R_i (1 + \sum \alpha_{ji} C_j) \quad (j \neq i)$$

可见，统计学多元回归模型与 Lachance-Traill 方程具有相同的数学形式。对 Lucas-Tooth 和 Price 模型也可作类似的数学处理，并由统计学多元回归分析方法确定其基体校正系数。

虽然推导过程中存在一些稍显勉强的成分，但其思路和结论却有着合理的理论基础和启迪作用，而关键之处在于它统一了化学计量学与基体校正方法的研究，一方面使得凭经验选择基体校正方程的过程可以由化学计量学的方法和软件自动完成；另一方面，针对以前由回归方程所得预测结果不稳的问题，现在提供了理论依据，可用化学计量学中的稳健回归方法来解决，例如采用偏最小二乘回归、神经网络等。

人工神经网络计算系统和神经工程学是研究、认识、模拟和应用智能的一门交叉学科，神经计算的原理、模型和应用已成为目前诸多学科共同关心的科技前沿领域。

人工神经网络（ANN）可处理复杂的非线性体系或无明确数学表达式的体系，模型的预测准确度好，抗干扰能力强。因此，其在物理、化学、石油、地质、钢铁、机械制造、天体物理及生物与生命科学等理论与应用学科及工业技术中都得到了广泛的应用。

人工神经网络研究可追溯至 50 多年前由 McCulloch 和 Pitts 及 Hebb 开展的工作。它经历了最初的兴起、跌入低谷和自 20 世纪 80 年代中期开始的研究高潮三个阶段。

一、神经网络的发展与学习规则

1943 年，McCulloch 和 Pitts 提出了神经元的数学模型，描述了神经元的时间总和、阈值、不应期和可塑性等特征。1949 年，Hebb 提出了突触联系强度可变的假设，认为当在特定模式中的神经元处于激活状态时，其间的相互作用所引起的突触系数变化将强化该模式，并使之趋于稳定。这一假定虽然直到约 30 年以后才得到证实，但它奠定了 ANN 学习算法的基础，在 ANN 的研究和发展历史中占有重要的地位。1957 年，Rosenblatt 模仿动物大脑和视觉系统，提出了著名的感知机（Perceptron）模型。随后 Widrow 提出了多重自适应线性元件，用于连续取值的线性网络自适应系统。由于感知机第一次将理论性研究应用于可进行模式识别的机器，因此激起了人们对其理论和应用进行深入研究的热情，随后世界上有上百个实验室开展了声音识别、学习记忆、电子模型制作等的研究和理论探索，出现了 ANN 研究发展中的第一次高潮。

虽然单层感知机可以解决如逻辑与、逻辑或等一阶谓词逻辑问题，但当遇到 N 阶谓词逻辑问题，即一个由 $X = (x_1, x_2, \cdots, x_N)$ 描述的问题，需要至少给出 N 个分量才能有解时，单层感知机则无能为力，也就是说单层感知机不能解 N 阶谓词逻辑问题。1969 年，Minsky 和 Papert[6] 对感知机提出质疑，指出尽管可以通过加入一个隐单元来扩展感知机功能，但这种多层网络的感知机模型是否可以解决实际问题仍然是值得怀疑的。他们的这种怀疑态度对人工神经网络的研究产生了极大的消极影响，加上当时人工神经网络对解决实际问题缺乏有效模型，并受到当时技术条件的制约，从而使得人工神经网络的研究跌入低谷。虽然其间仍然有一些研究人员在不懈地进行探索，但没有出现显著性进展，这种沉寂状况一直持续了约 15 年。

1982 年，美国物理学家 Hopfiled 提出了离散神经网络模型；1984 年、1985 年，Hopfiled 和 Tank 报道了连续神经网络模型，解决了数学上著名的旅行推销商问题（TSP）。同时这种模型也可以用电子线路来模拟仿真，还可以进行联想记忆和优化计算。这一研究成果为神经计算机的研制奠定了基础。此后，人工神经网络研究的新高潮随之到来。Hopfiled 神经网络的提出具有突破性，是人工神经网络研究发展史上的一座里程碑。

1984 年，采用模拟退火技术来训练 Hopfiled 网络的 Boltzman 机问世。1986 年，Rumelhart 和 McClelland 等提出了并行分布处理理论（PDP）和多层网络误差反传学习算法（BEP），使人工神经网络模型具有了解决实际问题的能力，从而使科技领域对人工神经网络模型的研究与应用得以广泛深入地开展起来。

二、神经网络模型——误差反传学习算法

人的大脑为了适应环境和认知世界，必须学习。人工神经网络为了具备某种认知和预测功能，也必须学习。学习的方式一般可分为监控式和非监控式学习方式。在监控式学习中，利用训练样本，将网络输出与期望输出进行比较，其误差信号被用来调整权值，直到迭代计算收敛到一确定值。无监控学习方式则不给定标准样本，根据权重 W 演变方程 $dW/dt = f(w, x)$，在选定初始权值后，W 随输入 x 变化，如果为平稳环境，则 W 可达到稳定状态，即训练过的网络具有时域稳定性。

学习的基本规则有多种，最常用的有 Hebb 和 Delta 学习规则。Hebb 学习规则可以表述为在特定模式中的神经元处于激活态时，其间的连接权值增加，并使该模式趋于稳定。Delta 学习规则实际上是最小均方差规则（LMS），即要求实际输出与期望输出的误差均方和最小，并利用此差值调节权重使其趋于减小。因此，该规则需要单元特性为可微函数，如 Sigmoid 函数等。经过学习和训练过的人工神经网络即可以对输入数据和信息进行处理，如函数拟合、流程控制、模式识别、图形处理、语言理解、系统辨认与分类等。

误差反传学习算法（BEP）采用监控式学习方式和 Delta 学习规则，利用梯度搜寻技术，使实际输出与期望输出的误差均方和尽快达到最小，这一过程通过将误差信号从输出端向输入端反向传播、对连接权重进行调节，并使其趋于减小来完成。BEP 网络由输入层、隐层和输出层组成，结构示意图如图 9-1 所示。输入信号为 X 射线强度，输出信号为浓度。经过训练后，即可以达到预测未知样的目的。

BEP 是目前为止人工神经网络模型中，真正具有实用价值，并得到最为广泛应用的学习算法。BEP 可应用于函数拟合、流程控制、模式识别、图形处理、语言理解、系统辨认与分类等。例如，用 BEP 网络可对输入信号进行分类，并

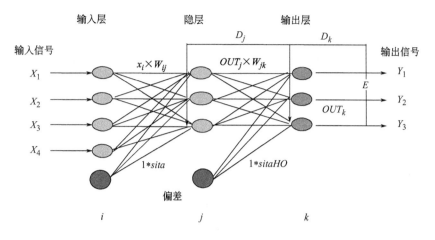

图 9-1　BEP 网络结构示意图

W_{ij} 为连接权重

允许输入模式中有一定的噪声和污染；也可将之用作联想存储器，即当输入信号只包含某一可能事件的部分信息时，通过联想存储器即可获得该事件的完整信息。

三、神经网络及相关化学计量学方法在 XRF 中的应用

Bos 和 Weber 对人工神经网络 BEP 算法在三元体系 X 射线荧光分析中的应用进行了研究，但当样品超出了训练集内的样本浓度分布范围时，模型的预测能力较差。事实上，由于采用监控式学习算法的人工神经网络模型都需要依赖于训练集内的标样数据，因此外推预测能力较差将是这类监控式学习算法的共同不足之处。

在建立神经网络模型时，应遵循简洁性原则，要注意优化神经网络的结构和参数，在模型训练中尽量避免过拟合和局部最小，并选择有代表性的训练和检验样本，确保模型具有较高的预测准确度和抗干扰能力及对于离域样品的良好外推预测能力。此外，有关稳健回归模型的研究等也是解决 XRF 中一些情况下预测结果不稳的有效途径之一，例如偏最小二乘法的研究应用等。

目前，神经网络及相关化学计量学方法在 XRF 基体校正中已得到了较深入的研究和广泛的应用，它的广阔前景在于其良好的预测性能和智能化与实用性，其发展潜力巨大。一方面，人工神经网络已形成一门较为独立的分支学科，有专门的神经网络学术期刊出版发行，进行着新的模型与算法的研究和神经计算机的开发研制。另一方面，根据所面临的不同领域、不同问题，各学科开展了有针对性的研究，为解决实际遇到的困难和问题，进行着不懈的探索。因此各学科间的进一步渗透和各种方法的结合研究必将有利于它的进一步向前发展。

第三节　模　式　识　别

模式识别是借助计算机技术和算法将研究对象根据其特征进行识别和分类的一种化学计量学方法。利用模式识别方法对样本分类，结果更为可靠。目前面临的主要困难是多维空间非线性可分问题、变量多于研究对象和变量相关问题等。模式识别方法已在分析化学中获得了广泛的应用。

一、模式识别方法与特性

模式识别既可根据类间的差异大小，也可以依据同类的相似性程度来对目标进行分类。分类的方法有参数法和非参数法，可以采用线性和非线性模型。

学习规则有两类，即监控式学习与非监控式学习。非监控式模式识别方法无需研究目标类别的先验信息，主要的方法有聚类分析、主元分析、相似分析、神经网络、特征向量分析等。例如聚类分析能成对区分目标，特征向量法可将 m 维数据压缩至二维或三维，分离信号与噪声，找到变量间的相关性。聚类分析是应用最为广泛的非监控式模式识别方法。监控式模式识别需要学习样本，主要方法包括最临近距离法、线性学习机、线性甄别分析、软独立模型分类以及神经网络等。

不同的模式识别方法在解决不同的实际问题时，会表现出性能上的差异。例如，有研究者报道 k-最近邻（k-nearest neighbor，简称 kNN）算法在预测时可能优于遗传算法与 kNN 混合模型，但另一方面 kNN 需要定义测量距离，而这在大多数应用中都未必能够获得清楚定义，kNN 也不适合于处理高维空间中的分类问题。它的突出优点是可提供对分类结果的解释，这与暗箱模型是不同的。在这点上，决策树和逻辑回归拥有相同特点。

遗传算法和神经网络亦可应用于模式识别。当遗传算法应用于动态模型识别时，可以较好地解决模型性能和复杂度间的平衡关系。用血清中元素含量可以对癌症病人进行分类，采用双向关联记忆网络的分类准确度优于多层前向神经网络。

将不同方式应用于解决同一个问题时，有可能得出相互矛盾的结论。例如，当线性甄别分析（LDA）、kNN、SIMICA（soft independent modeling of class anology）等应用于甜菜分类时，SIMICA 给出了最准确的结果，kNN 较差，LDA 由于变量不能多于目标的限制而无法采用；采用抗病性、地域来源和收获产量三个指标对甜菜分类，SIMICA 和甄别 PLS 给出了较准确的分类结果。与之相反，也有其他研究得出了不同的结论。将 PNN、LVQ、BP 神经网络应用于阵列化学传感器，分类准确率较高，而 SIMICA、LDA、kNN 等较差。在对牛奶中微生物和细菌问题进行分类时，BP-ANN 的分类准确度优于 PLS 和 PCR。

在选择和应用模式识别方法时，需要仔细考虑方法特性、研究对象特征及各种条件与假设限制。一些相互矛盾的比较结果也说明模式识别方法还需进一步完

110

善，并具有较大的改进空间。一种相对较新的模式识别方法获得了较多的关注，这就是支持向量机。

二、支持向量机

支持向量机（SVMs）是一种采用核函数，并可应用于超平面中的线性分类器。它通过含有压缩特征信息的支持向量，导出类的决策。将位于两类间边界的样本作为训练原型，获得离原型尽可能远的决策边界，从而避免错误分类。支持向量机假定要预测的未知样本独立于同类分布，且能在所选原型的邻域找到，这就使得支持向量机预测域外样本的能力较强。尽管 SVMs 是线性分类器，但通过对原变量的简单转换，即可用于非线性决策边界。

作为最优化算法，支持向量机通过最大化至训练点的距离来解最优化问题，没有局部最小，总体性能好，其突出优点表现在三个方面。首先，边界的最大化能补偿诸如过拟合等问题，但可能以牺牲一些准确度为代价；其次 SVMs 能适用于变量数多于向量而不会导致计算过度；此外 SVMs 仅要求特征向量空间是线性的，而对输入空间无此限制。

在一定程度上，支持向量机被认为是一种广义的神经网络，但 SVMs 能通过核函数引入领域知识，而神经网络只能间接应用背景知识。将支持向量机、神经网络、遗传算法结合互补，利用各自的优点，是目前的一种研究趋势。

支持向量机主要用于优化和分类，在回归分析方面也有应用报道。但总体而言，SVMs 的应用领域还很窄，在光谱学领域更少。SVMs 也有一些局限，例如，它是一种纯粹的叉状分类器，在多类模式识别情况下较为复杂，当不符合高斯误差分布或存在域外样本时，SVMs 的稳健性会较差。针对这些问题，也有一些改进算法提出。

总体而言，SVMs 的主要优点是可应用于非线性体系下的高维输入空间，并能获得全局最优解，特别适用于复杂体系下的模式识别，由于算法允许较少的训练样本而使其具有实用意义。

三、模式识别方法在 XRF 中的应用

在 XRF 中，模式识别主要用于对各种材料和样品来源的识别与分类，研究领域包括环境、地质、材料、地球化学、考古、刑侦、军事、医学、农业、太空探索等，应用范围十分广泛。

XRF 技术与模式识别方法相结合已成功应用于大气飘尘、土壤和沉积物分类，以识别污染来源及重金属分布。例如，在应用 XRF 技术与化学计量学方法揭示水系重金属污染来源的研究中，样品中的所有粒子首先采用非分级聚类分析算法分类，再运用主元分析识别沉积物的来源，该研究表明，尾矿是河流沉积物中的污染来源。

将 XRF 和模式识别应用于刑侦和军事目的是一个值得关注的领域。犯罪

嫌疑人衣物上的玻璃碎片用 μ-EDXRF 分析后，对 129 个不能用常规方法鉴别的样品进行分类，采用神经网络和线性甄别分析，可成功识别其中的 112 个。结合 γ 射线、中子活化和同步辐射技术，将模式识别技术应用于 C_4 爆炸物识别及军用直升机螺旋桨叶结构与缺陷的探测，取得较好结果，具有较大的应用价值。

人类健康、食品、农作物等是许多 XRF 专家感兴趣的领域。有研究者采用全反射 XRF 技术测定血清中 Fe、Cu、Zn 和 Se，再利用 BP-NN 对癌症进行识别，其识别率可达 94%～98%。此外这些方法亦已应用于虫害侵袭的作物、油料、有机质的分类等。

科学技术发展到今天，对获得多维信息的需求愈加迫切，这应是今后的一个发展方向，如何选用合适的模式识别方法解决实际问题，则需要多学科的相互渗透和科学家们的密切合作。正确、合理地应用领域知识是建立好的模式识别模型的基础。

化学计量学方法的优点在于它可以描述复杂体系中的非线性关系，在处理含噪声和不完全数据时具有容错能力，其关注焦点在于如何评价和获取稳健模型，最重要的目的是找到与分析结果相关的成因和来源鉴别。

化学计量学在 XRF 中的最大应用潜力在于 EDXRF 中的曲线拟合、预测与模式识别，最具前景的途径可能在于遗传算法与神经网络结合算法，因为神经网络有助于生成最佳模型，而遗传算法适于选择正确参数。总之曲线拟合、多元校正和模式识别的有机结合将可能促进无标样 XRF 分析的突破性进展。

参考文献

[1] Luo Liqiang. Chemometrics and its applications to X-ray spectrometry. X-Ray Spectrometry, 2006, 35：215-225.

[2] Malinowski ER. Factor Analysis in Chemistry, znd ed. New York：John Wiley & Sons Inc, 1991.

[3] de Juan, Tauler A R. Chemometrics applied to unravel multicomponent processes and mixtures：Revisiting latest trends in multivariate resolution. Anal Chim Acta, 2003, 500：195-210.

[4] Ronald C Henry. Multivariate receptor models-current practice and future trends. Chemometr Intell Lab Syst, 2002, 60，43-48.

[5] Goldberg DE. Genetic Algorithms in Search, Optimization, and Machine Learning. Addison-Wesley, 1989.

[6] Timo Mantere, Alander Jarmo T. Evolutionary software engineering, a review. Applied Soft Computing, 2005, 5：315-331.

[7] Riccardo Leardi. Genetic algorithms in chemometrics and chemistry：a review. J Chemometrics, 2001, 15：559-569.

[8] Ron Wehrens, Buydens Lutgarde M C. Evolutionary optimization：a tutorial. TrAC Trends in Analytical Chemistry, 1998, 17：193-203.

[9]   Antonio Brunetti, Bruno Golosio. Fit of EDXRF spectra with a genetic algorithm. X-Ray Spectrom, 2001, 30: 32-36.

[10]   Golovkin IE, Mancini RC, Louis SJ, et al. Analysis of X-ray spectral data with genetic algorithms. J Quant Spectros Radiat Transfer, 2002, 75: 625-636.

[11]   Dane AD, Patrick AMT, Hans AS, Lutfarde MCB. A genetic algorithm for model-free X-ray fluorescence analysis of thin films. Anal Chem, 1996, 68: 2419-2425.

[12]   Dane AD, Veldhuis A, de Boer DKG, et al. Application of genetic algorithms for characterization of thin layered materials by glancing incidence X-ray reflectometry. Physica B, 1998, 253: 254-268.

[13]   Dane AD, Hans AS, Lutfarde MCB. A two-step approach toward model-free X-ray fluorescence analysis of layered materials. Anal Chem, 1999, 71: 4580-4586.

[14]   Paul Geladi. Chemometrics in spectroscopy. Part 1. Classical chemometrics. Spectrochimica Acta Part B: Atomic Spectroscopy, 2003, 58: 767-782.

[15]   Zeaiter M, Roger J M, Bellon-Maurel V, Rutledge D N. Robustness of models developed by multivariate calibration. Part I: The assessment of robustness. Trends in Anal Chem, 2004, 23: 157-170.

[16]   Stefan P. Niculescu, Artificial neural networks and genetic algorithms in QSAR. J Molecular Structure (Theochem), 2003, 622: 71-83.

[17]   Dowla F F, Rogers L L. Solving Problems in Environmental Engineering and Geosciences With Artificial Neural Networks. Cambridge, MA: MIT Press, 1995.

[18]   Luo LQ, Ji A, G CG, et al. Focusing on One Component Each Time-Comparison of Single and Multiple Component Prediction Algorithms in Artificial Neural Networks for X-ray Fluorescence Analysis. X-Ray Spectrom, 1998, 27: 17-22.

[19]   Luo LQ. Predictability comparison of four neural network structures for correcting matrix effects in X-ray fluorescence spectrometry. J Trace and Microprobe Techniques, 2000, 18: 349-360.

[20]   Fernando Schimidt, Lorena Cornejo-Ponce, Maria Izabel M S Bueno, Ronei J Poppi. Determination of some rare earth elements by EDXRF and artificial neural networks. X-Ray Spectrometry, 2003, 32: 423-427.

[21]   Luo LQ. An algorithm combining neural networks with fundamental parameters. X-Ray Spectrometry, 2002, 31: 332-338.

[22]   Noemi Nagata, Patricio G Peralta-Zamora, Ronei J Poppi, et al. Multivariate calibrations for the SR-TXRF determination of trace concentrations of lead and arsenic in the presence of bromine. X-Ray Spectrometry, 2006, 35: 79.

[23]   Facchin I, Mello C, Bueno MIMS, et al. Simultaneous determination of lead and sulfur by energy-dispersive X-ray spectrometry. Comparison between artificial neural networks and other multivariate calibration methods. X-Ray Spectrometry, 1999, 28: 173.

[24]   Wegrzynek D, Markowicz A, Chinea-Cano E, et al. Evaluation of the uncertainty of element determination using EDXRF technique and the emission-transmission method. X-Ray Spectrometry, 2003, 32: 317.

[25]   Luciano Nieddu, Giacomo Patrizi. Formal methods in pattern recognition: A review. European Journal of Operational Research, 2000, 120: 459-495.

[26]   Mariey L, Signolle J P, Amiel C, et al. Discrimination, classification, identification of microorganisms using FTIR spectroscopy and chemometrics. Vibrational Spectroscopy, 2001, 26: 151-159.

[27]   Philip K Hopke. The evolution of chemometrics. Anal Chim Acta, 2003, 500: 357-377.

[28] Hicks T, Monard Sermier F, Goldmann T, et al. The classification and discrimination of glass frag-
ments using non destructive energy dispersive X-ray fluorescence. Forensic Science International,
2003, 137: 107-118.

[29] Benninghoff L, von Czarnowski D, Denkhaus E, et al. Analysis of human tissues by total reflection
X-ray fluorescence. Application of chemometrics for diagnostic cancer recognition. Spectrochimica
Acta Part B, 1997, 52: 1039-1046.

[30] Magallanes J F, Vazquez C. Automatic Classification of Steels by Processing Energy-Dispersive X-ray
Spectra with Artificial Neural Networks. J Chem Inf Comput Sci, 1998, 38: 605-609.

[31] Wang Y, Chen Z. X-Ray Spectrometry, 1987, 16: 131.

[32] Klimasara A J. A Mathematical Comparison of the Lachance-Traill Matrix Correction Procedure with
Statistical Multiple Linear Regression Analysis in XRF Applications. Adv in X-ray Anal, 1993,
36: 1.

第十章 样品制备

X射线荧光法的最大特点是可以直接（非破坏性）分析固体、液体、粉末等各种各样的物料。突出的例子是可以将采集的沙土样品直接放入样品杯中进行测量。沙土中存在各种不同粒径的矿物、石子和有机质，其分析结果必然受采样方法、放入容器中的方式的影响。同时，分析元素的激发和辐射行为会因共存元素的含量及存在形态而发生变化，即会受到基体效应的影响。

X射线荧光法的另一个重要特点是其近表面分析特性。对于低原子序数的元素，穿透深度可能只有几微米。当试样在穿透深度尺度上不均匀时，一方面光谱仪实际分析的部分可能就不代表整个试样。另一方面，重元素的特征X射线波长很短，在物质中的穿透深度较大，当样品厚度不同时，所得到的X射线荧光强度会发生变化。

因此，试样制备要解决的问题就是保证实际被分析的较薄的表层真正代表整个样品，也就是消除试样组成不均匀性、颗粒分布不均匀性或粒度不均匀性，使被测样品转变为适合于XRF测定的形式（形态、形状、分析表面、尺寸），并使测定精密度和准确度达到要求。同时，对于重元素分析，还应保证样品具有足够的厚度。

试样制备是所有X射线测定最终准确度的最重要的影响因素。采用波长色散型X射线荧光光谱仪进行样品分析时，误差的半数以上是因样品制备造成的，这样说一点也不过分。由于X射线荧光分析是非破坏性分析，不同类型的样品有多种制备方法。制备方法的优劣是决定分析精度好坏的重要因素，X射线荧光分析工作者应对此有正确的认识。实际工作中，应根据所接收样品的状态及分析要求（分析元素、精密度、准确度等）确定制样方法。

从本质上说，X射线分析是一种比较分析方法。至关重要的是，所有的标准样品和未知样品能以等同及可重复的方式放入光谱仪进行分析。任何试样制备方法都必须保证制样的可重复性，并在一定的校准范围内，保证所制备出的样品具有相似的物理性质，包括质量吸收系数、密度、粒度、颗粒的均匀性等。试样制备方法要简洁经济、不产生明显的系统误差（比如因稀释剂造成的痕量元素污染）。

X射线荧光法可分析的样品类型多种多样，样品制备方法各异。将所有这些样品的制备方法全部罗列是很困难的。本章介绍样品制备的基本思路，并将几种代表性的制备方法加以归纳，最后介绍几种比较重要领域中的应用实例，供参考。

第一节　制样技术分类

适于 XRF 分析的样品形态有多种，一般来说，接收样品时的形态以及分析所要求的准确度和精密度将决定样品的前处理方法。当然，某些材料可直接进行分析，但多数情况下，要对样品进行某种前处理，使之转化为试样。这一步骤称为样品制备。样品一般可分为三类。

① 经简单前处理，如粉碎、抛光，即可直接分析的样品。均匀的粉末样品、金属块、液体即属于此类样品。

② 需复杂前处理的样品。如不均匀的样品、需基体稀释克服元素间效应的样品、存在粒度效应的样品。

③ 需特殊处理的样品。如限量样品、需预富集或分离的样品、放射性样品。

对于一种样品，可能有多种制备方法可供选择，见图 10-1。分析者一般喜欢直接分析样品，这样可以避免前处理过程中可能出现的样品污染问题。玻璃、陶瓷或塑料的成品可用金刚石刀具或冲孔器切割出适当尺寸的样品；片状的纤维或布匹通常可夹在由两片聚酯薄膜固定的样品池中，或者与掺有树脂的聚合物混合浇铸成块状。可实际上，对于多数分析样品来说，有三个主要的制约因素限制了

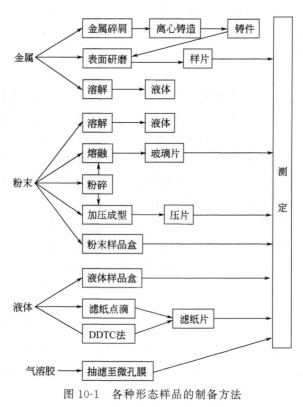

图 10-1　各种形态样品的制备方法

这种理想过程的实现：样品尺寸、样品粒度的均匀性、样品组成的不均匀性。既要样品制备简单又要分析精度高是很困难的，在选择最合适的样品制备方法时，须在制样手续与分析精度之间进行平衡。另外，要选择最适合的样品制备方法，必须对所使用的仪器的性能以及样品的性质有充分的了解。X射线荧光分析制样的理想效果是被分析的试样的体积能够代表整个试样，就是说，被分析的体积本身能够代表送交分析的样品。而且该理想试样在分析之前及分析过程中应保持稳定。

样品制备时的基本要点可归纳为：均匀化处理；同一类物料分析中，标准样品与被测样品要采用相同的制备方法；注意控制污染。在较高精度分析中，还必须注意样品表面状态、样品厚度、样品制备过程等造成的X射线强度的变化（分析误差）等。表10-1是各类样品分析中因样品本身而引起的主要误差来源，制样时需加以注意。

表10-1 试样的状态及主要误差来源

样品状态	固体样品	粉末样品	液体样品
主要误差原因	样品的不均匀性（偏析等） 结构差别 样品表面污染及表面粗糙度 样品表面变质（氧化等）	粒度效应 矿物效应 偏析 样品变化（吸湿、氧化等）	沉淀等造成浓度变化 酸度变化 产生气泡

第二节 分析制样中的一般问题

一、样品的表面状态

X射线荧光分析中，多数样品的分析深度只有几到几十微米。因此，样品表面的状态是造成分析误差的主要原因之一。

图10-2是表面粗糙度和粒度影响的模型。尽管有些夸张，但从中可以看出，当表面粗糙时，来自X射线光管的一次X射线不能均匀地照射在样品表面上，造成样品产生的X射线强度随位置而变化。此外，因表面形状不同而造成的散射也可能会有差别。所以，在不配备样品旋转结构的设备中，因样品放置的方式不同也可能造成很大的强度差别。

对于金属样品，一般采用研磨的方法除去表面的附着物，使表面平整，然后进行测量。研磨面粗糙度的差别也会造成X射线强度的变化。实验表明，表面越平整，X射线强度越高。就是说，即使对同一个样品，表面研磨的程度不同，分析值也会不同。因此，在进行研磨时，样品之间（标准样品、未知样品）的表面粗糙度的一致是很重要的。研磨的程度不必像镜面一样，但经验表明，表面粗糙度越小，校准曲线的准确度越高，重复精度也越高。实际工作中，应根据操作的烦琐程度与分析要求精度两方面的平衡来决定。

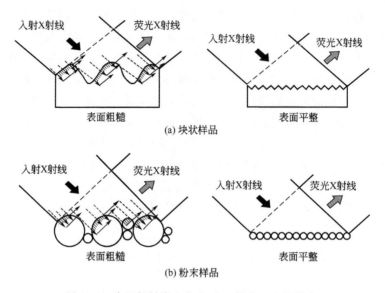

图 10-2　表面粗糙度和粒度对 X 射线强度的影响

二、不均匀性效应

粉末样品分析中，除粒度效应外，还包含矿物效应、偏析等不均匀性效应，这些因素对分析结果的影响很大，在样品制备时需加以注意。岩石、土壤等由不同矿物（颗粒）的混合物组成的粉末样品，由于矿物种类或矿物组合的不均匀性，造成 X 射线吸收系数的差别，称为矿物效应。矿物效应被细分为矿物间效应和矿物学效应。矿物间效应中，分析元素只存在于某一相之中，但两相或多相对于分析线的吸收系数相差很大；此时分析线强度不仅取决于粒度，也取决于两相的吸收系数。矿物学效应中，两相都含有待分析元素，但对分析线的吸收不同。由于矿物效应的影响，不同产地的水泥、铁矿石等样品的校准曲线可能是不同的。图 10-3 的各模型中，成分 A 和 B 的比率是相同的，因此总组成是相同的。可是，成分 B 的 X 射线荧光强度因其颗粒的分布或共存元素的不同，造成吸收系数的差别，从而使测量强度发生变化，这是典型的矿物效应。偏析是元素分布的不均匀性，在分析金属等样品时须注意，在粉末样品中，颗粒分布的不均匀性也是存在的。表面涂层的球状颗粒即是一例。在基本参数法（FP）中，样品均匀是分析的前提。特别是在无标样基本参数法分析表面涂层的颗粒时，很容易产生基体校正误差。在这种情况下，应准备与被测试样性状相同的标准样品，用 FP 法或标准曲线法进行分析。从试样表面至深度方向存在浓度梯度的情况，也要注意。为减小或消除不均匀性效应的影响，一般采用微粉碎或玻璃熔片法。

三、样品粒度与制样压力

粉末样品制备方法一般是微粉碎、压片法。因粉碎条件或压片时的压力不同，会造成 X 射线荧光强度的变化。图 10-4 和图 10-5 是用碳化钨振动磨研磨碳酸岩样

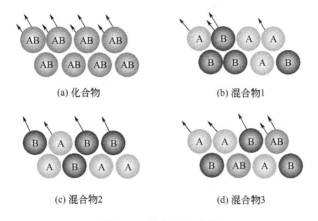

(a) 化合物　　　　(b) 混合物1

(c) 混合物2　　　　(d) 混合物3

图 10-3　矿物效应实例

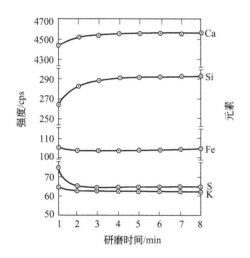

图 10-4　X 射线强度随研磨时间的变化
Wheeler Bradner D Analysis of
Limestones and Dolomites
by X-ray Fluorescence Spectroscopy. The Rigaku
Journal，1999，16（1）：16-25

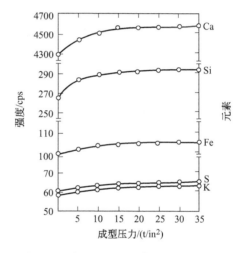

图 10-5　成型压力与 X 射线强度的关系
与图 10-4 引自相同文献，$1t/in^2 = 1.55MPa$

品得到的结果。在使用粉碎机对样品进行粉碎时，因粉碎时间的不同，从粉碎机容器带来的污染也不同，所以，粉碎条件和加压成型条件的统一也很重要。

　　而且，样品制备时的粒度越细，所得到的标准曲线准确度的结果越好。通常，粉末的粒度最好在 300～400 目。判断粒度是否达到要求的简单的方法是用手指搓样品粉末时，没有"沙拉沙拉"的感觉，粉末进入到指纹内。

　　实验表明，不同矿物组成的粉末样品受制样压力的影响是有差别的。因此，应针对分析样品进行研磨和压力实验，确定具体的制样条件。不仅仅是粉末样品和金属样品，一般来说，元素越轻，越易受样品表面的影响。制备试样时，要考虑被测元素和所需的精度。

四、X 射线分析深度与样品厚度

X 射线在物质中的穿透深度与波长有关。波长越短，穿透深度越大。波长相同时，物质的平均原子序数越小（轻元素含量高），穿透深度越大。换句话说，样品所发射的荧光 X 射线的波长越短，样品中的轻元素含量越高，则获得的试样深部的信息就越多。也就意味着，荧光 X 射线的波长越长，所得到的样品表面附近的信息就越多，或仅包含表面附近的信息。也因此，元素越轻越易受到样品表面的影响。

测定短波长 X 射线时，或者分析主成分为轻元素的样品时，如果样品的厚度不够，即使测定组成相同的样品，X 射线强度也会因样品厚度不同而变化。图 10-6 是 Ni 箔样品中 Ni 的荧光 X 射线强度与试样厚度的关系曲线。在组成不变的情况下，X 射线强度不再随样品厚度增加而变化时的厚度称为无限厚。除了薄膜分析之外，易受样品厚度影响的典型分析实例是树脂中重金属元素的分析。

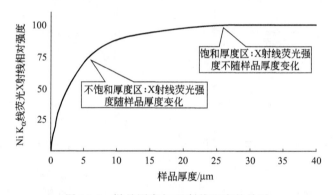

图 10-6　样品厚度与 X 射线强度的关系

在分析树脂中 Cd 时，X 射线强度随样品厚度而变化。将粒状树脂标准样品经热压后制成 2mm 厚的圆片，作为 Cd 分析的标准样品。使用相同的样品，通过改变样品厚度或样品加入量，测定 Cd 的 X 射线强度。结果表明，即使是同一样品，因厚度或加入量的不同，测定强度也会发生很大变化。表 10-2 是以 2mm 厚的圆片标准，得到的不同厚度样品的定量结果。因此，在某些类型的样品分析中，因样品厚度不同所造成的分析误差是相当大的。

表 10-2　样品厚度所造成的分析（相对强度）误差

样品厚度或加入量（状态）	Cd 标准值	分析值（未校正）	分析值（校正后）
1mm（片状）	140	64	147
4mm（片状）	140	253	144
少量（粒状）	140	161	143
大量（粒状）	140	274	139

由于被测样品或元素（谱线）是否受样品厚度影响对样品制备方法及测定条件的确定有很大影响，要进行高精度分析，就应事先对此进行检查。

如果在所使用仪器的软件中包含有用 FP 法计算理论强度的模拟功能，就可以方便地对分析所必需的样品厚度进行计算。或者，也可以通过计算半衰减层厚度作为解决这一问题的方法。半衰减层厚度（$t_{1/2}$）是指 X 射线穿过某物质后，其强度衰减至入射时的一半时所对应的物质的厚度。根据朗伯-比尔定律，半衰减层厚度（cm）可用式（10-1）表示：

$$t_{1/2} = \frac{\ln 2}{\left(\frac{\mu}{\rho}\right)_\lambda \rho} = \frac{0.698}{\left(\frac{\mu}{\rho}\right)_\lambda \rho} \tag{10-1}$$

式中，$(\mu/\rho)_\lambda$ 表示物质对波长 λ 的总质量吸收系数；ρ 为物质的密度，g/cm^3。

利用式（10-1），可根据物质对所测定波长的 X 射线的质量吸收系数及物质的密度计算出半衰减层厚度。样品的厚度可以确定为此半衰减层厚度的 3～4 倍。但是，实际工作中，常常不能得到物质的密度等所需参数。此时，可以做成表10-3 这样的表格，将代表性的物质的半衰减层厚度列于其中，这样就方便多了。使分析不受厚度效应影响的样品厚度值因仪器和测定条件而有所不同，所以最好取表中数值的 3～4 倍。液体样品以 5～10mm 为宜。从表 10-3 可知，对于很多类样品，样品厚度达到几毫米就足够了。

表 10-3　不同物质的半衰减层厚度 $t_{1/2}$　　　单位：mm

波长/10^{-10}m	H_2O	C	Al	Cu	Ag	Pb
0.5(Sn K_α)	11	8	1.1	0.04	0.06	0.01
1.0(Pb L_α)	2	2	0.2	0.03	0.009	
1.5	0.6	0.6	0.06	0.02	0.003	
2.0(Fe K_α)	0.3	0.2	0.03	0.007	0.002	
2.5	0.1	0.1	0.01	0.004		
3.0	0.08	0.08	0.008	0.003		
4.0	0.04	0.03	0.003	0.001		
5.0	0.02	0.02	0.002	0.0007		
6.0	0.01	0.01	0.001			
7.0	0.008	0.007	0.0009			
8.0	0.006	0.005	0.0007			
9.0	0.004	0.004	0.0006			
10.0(Mg K_α)	0.003	0.003	0.0005			
样品实例	溶液	树脂	Al 合金 Mg 合金 岩石 窑业原料	铜合金 不锈钢 铁氧体	焊料 贵金属	
	玻璃熔片	玻璃熔片				

在树脂中重金属元素的分析中，因元素不同，可能需要几厘米的样品厚度。可是，如此厚的样品的制备是不现实的。如果元素含量高，可考虑使用 L 线代替 K 线，或使用 M 线代替 L 线，使用这些长波长谱线可以消除厚度效应。但

是，对于 $\mu g/g$ 级含量的微量元素分析而言，因灵敏度的原因，必须使用短波长的谱线。此时，在制备样品时，就必须使样品的厚度一致。

此外，在树脂分析中，通过校正样品厚度引起的误差进行定量分析的方法已进行了多方面的研究，也有一些报道。可是，实际分析中常常必须校正共存元素的影响。因数学校正也是有误差的，在制备样品时应尽量避免厚度校正，这有利于减小误差。

五、样品的光化学分解

如果 X 射线束本身对试样有影响，要特别注意。举一个简单的例子，在四乙基铅（TEL）中，铅原子与 C_2H_5 基团的配合作用非常弱。用 XRF 分析汽油样品中的 TEL 时，由于光电离作用，弱的配合键断裂，TEL 也就随之分解。另一个例子，用 XRF 分析尼龙中的痕量金属元素时，X 射线束引起的光电离会导致尼龙中大量化学键断裂，以及电离后产生的基团的再结合。其结果是，随着辐照量的增加，尼龙的分子量显著增加，物理性质（延展性等）也随之改变。还必须牢记的是，用 X 射线照射潮湿的样品会产生臭氧（可闻到臭氧味），而臭氧会对试样起氧化作用。

六、其他问题

当样品随时间而产生明显变化时，即便采用相同的样品制备方法，如果从样品制备到测量所经历的时间不同，X 射线强度也会不同，从而造成大的分析误差。比如，生石灰是吸水性很强的物质，如果从粉碎及压片到测定的时间不能保持一致，就会造成大的分析误差。此外，众所周知，锌锭中 Al 和 Mg 的强度在研磨后马上随时间而单调增加（再次研磨后，强度回到原值），从样品制备到测定（样品制备→样品放入光谱仪→进入样品室→抽真空→开始测定）的时间控制是影响分析精度的十分重要的因素。

粉末样品粒度变小后，比表面积增大，易受吸收水分的影响。样品不同，吸湿程度也不同，称量时的误差增大，不可避免地造成分析误差。而且，测定吸湿后的样品时，仪器的真空度受到影响，也可能使 X 射线强度变得不稳定。为此，最好将粉末样品充分干燥后，再进行样品的制备和测定。通常是在干燥箱中，在 105～110℃下干燥 2h。多孔性样品在干燥箱中难以充分干燥，从而在测定时影响仪器的真空度。这种情况下，在真空干燥器中进行干燥效果更好。

干燥后的样品应尽快制备，或保存在干燥器中。如果在制备过程中存在吸湿现象，最好对样品制备室的湿度进行控制。如果是在大气条件下测定，可以在干燥的手套箱中用高分子膜封存在容器中，密闭保存。

样品表面附着有污物时，测定会受影响。特别是测定轻元素时要注意，必须对表面进行擦拭时，通常用乙醇。只是乙醇中含有水，会残留在样品表面。在分析 B～O 元素时，或者是对水敏感的样品时，使用异丙醇。

考古学样品、大型样品、纸张上的覆盖膜、铜板上的表面处理膜等不能进行样品制备的样品，或只能采集一部分进行测定的场合，要注意被测样品或测定部位是否代表总体、表面状态是否会引起结果的差异等问题。如果可以采集样品，可以从一个样品采集多个点；不能采集样品时，测定多个点。此时要注意分析结果是否存在人为的差异。

分析硅片上的薄膜样品时，要注意薄膜的成膜经历。有时，不同的成膜方法会得到不同的 X 射线强度。此外，样品经过淬火与否也会引起 X 射线强度变化。硅片样品因尺寸的不同，厚度也不相同，引起背景强度变化。在使用固定通道的同型仪器时要对此加以注意。再者，有时硅片的结晶质基板会产生 X 射线衍射现象，成为被测元素的干扰线，不同样品基板的晶面方位不同时，衍射线的分布也不同，会使某些元素难以定量分析。

七、试样装入

将所制备的试样正确地放置在试样盒，将盛放了试样的试样盒正确地放置到光谱仪中是很重要的。从图 10-7 可以看出，从 X 射线光管 a 和 b 处出射的 X 射线将穿透至试样的一定深度 c 和 d。从试样 e、f 处出射的射线可通过准直器分别到达 g、h，线对 ac、eg 和 bd、fh 的理想交点应该在试样表面上。可是，由于辐射在试样中有一定的穿透能力，准直器不能接收到被 X 射线光管辐照的所有体积。因此，如果将试样表面逐渐远离 X 射线光管窗口，所观测到的 X 射线强度会越来越小。类似地，当试样表面过于接近 X 射线光管窗口时，也会产生 X 射线强度减小的现象。该现象的总体效果见图 10-8。

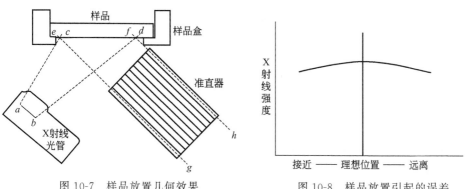

图 10-7　样品放置几何效果　　　　图 10-8　样品放置引起的误差

当试样从过近的位置移至理想位置时，强度增加；当试样从理想位置移至过远位置时，强度会再度减小。试样的位置误差会导致强度误差。试样杯质量差、X 射线光管轴向位置不正确或者试样未正确放入试样杯，均会造成位置误差，后者最为常见。先前分析的试样脱落的颗粒积存在试样杯内沿、试样杯表面凹陷或有深划痕，均是造成后一种误差的原因。

八、污染控制

X射线荧光分析制样过程就是将接收的样品通过适当的方法转化为适合于上机测定的试样的过程。不同的样品及分析要求决定了不同的制样过程。比如岩石样品须经过粗碎、细碎、压片或熔融等步骤，要使用研磨装置、模具或熔剂，也可能会加入黏结剂等。样品制备过程中比较重要的污染来源如下。

① 粉碎、研磨装置构成材料的污染；

② 之前粉碎、研磨的样品的污染；

③ 样品溶解、熔融时所用容器的污染；

④ 样品溶解、熔融时分析元素的挥发；

⑤ 分析室气氛造成的污染；

⑥ 试剂带来的污染；

⑦ 手触摸样品表面造成的污染；

⑧ 样品室中污物；

⑨ 样品盒不干净；

⑩ 与其他样品接触造成的污染；

⑪ 压样机（模具）不干净。

研磨金属时，要使用砂轮、皮带抛光机等。这些过程可能会引入污染，造成分析误差，甚至得出错误的分析结果。表10-4是研磨纯铁后，测定研磨材料中各成分得到的净强度，其中S和P是黏结剂成分，由此可以看出研磨材质对样品表面造成的污染。在选择研磨带时，要根据测定元素选择最适合的材质，特别是分析微量元素时更要注意。

表 10-4　研磨材质造成的表面污染　　　　　单位：kcps

研磨材料	Zr K_α	Al K_α	Si K_α	S K_α	P K_α
Al-Zr	0.8	0.31	0.3	0.13	0.06
ZrO_2	0.5	0.18	0.3	0.16	0.05
Al_2O_3	0	0.13	0.3	0.17	0.03
SiC	0	0	0.9	0.15	0.06

九、测定时须小心的样品

X射线照射时，如果样品成分产生挥发，会使仪器内部被污染，不仅会影响测定，还会使仪器的性能下降。所以，要尽可能避免分析强酸、强碱及低温下易升华的样品。另外，含Cl、P、S高的粉末、橡胶等样品，经长时间测定后，因样品发热会造成飞散现象（因化合物的种类不同，差异很大。比如NaCl经长时间测定也不会变化，而测定氯乙烯中的氯时，强度会降低，说明有氯挥发掉），特别是在使用高功率X射线光管的仪器时，要注意以下几点：①避免长时间测定；②降低管电流；③用高分子膜将样品表面保护起来。对波长色散型X荧光光谱仪的分光晶体产生影响的物质见表 10-5。

表 10-5　对波长色散型 X 荧光光谱仪的分光晶体产生影响的物质

项目	物质名称	分 子 式	项目	物质名称	分 子 式
对晶体表面有侵蚀作用的物质	硬脂酸	$CH_3(CH_2)_{16}COOH$	对晶体表面影响不明显的物质	丁二酸	$HOOCC_2H_4COOH$
	水杨酸	HOC_6H_4COOH		氢醌	$C_6H_4(OH)_2$
	尿素	H_2NCONH_2		间苯二酚	$C_6H_4(OH)_2$
	磷酸氢钾	K_2HPO_4		柠檬酸	$C(OH)(COOH)(CH_2COOH)_2$
	三水磷酸氢钾	$K_2HPO_4 \cdot 3H_2O$		乙酰苯胺	$C_6H_5NHCOCH_3$
	磷酸钾	K_3PO_4		无水邻苯二甲酸酐	$C_6H_4(CO)_2O$
	三水磷酸钾	$K_3PO_4 \cdot 3H_2O$		过硫酸钾	$K_2S_2O_8$
	安息香酸	C_6H_5COOH		焦硫酸钾	$K_2S_2O_7$
	己二酸	$(CH_2)_4(COOH)_2$		焦亚硫酸钾	$K_2S_2O_5$
	乙二酸	$HOOCCOOH$		亚硫酸钾	$K_2SO_3 \cdot 2H_2O$
				偏磷酸钾	$(KPO_3)n$
				磷酸二氢钾	KH_2PO_4
				焦磷酸钾	$K_4P_2O_7$
				四硼酸钾	$K_2B_4O_7 \cdot 4H_2O$
				硝酸钾	KNO_3
				亚硝酸钾	KNO_2
				对苯二甲酸	$C_6H_4(COOH)_2$
				酒石酸	$[COOHCH(OH)]_2$

第三节　金属样品的制备

一、取样

与其他材料的分析类似，在金属分析中，每个分析人员的直接分析责任始于取样。在取样阶段，必须注意许多问题，比如，整个取样方法是否准确？取样深度应该是多少？在诸多取样模型中，应该选择哪一个？为什么？样品的形状、尺寸和厚度正确与否？在何种情况下试样及其表面可以被接受或者反之？为加快速度，样品表面制备的质量可以做多大的让步？样品是否具有代表性？参与分析的少量试样能否代表成吨的金属？对于炉前分析，金属的采样方法是用长柄勺舀取，倒入模具中固化（浇铸）。尽管有时也采用将模具直接浸没在熔融金属中的方法制备样品，但浇铸法是最广为使用的分析样品制备手续。浇铸的结果是，固体试样随模具类型或浇铸过程的不同而具有特定的形状及微观和宏观结构。当合金固化时，所形成的固体的组成通常与用来浇铸的液体不同，此外，所形成的固体带有某种结构。

二、金属样品的制备方法

块状、板状的金属样品一般采用研磨、抛光的方法进行制备（图 10-9）。研磨钢铁等硬质金属时，采用研磨带（皮带抛光机，60～240 号）、砂轮机（36～80

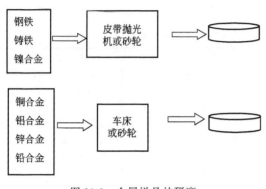

图 10-9　金属样品的研磨

号）。在使用研磨带或砂轮的场合，连续研磨多个样品后，研磨粒子的粒度发生变化，使不同样品的研磨效果不同。因此，在研磨一定数目的样品后，要更换研磨带，或对其进行修理。此外，在研磨不同品种的样品时，要注意样品之间的污染。还要注意研磨剂颗粒、研磨带黏结剂（含碳）造成的污染。对于铝合金、铜合金等软质金属，如果使用研磨带，会使杂质进入到样品中或引起表面钝化，所以应使用车床。也可以使用砂纸，但与使用研磨带或砂轮的情况类似，要注意不同样品研磨效果的差异，以及砂纸带来的污染。贵金属、焊料等可以用加压成型的方法制备测量面。金属片、金属屑等样品可以采用重熔后离心铸造的方法，经研磨后，可与块状样品同样的方式进行测定。代表性的金属样品的表面处理方法见表 10-6。

表 10-6　金属样品的表面处理方法

样品种类	条件	研磨方法	研磨-分析中的注意事项	备注
钢铁	普通碳分析	用皮带抛光机（60～240 号）研磨，一般使用 80 号氧化铝，表面用乙醇擦拭使用"36～80 号"砂轮（白刚玉类磨料）	对新品砂带要进行训练，确认研磨个数（粗糙度变化）。为防砂带污染，分析铝用碳化硅（金刚砂）磨料，分析硅用刚玉类磨料。对磷、硫的污染也应注意要修整磨石表面使其表面露出。试样表面不能过烧，勿用溶剂擦拭分析面,勿用手触摸分析面	砂带抛光机使用简便,应用很广白口化铸铁样品用砂轮机最合适
铜合金	普通	用车床对表面进行精加工（10μm 以下）	为使加工良好、防止油污,可往车刀刀头边加甲苯边开车,并注意别在中心部位留下突头	适于磨光锌合金、铅合金等硬度低、带黏性的样品
铝合金	普通 Si 含量 4% 以上	用车床对表面进行精加工（10μm 以下）用锉刀或砂轮将表面稍稍打粗一些	注意事项同上。对含铜、锌 2% 左右的样品要注意与其他样品的表面加工的差异硅呈粒状和岛状,研磨时要特别注意别让硅粒脱落	
贵金属	金等	有时也要抛光,但多半将切断面或成品加压成型制成平面,表面用溶剂洗净	薄样品用手一按,表面往往变得凹凸不平	可应用于软样,硬样用车床车光

第四节　粉末样品的制备

对于粉末粒度大、存在矿物效应（不均匀性效应）影响的样品，首先要进行

126

粉碎。在粉碎之前，最好将样品干燥。

为使各试样具有相同的粒度，用自动碎样机（振动磨或自动玛瑙钵）进行粉碎。还有一种常用的研磨装置是盘磨（disk mill），该装置由一系列同心环加内部固体盘组成，研磨时固体盘会前后剧烈振动，所制成的样品颗粒小而均匀。样品容器可以是氧化铝、硬质钢、玛瑙或碳化钨制成，选材时可根据粉碎时间或样品的硬度而定。这些装置的效率很高，比如用盘磨可在几分钟内将试样颗粒磨至325目以下。不足的是，容器的材质会造成一定的污染，在测定微量元素时，应避免使用含有被测元素的容器。在用钢制颚式破碎机对样品粗碎时，也可能会引入污染。比如，粉碎石英岩鹅卵石（95% SiO_2，5% Al_2O_3）时，会出现来自破碎机的铁、锰、钴和铬的污染。

用振动磨粉碎时的时间因样品而异，为减少样品发热（比如样品中含有金属时）或污染，最好控制在 0.5～5min。

粉碎样品时，还要注意样品之间的相互污染。为此，应从浓度低的样品开始制备。样品在粉碎容器上黏附很牢，或前后粉碎的样品品种不同时，为避免相互污染，可以先取一部分样品，粉碎后弃去，清洗粉碎容器后再行粉碎。易黏附在容器的或易受热影响的样品，可以加入研磨助剂，加入量以浸湿样品为宜。这种湿法粉碎增加了样品在磨器中的流动性，抑制了发热现象，从而使粉碎效果改善，同时也抑制了发热对样品的影响。粉碎后，要对样品进行充分干燥。

经充分粉碎后的粉末样品的代表性的制样方法是粉末压片法、玻璃熔片法和松散粉末法。

一、粉末压片法

粒度效应可忽略时，粉末试样的最简单快捷的制备方法是直接压制成一定密度的样片，压制时可视情况添加或不添加黏结剂（图 10-10），制样操作非常简单、快速。这种方法的自动化程度低，一般是采用手动压片机，在平板式压模（压环法，见图 10-11）或圆柱式压模（见图 10-12）中压制样片。

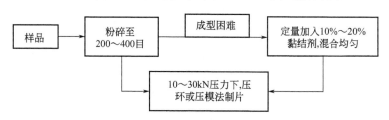

图 10-10　粉末压片法中的样品制备

实践中，有些材料很软并且均匀，可以不经粉碎直接压片分析。许多医药产品即可用此技术直接分析，但有时需加入少量的纤维素作为黏结剂。一般而言，样品都太硬且不够均匀，需想办法减小样品粒度至可接受的尺度，并仔细混匀后

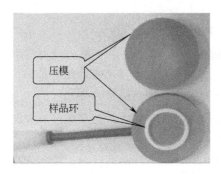

图 10-11　平板式压模

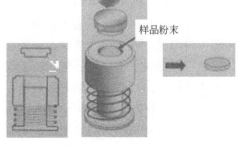

图 10-12　圆柱式压模

压制。

1. 压环法

在压环法中，一般采用铝环或 PVC（聚氯乙烯）环盛放样品，其中 PVC 环使用比较广泛，适合于多种类型的样品。但对有些样品，在压制后压环会反弹（样品表面与压环表面出现高差）。这种高差会造成 X 射线强度的变化，在定性分析中虽然不会带来问题；但在定量分析中，因对分析精度要求高，最好使用铝环。PVC 环本身几乎不会带来污染，测定后的样品可以回收再利用。铝环会带来铝的污染，对需回收的样品使用时要加以注意。

在压环法中，如果压片直径为 30mm，则样品用量在 3～5g。如果压片直径不同，则应根据直径大小称取相应量的样品。如果压制后，出现样品从压环中脱落的现象，可以改用铝环或铁环。如果颗粒过细，成型后的表面易出现高差，不能使用。在炉渣和烧结物分析中应用很好的一种制备方法是将样品放在铅环或 O 形橡胶圈中，用平板式压模压制。

2. 直接压制法

自成型性能好的粉末样品，可直接放入圆柱式压模中压制，其优点是易于固定样品的使用量，可以克服样品厚度的影响。不使用压环、衬里、黏结剂等，无消耗、无试剂或衬里材料的沾污。注意不要使其边缘受损。考虑到压片后模具清洗问题，在制备大量样品时，压环法的可操作性更好。

压片时，如果直接将压力升高到目标值，在退模后常常出现样片破裂现象。这是因为粉末中残存的空气减压膨胀造成的。避免这种现象出现的方法是采用逐步施压、反复放压，使空气释放后，再增压到目标值。另外，压片中的颗粒是靠相互的摩擦保持为一个整体。球粒状的颗粒（SiO_2 粉末、灼烧残留物等）常常出现成型困难的情况。这种情况在镶边法和样品杯法中也可能出现。

直接压制法的一个问题是对模具的加工质量要求高。样品粉末易进入到模具的缝隙中，造成退模困难。特别是压制粒度很细的样品时，常常会因退模问题使制样操作失败。另一个问题是压制过程中的模具清洗比较费时。

3. 镶边（衬里）法和样品杯法

在地质样品分析方面，国内普遍采用的是低压聚乙烯或硼酸镶边-衬底技术。即在压制样品时，在圆柱式压模内嵌入一个带三个定位楞的圆筒，筒内装入样品，整平后，在其上方及压模与圆筒之间的缝隙加镶边物

图 10-13　带定位圆筒的圆柱式压模

料，取出定位圆筒后压制（见图 10-13）。相对于直接在压模中装入样品的压制方法，镶边法的优点是压模的清洗简单、样片牢固、对模具的加工精度要求也较低。但对于穿透深度大的短波 X 射线，要注意镶边物料的杂质干扰。另一种类似的方法是将加工好的铝环放入到圆柱形模具中，在铝环内加入样品压制，这样制备出的样片也很坚固。

使用模具或直接在样品环中压制时，如果压力高，当压力从模具退去时，样片常常会产生裂痕。裂痕产生的原因是在高压下模具有轻微的变形。如果将粉末放入在高压下产生不可逆形变的模型中压制，就可避免裂痕。

4. 加入黏结剂压制

在无法制成成型好的样片时，可定量加入 10％～20％的黏结剂（如甲基纤维素粉末、乙基纤维素、聚乙烯、硬脂酸、硼酸、聚苯乙烯等树脂类粉末、淀粉、乙醇、尿素或聚乙烯醇水溶液等），混合后加压成型。在进行混合时，要注意样品与黏结剂粒度的差别，最好用粉样机边粉碎边混合。用黏结剂后，样片结实、稳定、易保存，但也可能使分析误差加大，在称量、混合时要按规程正确进行。另外，黏结剂中的杂质可能会影响微量元素的分析。应事先对所使用的黏结剂中的杂质元素及含量水平进行检查。此外，在与黏结剂进行混合时，混合比不要超过 1∶10（比如 1∶20），混合比超过 1∶10 后，不易混合均匀，造成不均匀效应影响。用试剂配制低浓度标准样品时，应采取与溶液稀释类似的方式，逐级稀释。在配制微量元素样品时，宜采用原子吸收标准溶液。方法：向准确称取的粉末样品中，定量加入含量已知的标准溶液，再向其中加入蒸馏水，使全部粉末均被溶液浸湿，搅拌均匀后干燥。在压制前，尽可能进行粉碎处理。

在选择黏结剂时需加倍小心。黏结剂除了要有良好的自成型特性外，还应该不含污染元素和干扰元素，且质量吸收系数必须低（除非需要人为增加基体的质量吸收系数）。黏结剂在真空和辐照条件下还必须稳定。黏结剂的加入必然会降低总基体吸收，因此用一定量的黏结剂稀释样品并不一定会使某种元素的灵敏度按被稀释的倍数降低。常常是按试样体积添加 1～2 份精心选择的黏结剂对中等平均原子序数的基体的吸收影响很小或没有影响，但却会明显降低样品的平均原子序数，使样品的散射能力增加，从而增加背景辐射。对于波长小于 0.1nm 而含量低的元素，背景增加造成的影响是很严重的，因为在波长小于 0.1nm 的波段，背景扣除很困难。为此，最好用尽可能少的黏结剂与试样混合，用适当量的

黏结剂作为样品的衬底，以增加样片的强度。当样品量很少，不能压制出具有足够机械强度的样片时，也可采用衬底技术。必要时，在样片压制好后，用 1‰ Formvar（聚乙烯醇缩甲醛和氯醋树脂、聚乙烯醇三元共聚物的一系列产品）的三氯甲烷溶液喷洒在样片上，可以进一步增加样片的稳定性。

一般来说，如果粉末颗粒的直径小于 $50\mu m$（300 目），样品通常应在 23.25～31MPa 的压力下压制。自成型特性好的粉末或许在 3.1～7.75MPa 的压力下压制即可，而自成型特性很差的粉末则需要使用黏结剂。

在压片时，样品之间可能会造成相互污染。为此，最好先制备浓度低的样品。当样品易黏附在模具上时，如果采用的是压环法，可在压模与样品之间放一层高分子膜，即可解决这一问题。

二、玻璃熔片法

1. 玻璃熔片法及其优点

如前所述，不均匀性和粒度效应可以通过研磨和高压制饼（样片）降低。但由于特殊基体中的较硬的化合物不能被破坏，这两种效应常常不能被完全消除。在以硅酸化合物为主的炉渣、烧结物和某些矿物等特定类型材料的分析中，这种效应会导致系统误差。

玻璃熔片法是将样品与熔剂（四硼酸锂等）、脱模剂、氧化剂一起放在适当的坩埚中，在 1000～1250℃温度下熔融、混匀，快速冷却后，制成玻璃片。也就是说玻璃熔片法是以高温下的化学分解反应为基础的，而为了得到均匀的固态玻璃体，则需控制熔融物冷却过程中的相变过程。以硼酸盐为例，熔融状态下的化学反应将样品中的各相转化为玻璃态的硼酸盐（有关硼砂熔融法的详细原理，请参见有关文献）。比如，用四硼酸钠（或四硼酸锂）熔剂可以得到样品元素的玻璃态硼酸盐，但所经过的化学反应的步骤可能相当多。例如，二价金属氧化物 MO 可能会生成多种反应产物。最终反应产物的分布在很大程度上取决于反应温度以及初始样品与硼砂的质量比。重要的是要避免该反应系统玻璃区以外的产物的形成，只要参照适当的相图，就基本可避免这一问题。许多相图可以在文献中找到，特别是硼酸锂系统的相图。

$$Na_2B_4O_7 \longrightarrow 2NaBO_2（偏硼酸盐）+B_2O_3$$
$$NaBO_2+MO \longrightarrow NaMBO_3（硼酸盐）$$
$$B_2O_3+MO \longrightarrow M(BO_2)_2（金属偏硼酸盐）$$
$$M(BO_2)_2+2NaBO_2 \longrightarrow Na_2M(BO_2)_4（复合硼酸盐）$$

实际上，熔融的目的有两个，一是使样品中的化合物与混合熔剂完全反应形成真溶液；二是使熔体冷却形成固态玻璃体（即完全非晶质），得到均匀、可控制尺寸的玻璃片，可直接放入光谱仪进行测量。实现这两个目标，即可以赋予玻璃熔片法以下优点：①消除了矿物效应、粒度效应等造成的不均匀性效应；②因熔剂的稀释作用，共存元素效应减小；③可使用试剂配制标准样品；④分析主成分元素时的样品用量小（1g 以下）；⑤使高精度的分析成为可能。这种方法多用于氧化物粉末，主要用于波长色散 X 荧光光谱定量分析中。

2. 熔剂的选择

（1）硼酸盐类熔剂　制备均匀粉末样品的最有效方法应是硼酸盐熔融法。该方法由 Claisse 于 1957 年首先提出。该法是将样品与过量的钠或锂的四硼酸盐熔融后，浇铸成固体玻璃片。Classie 最早提出的四硼酸钠与样品的比例为100∶1。后来有许多对其原始方法的改良，其中最重要的是采用四硼酸锂取代原来的钠盐。1962 年 Rose 等建议采用 4 份四硼酸锂和 1 份样品（4∶1），还建议采用氧化镧作为重吸收剂。几年后，Norrish 和 Hutton 指出，全岩样品分析的理想比例为 5.4∶1，同时加入碳酸锂降低熔融温度。四硼酸锂的优点是其平均原子序数低于相应的钠盐，并且如果与碳酸锂一起使用，会形成一种共熔混合物，在 6∶1 的比例时，其熔点低于硼砂。碳酸锂有些吸潮，预熔后的四硼酸锂-碳酸锂混合物应保存在密闭的瓶中。由于吸潮是一个很快的过程，在分析经熔融、研磨后压成的样片时，也要注意吸潮问题。对放置在潮湿实验室中仅 24h 的样片的 XRD 分析表明，其表面存在 $Li_2CO_3 \cdot H_2O$。Bower 和 Valentine 发表了关于全岩分析各种制样技术的评论文章，并将所得到的结果与压片法进行了比较。需指出的是，熔融法稀释了样品，使痕量元素的分析变得困难。

由于 $Li_2B_4O_7$ 和 $Na_2B_4O_7$ 在高温时（1100～1200℃）几乎是万能的熔剂，因此在比较这两种熔剂时，很难得到一般性的规律。但 $Na_2B_4O_7$ 熔剂的黏度高，易"润湿"坩埚，黏附在坩埚上，必须经常清洗坩埚。另外，用 $Na_2B_4O_7$ 制备的样片吸水性很强，不易保存。特别是对于标准样片而言，因长期保存困难，显然不如用 $Li_2B_4O_7$ 熔剂好。另外，锂的硼酸盐熔体的流动性比钠的硼酸盐要好，有利于混匀。从分析的角度考虑，在分析轻元素时，肯定是采用 $Li_2B_4O_7$ 比 $Na_2B_4O_7$ 为好。熔剂中加入 Li_2CO_3 或 LiF 可分别增加熔剂的碱性或酸性，降低熔点，加快反应速率，加大熔体的流动性。对于用纯 $Li_2B_4O_7$ 难以熔解的化合物，如锡石（SnO_2）、硅锌矿（Zn_2SiO_4），可以用 $Na_2B_4O_7$ 和 $NaNO_3$ 的混合物作为熔剂。

最近，针对不同样品类型，采用不同混合比的偏硼酸锂与四硼酸锂混合熔剂十分受欢迎。除了熔点方面的考虑之外，主要是这两种熔剂的酸碱性不同，从而使不同样品在高温熔融状态下的溶解度产生明显差异。混合熔剂的应用实例见表 10-7。

① $LiBO_2$ 可看作是 Li_2O-B_2O_3，在酸性氧化物（SiO_2）存在时，这种熔剂能像 Li_2O 一样发生反应，而多余的 B_2O_3 能有效地形成 Li_2O-B_2O_3。$LiBO_2$ 的另一个优点是所形成的熔融玻璃体的流动性好。

② $Li_2B_4O_7$ 可看作是硼的氧化物的主要来源，能与碱性氧化物（如 K_2O、

CaO）反应，形成偏硼酸盐和 Li_2O。Al_2O_3 之类的氧化物与 B_2O_3 的反应比与 Li_2O 更容易。因为，虽然它们是两性氧化物，但作为碱性氧化物时比作为酸性氧化物时反应活性更强。对于含有大量碱性氧化物的样品，如碳酸岩样品则推荐使用 $Li_2B_4O_7$。

③ 以 SiO_2 和 Al_2O_3 为主成分的试样，建议用 4 份 $LiBO_2$ 和 1 份 $Li_2B_4O_7$ 作为通用的熔剂与 1 份试样混合。

④ 对于难熔的含铬耐火材料，建议用 1 份样品＋10 份偏硼酸盐＋12.5 份四硼酸盐。

尽管硼酸盐类熔剂广泛使用，但其铸模需缓慢冷却，以避免因残余热弹性张力使样片破裂。因此所制成的样片有时不是真正的玻璃体，而有可能是大量直径为 1～3mm 的玻璃珠的混合体，测量时因玻璃珠表面散射 X 射线而引入误差。可采用熔片粉末的 XRD 谱检查熔片的均匀性，如果观测不到衍射线，即表明熔片是均匀的。在熔片制备中遇到的许多问题和失败，都是因为对熔融过程中发生的化学反应不了解所造成的。

表 10-7　混合熔剂的应用实例

样　品	熔剂（比例）	样品/熔剂	熔融时间/min	脱模剂
汽车催化剂	LiT/LiM(50/50)	1：6	8	＋
沸石	LiT/LiM(50/50)	1：6	8	＋
FeSi 合金	LiT	1：15	15	＋
AlF_3	LiT/LiM(35/65)	1：3	5	
水泥	LiT/LiM(67/33)	1：6	8	＋
陶瓷	LiT/LiM(50/50)	1：6	8	＋
玻璃	LiT/LiM(50/50)	1：6	8	＋
土壤	LiT/LiM(33/67)	1：3	5	＋
铝土矿	LiT/LiM(50/50)	1：6	8	＋
金属铝	LiT/LiM(50/50)	1：10	15	＋
铁、钢	LiT/LiM(50/50)	1：10	15	＋
铜	LiT/LiM(67/33)	1：20	15	＋
闪锌矿	LiT/LiM(50/50)	1：12	15	＋

注：LiT 表示四硼酸锂；LiM 表示偏硼酸锂。摘自 http：//www.claisse.com/en/fusion/preparation-xrf.asp。

（2）磷酸盐类熔剂　磷酸盐类熔剂，比如 $LiPO_3$＋各种添加剂、$NaPO_3$ 和焦磷酸钠等使用较少。但这类熔剂中的磷与试样中的过渡金属形成络合物，反应活性强。实验表明，由 $LiPO_3$ 熔剂熔解氧化物样品得到的玻璃片均匀、无需长时间退火或机械加工。而且样片可长时间使用（将样品保存在有氧化磷的干燥器中，可使用 18 个月以上）。对于含铬矿石和铬镁耐火材料等极难熔解的样品，用六偏磷酸钠 $[(NaPO_3)_6]$ 熔解毫无问题，而且熔融温度较低。$LiPO_3$ 熔剂的应用实例见表 10-8。

表 10-8　LiPO₃ 熔剂的应用实例

样　品	熔　剂	样品/熔剂	温度/℃
$YBa_2Cu_3O_x$	$LiPO_3$	1:2	780
$Bi_{0.7}Pb_{0.3}SrCaCu_2O_x$	90% $LiPO_3$+10% Li_2CO_3	1:2	850
$LiNbO_3$	$LiPO_3$	1:3	800
$CdWO_4$	$LiPO_3$	1:10	850
α-Al_2O_3	90% $LiPO_3$+10% Li_2CO_3	1:10	900
γ-Al_2O_3	$LiPO_3$	1:20	850
$SrTiO_3$	90% $LiPO_3$+10% Li_2CO_3	1:10	900
$La_3Ga_5SiO_{14}$	80% $LiPO_3$+20% Li_2CO_3	1:20	950
La_2O_3	90% $LiPO_3$+10% Li_2CO_3	1:25	950
Gd_2SiO_5	90% $LiPO_3$+10% Li_2CO_3	1:30	950
SiO_2	70% $LiPO_3$+30% Li_2CO_3	1:30	900
Ta_2O_3	70% $LiPO_3$+30% Li_2CO_3	1:40	900
$SrTiO_3$	80% $LiPO_3$+20% Li_2CO_3	1:10	900
ZrO_2	80% $LiPO_3$+20% Li_2CO_3	1:10	900

（3）其他熔剂　也有人采用碳酸钠、硫酸氢钠和硫酸氢钾加（或不加）氟化钠、偏磷酸铵作为熔剂，熔融后粉碎压片或溶解于水中进行分析。表 10-9 是各种不同熔剂的比较。

表 10-9　不同熔剂的比较

熔剂类型	熔剂组成	特性	应　用
偏硼酸锂	$LiBO_2$ 或 $LiBO_2$+$Li_2B_4O_7$(4:1)	力学性能好,对 X 射线的吸收弱	酸性氧化物(SiO_2,TiO_2)、硅铝质耐火材料
四硼酸锂	$Li_2B_4O_7$	熔片易破裂,对 X 射线的吸收弱	碱性氧化物(Al_2O_3);金属氧化物;碱金属、碱土金属氧化物;碳酸岩;水泥
碳酸钠、碳酸钾及其混合物	Na_2CO_3、K_2CO_3	不适合制备玻璃片	硅酸盐
硫酸氢钠焦硫酸钠	$NaHSO_4$、$Na_2S_2O_7$		非硅酸盐矿物(铬铁矿、钛铁矿)
四硼酸钠	$Na_2B_4O_7$	熔体黏度大,熔片易吸湿	金属氧化物;岩石;耐火材料;铝土矿
偏磷酸钠	$NaPO_3$		各种氧化物(MgO,Cr_2O_3)

3. 熔样坩埚的选择及使用

熔融混合物的实际熔融反应在 800~1000℃ 的坩埚（如铂、镍或石英坩埚）中进行，这些坩埚材料均有各自的优点，但都存在熔体润湿坩埚壁的缺点，不能将熔融化合物完全回收。石墨坩埚可在一定程度上克服此问题。避免此问题的最好方式可能是采用95％铂＋5％金制成的坩埚。该合金几乎完全不被硼酸盐的熔融化合物润湿，避免了化合物的损失，而且坩埚的清洗容易得多。

133

Pt 95%-Au 5%坩埚长期连续使用时，其内表面会变粗糙，这不仅会使熔片的表面变粗糙，而且使熔融时形成的气泡不易赶尽，还会使熔片不易脱模。因此，坩埚要定期抛光，必要时重新加工。金属、有机碳、硫化物等含量高的样品会与坩埚反应，损伤坩埚；在含量不是很高时，可在熔融时加入氧化剂（硝酸锂、硝酸铵等）进行熔融制片。如果熔融时不加入氧化剂，金属总成分按质量分数计应在 0.1%以下，S 应在 0.5%以下，C 应在 0.1%以下。如果可能，应事先灼烧处理。

在使用 Pt 95%-Au 5%坩埚时，应严格遵守铂器皿的实验室使用规定。

4. 熔融辅助试剂

有些样品中含有还原性物质，有的易挥发损失，有的会对熔样坩埚造成腐蚀，需加入氧化剂。加入的氧化剂可以是 BaO_2、CeO_2、KNO_3、$LiNO_3$、NH_4NO_3、$NaNO_3$ 等，可根据分析样品和分析元素的种类进行选择。但是，石墨坩埚总是给出还原性条件，不适合于需添加氧化剂的材料熔融。有些元素，如碱土金属，会使玻璃体的稳定性降低、变脆，甚至破裂。加入玻璃化试剂（SiO_2，Al_2O_3，GeO_2 等）可以解决这一问题。加入氟化物（KF，NaF，LiF）可明显提高玻璃体的透明度，增加熔体的流动性。

当玻璃体不易脱模时，可加入脱模剂（非浸润试剂）。脱模剂一般使用碱金属的卤化物（KI、NaBr、LiF、CsI、LiI 等），最常用的是 LiI 或 LiBr。由于脱模剂会促进玻璃体产生结晶或使玻璃体在浇铸时形成球状，而难以展开或充满铸模，所以其用量不能太多。可以直接加入粉末，但由于这类试剂的吸湿性高，事先配制成一定浓度的水溶液比较方便。平时避光保存，使用时用微量移液器定量加入。LiBr 的脱模效果好。但不论使用何种脱模剂，加入量太大时，都会使制成的玻璃片变形，有时会成为月牙形。另外，脱模剂中的 I 和 Br 会有一部分残留在熔片中。I $L_{β_2}$ 线与 Ti $K_α$ 线、Br $L_α$ 线与 Al $K_α$ 线的波长接近，存在谱线重叠干扰，须注意脱模剂的添加量。玻璃片不易从坩埚中剥离时，加入的脱模剂量就要大些，必然会造成谱线重叠干扰，测定时须进行重叠校正。

5. 玻璃熔片法的误差控制

玻璃熔片法制样的目的是进行高准确度分析，样品与熔剂的称量误差应控制在 0.1mg，标准样品和未知样品要按固定的稀释率（样品与熔剂比例）制备。样品、熔剂的总量应为 5g 左右，应根据坩埚的大小确定。样品和熔剂的总量太少时，熔片易形成月牙形而不是圆形；或者因熔片太薄，使重元素（波长短的元素）受厚度效应影响。因为熔片的厚度并不是必须一致，在熔片薄时可选择波长长的分析线。熔剂的批次不同时，吸湿量及纯度也不相同，玻璃熔片法采用无水熔剂为好。标准样品和未知样品最好采用同一批次的熔剂制备。可能的话，熔剂在使用前进行灼烧处理，比如四硼酸锂在 650~700℃ 条件下灼烧 4h，在干燥器中冷却后再使用。

样品制备的基本要求是条件一致，因此在制备熔片时，必须对熔融温度和时间进行控制。虽然用喷灯也可以，但还是用熔片机更好，这样可以预设熔样温度、熔融时间，使熔片在固定条件下制备。熔片易被湿气侵蚀，要保存在干燥器中。操作中还要注意不要被熔片的边缘划伤手指。

有些特殊样品，比如明矾[分子式为 $KAl_3(SO_4)_2(OH)_6$]，即使在 1000℃下短暂熔融也会挥发。全岩分析中，为避免碱金属和硫酸盐的挥发，温度要控制在（1000±25）℃。Baker 指出，用含 1 份偏硼酸锂加 2 份四硼酸锂的混合熔剂，在 10∶1 稀释比下可以很好地将硫酸盐保留在熔体中。对于硫化物，用 19.6% 的硝酸锂加 80.4% 的四硼酸锂的混合熔剂（稀释比为 10∶1），可以定量地将硫化物形态的硫保留在熔体中。

铁含量高的样品的黏度高，需多加脱模剂才能倾倒出来。可以用高强度的灯（比如光纤显微镜照明灯）来检查色深、富铁的固体玻璃片的均匀性。有时会看到未完全熔解的、混合得不好的样品颗粒的斑点。为了完全熔解并混匀这类样品，需要更长的时间和更高的温度。

与溶液法类似，所有的熔片技术都有高倍稀释和增加散射背景的缺点。用少量熔剂、配合使用高吸收氧化物（如氧化镧），可以减小稀释率，并达到克服基体效应的效果，从而使标准和样品的基体吸收趋于稳定，而不会使基体散射明显增加。较之液体溶液法，固体溶液法的最大优点是不需要样品盒覆盖膜，且可在真空下测量。针对因稀释作用造成的灵敏度下降问题，近年来也有人采用样品与熔剂 1∶2 的低稀释率玻璃熔片法，以提高微量元素的分析精度。

6. 熔样设备的选择

应用于制备玻璃熔片的设备主要有电热型、燃气型和高频感应型三种。

电热型采用马弗炉的温控原理，温控精度高，可以保证长时间的熔样条件的一致性。一般可同时熔融 4～6 个样品，速度快、熔样效果好；缺点是在取放样品时，对操作者有一些热辐射。

燃气型一般采用丙烷气体火焰加热样品，可同时熔融 4～6 个样品，速度较快。也可在不同的燃烧头上控制不同的温度，通过人为方式移动样品，实现逐级加热，对须预氧化的样品很有利。其缺陷是温度控制稍差，也不能直观地得到熔样温度。另外，因需要特殊的燃气，存在供应及安全问题。

高频感应型的操作比较简单，具有"按键开始"的特点。热源比较集中，对操作者的热辐射小。可通过程序对样品逐级升温，实现预氧化处理。温度控制采用间接方式，坩埚温度受其感应圈中的相对位置影响大。由于是靠坩埚底部加热样品，熔体的温度很不均匀。高频辐射对操作者健康有一定的负面影响。此外，需配套使用水冷装置。

近年来，国内先后出现了多个品牌的熔样设备，主要有电热型和高频感应型两种类型，其性能基本上可以与国外进口设备相媲美。使用者可根据实际分析制样要求（样品数量、样品类型、对熔样条件控制要求等）进行选择。

三、松散粉末法

松散粉末法是将样品放在适当的容器内直接测定的方法。在压片不易成型或希望回收样品时，可以采用这种方法。与压片法和玻璃熔片法相比，其制样重复性往往较差。在用于定量分析时，应采用同一个样品制备多个重份试样，确定样品制备的精密度。此外，松散粉末法都是用高分子膜作为分析窗口，高分子膜对轻元素的 X 射线吸收很大，造成 X 射线强度的大幅度衰减。在需要做高精度的定量分析或轻元素分析时，还是应该首先考虑使用压片法或玻璃熔片法。

市场上有各种类型和厚度的高分子膜，选用时要根据所使用的仪器和分析元素而定。图 10-14 是 X 射线在各种不同高分子膜中的透过率。比 CuK_α 线波长短的 X 射线基本上不受膜吸收的影响。

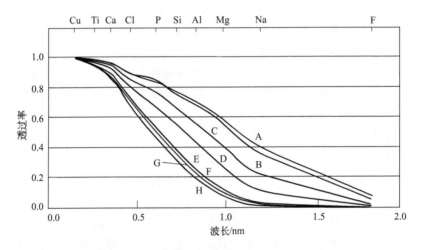

图 10-14　X 射线在各种高分子膜中的透过率

A—1.5μm 超聚酯；B—4μm 聚丙烯纤维；C—2.5μm 聚酯；D—6μm 聚丙烯；

E—5μm 聚碳酸酯；F—6μm 聚酯；G—另一 6μm 聚酯；H—7.5μm 聚酰亚胺

粉末样品直接分析的最主要问题是其局部的不均匀性和制样的重复性问题。如前所述，X 射线在试样中的实际穿透深度一般都非常小，轻元素的实际采样深度常常在几微米的范围。当试样在穿透深度尺度上为不均匀时，光谱仪实际分析的部分可能就不代表整个试样。

在直接用粉末法不能压制成样片时，是选择添加黏结剂压制样片的方法，还是选择松散粉末法？图 10-15 比较了添加黏结剂压片法和松散粉末法的轻元素的灵敏度。从轻元素的灵敏度及制备后的样品的管理、处理等方面考虑，还是应首先尝试添加黏结剂压片法，其次才是选择松散粉末法。

松散粉末法的优点是制样简单，对不产生辐照分解的样品（比如大多数地质样品），完全没有样品损失和破坏。用该法分析过的样品还可以用其他方法进行

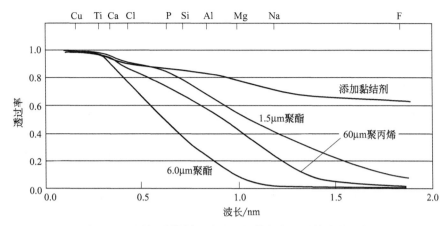

图 10-15　添加黏结剂压片法和松散粉末法灵敏度的比较

黏结剂为 Chemplex 公司产品，加入量为 10%，

图中元素的位置对应于其 K_α 线的波长

分析。对于可以使用 X 射线光管靶线作内标的重金属元素，其分析的准确度和精确度受样品量的影响是比较小的，基本可以提供定量分析数据。另一方面，对于样品量有限、组成完全未知的样品，或在用熔融法制备样品之前希望知道重金属元素大致组成的样品，采用松散粉末 XRF 法进行半定量或定性分析是十分方便的，如果实验室配备有能量色散型 XRF 光谱仪，就尤为方便、快捷。

第五节　液体样品

液体样品一般有两类。一类是样品本身是液体状态，比如污水、海水、河水、油品等；另一类是由固体样品溶解后形成的液体。液体样品分析时，可以直接分析液体，也可以将液体点滴到滤纸上，干燥后测定。当液体样品中某元素的浓度太低，前述方法不能分析时，必须采用富集技术，使浓度达到光谱仪可测量的范围。分析微量金属元素时，可以在溶液中加入沉淀剂，将沉淀过滤到滤纸上，经富集后测定。

富集技术的效率在很大程度上取决于操作者使用的方法。低浓度溶液可以用离子交换树脂富集，洗脱并转移到滤纸片上。或者，离子交换树脂本身即可作为样品载体，即将交换树脂压片或采用离子交换滤纸。这种方法对于极稀溶液中的金属的测定非常有用，因为可以选择特效交换树脂。加入已知量的树脂到溶液中，摇动几分钟，即可达到富集目的，然后过滤、干燥、压片。用此法，在 15min 以内的总制样时间，即可测定溶液中 0.1μg/mL 的金。

一、液体法

在直接分析液体时，仪器光路中一般是充入 He 气。如果分析元素是波长短

137

的重金属，也可以在大气气氛中测定。由于空气中的氧气在 X 射线照射时会形成臭氧，可能对仪器内部的元器件造成破坏，在使用高功率 X 射线光管的情况下，应尽量避免液体的测定。不管是上照射型还是下照射型的仪器，都是用前述松散粉末法中的高分子膜（聚丙烯、聚酯等）作为分析窗口，将样品装在塑料容器中测定。采用上照射型仪器时，加入样品时易混入气泡。一种用于上照射型仪器的液体样品容器，可以将容器内的气泡捕获，使气泡不能在加入试样时跑到分析面。

F、Na、Mg 等轻元素受 He 气氛或高分子膜吸收的影响，灵敏度显著降低。因此，容器窗口的膜厚度越薄越好。但同时须考虑薄膜对 X 射线照射的耐久性。在使用高功率 X 射线光管的情况下，要使用比较厚的膜（一般是 $5\sim6\mu m$ 的聚丙烯膜或聚酯膜），测定时间要短，并降低 X 射线光管输出功率。此外，关于高分子膜的耐药性请参见表 10-10。

表 10-10　高分子膜的耐药性

试剂	聚酯 Mylar	聚碳酸酯	聚丙烯	聚酰亚胺 Kapton	聚丙烯纺织纤维	超聚酯
稀酸、弱酸	G	G	E	Y	G	G
浓酸	N	E	Y	Y	E	N
浓碱	N	N	E	N	E	N
醇类	E	G	E	G	E	E
氧化剂	Y	N	Y	N	Y	Y
醛	U	Y	E	E	E	U
酯类	N	N	G	G	G	N
醚	Y	N	N	U	N	Y
脂肪烃	G	N	G	G	G	G
芳香烃	Y	N	Y	Y	Y	Y
卤代烃	Y	N	N	Y	N	Y
酮类	E	N	G	G	G	E

注：表中 E 代表出色；G 代表好；Y 代表可用；N 代表不可用；U 代表不明。

在直接分析液体时，测定过程中可能会产生气泡、沉淀、析出等现象（见表 10-11），引起测定结果的变化，须引起注意。为保持测定过程中液面平整，最好不要使用样品旋转机构。此外，如果样品容器不是密闭的，样品中挥发出来的成分可能会污染或腐蚀仪器，要避免分析易挥发的液体或酸度高的液体。

表 10-11　液体分析中易出现的问题

现象	原　因	对策	备　注
气泡	X 射线照射时，液体温度上升，其中的挥发分或溶解空气形成气泡，或液体体积膨胀	事先除去空气，缩短分析时间	采用内标法，可消除误差，下照射时影响小
沉淀	溶液中混有游离颗粒，分析过程中沉淀出来，造成强度变化	过滤除去，分析滤液	

现象	原　因	对策	备　注
析出	与采样时相比,温度变化(降低),析出沉淀。或因酸度低,金属元素在容器内壁析出	降低浓度,防止沉淀析出,酸化溶液	微量组分遇此问题时,酸化比较有效;只有在高浓度时,才会析出沉淀
硫酸根氯根	介质变化引起 X 射线分析灵敏度变化。特别是在 H_2SO_4 和 HCl 介质中,S 和 Cl 浓度的变化会引起吸收效应的变化	选择吸收弱的 HNO_3,固定酸度	采用内标法稀释,减小酸度影响

二、点滴法

点滴法是将一定量的液体样品（一般是几十至几百微升）滴在过滤片（滤纸、离子交换膜）或其他薄膜上，干燥后进行测定的方法。由于可以在真空中测定，不受分析容器窗口或分析气氛吸收的影响，轻元素的灵敏度可以提高。为了使点滴的液体集中在一定的面积内，要将过滤片中滴加液体的部分与外部隔开。最近，市场上出现了高灵敏度型的过滤片，有些元素的检出下限可以达到 10^{-9} $\mu g/mL$ 级。

因点滴法中采用过滤片，避免了直接分析液体时的溶剂散射，使背景降低。一方面，尽管比直接液体法中几毫升的样品用量要少得多，仍可得到比较高的信噪比（S/N）；另一方面，因过滤片很薄，测定时样品盒、仪器部件等产生的散射 X 射线易于透过样品进入探测系统。所以，要使用能够避免样品背后散射的中空样品杯（铝合金或塑料制）等。如果使用板状物贴在样品背后来屏蔽散射线，板中的成分即会被探测到，而且也会使背景升高，不如中空杯好。

点滴法还有一个优点：如果因溶液中元素的浓度太低，得不到足够强度的 X 射线，可以进行多次点滴操作，达到浓缩作用。须注意的问题是过滤片中杂质的种类及浓度，可能的话，应该用空白过滤片进行检查。因杂质随不同批次的过滤片可能会有所变化，测定时要使用同一批次的过滤片。另外，要注意干燥过程中挥发性元素的变化。在进行多次点滴时，为控制因点滴本身所造成的误差，点滴次数不要超过十次。在用点滴法进行定量分析时，要用同一样品，点滴到多个过滤片上，对制样的重复性进行测试。如果点滴的重复性不好，可以多点滴几片，以其平均值作为分析结果。

三、富集法

液体样品是直接分析的理想样品。但绝大多数情况下，分析元素的浓度都太低（比如分析污水中的微量金属元素时），不能得到足够的信号强度，必须采用富集技术提高分析物的浓度。从原理上讲，可以通过简单的蒸发浓缩达到富集的目的。为达到 10^{-9} $\mu g/mL$ 级的检出限，需蒸发 100mL 的水。尽管将液体蒸干可以得到更易分析的试样，灵敏度也更高，但不幸的是，蒸干时会出现结晶分馏现象，近干时会产生飞溅。所以，蒸干预富集技术的应用并不多。蒸发浓缩技术与能够降低经典 XRF 法非相干散射背景的特殊技术结合使用，的确具有一定的价值。比如，TXRF（全反射 X 射线荧光）法利用高度抛光的表面上 X 射线的全反射降低背景。Aiginger 等将少量水样（5μL）蒸发到非常平整的石英玻璃板上，得到的检出限达 $10^{-9}\,\mu g/mL$ 级。实验中，在光学平面上涂上一薄层胰岛素，使被蒸发的样品均匀分布；用能量色散光谱仪测定经特殊处理的聚亚氨酯泡沫体。另外还采用了一些分析化学家熟知的其他技术。

富集法分为化学富集法和物理富集法两种。前述的点滴法就是典型的物理富集法。化学富集法有沉淀法、离子交换法和溶剂萃取法。沉淀法是向溶液中加入沉淀剂（DDTC、DBDTC 等），使待测物沉淀，然后过滤到过滤片上，干燥后测定。

到目前为止，研究最多、应用最广泛的富集方法是离子交换技术。大多数离子交换技术的主要优点是官能团被固定在固体基底上，从而可以从溶液中大量提取离子。分析试样本身既可以是经交换后的树脂，也可以是经洗脱后的含有被分析元素的物质。富集是否成功在很大程度上取决于树脂的回收率，回收率又取决于离子交换材料对分析元素的亲和力以及溶液中络合物的稳定性。用约 100mg 的离子交换树脂可以得到 4×10^4 的富集系数。

四、固化法

在油料分析中，还可以用固化剂将油品固化。油品经固化后，可以在真空中测定，对 Na、Mg 等轻元素的分析很有利。此外，在分析润滑油中的磨损金属粉时，因测定过程中金属粉可能会沉淀出来，引起 X 射线强度变化，采用固化法可以克服这一问题。这种方法适合于润滑油、机油、重油和轻油的分析，但因测定时可能会产生挥发问题，在分析前要选择合适的制样方法和测定条件。煤油、汽油及含水分高的油品不能采用此法。

第六节　其他类型样品的制备

一、塑料样品的制备方法

塑料广泛应用于生产、生活及各种公共场所，在各种工业、办公及家电废弃物中也包含大量塑料。由于欧盟颁布的 RoHS 指令已开始实施，塑料的分析变得越来越重要，所涉及的部门也不再限于相关制造工厂的质检机构。由于塑料制品的种类及形状的多样性，目前限制 XRF 法分析应用的主要问题是标准样品的可获得性及塑料样品形状的不确定性。在欧美国家的 RoHS 相关样品的分析中，XRF 法还主要用于筛分分析。本文以电线外皮作为塑料制品样品制备方法的例子。因电线芯中是金属材料，在分析其包皮塑料中的元素时，会干扰测量。测量前要将金属芯拔掉，仅处理和分析表皮。拔掉金属芯后的电线表皮是中空的棒状，在分析时要注意其表面的平整度及均匀性对分析精密度的影响。在必须进行快速分析时，可以直接并排摆放并测定。要进行高灵敏度、高精密度的分析，就要进行冷冻粉碎等均匀化处理，并经热压成型。如果所分析的塑料样品是热塑性的，可以采用热压法。遇热变硬的塑料可经冷冻粉碎后，放在容器中测定，或者加压成型。在制成片状时，保持标准样品、未知样品的厚度一致是很重要的。

二、放射性样品

除了上述讨论过的问题外，放射性样品的操作和预处理还存在两个附加问题。首先，由于对健康的危害很严重，其封装至关重要，必须严格按通常放射性材料处理的所有要求进行操作。其次，除了由样品激发产生的 X 射线外，必须尽量减少进入探测器的样品自身的辐射。为了与其他分析方法竞争，基于 X 射线荧光分析的方法必须快速。但由于要在合适的容器制备样品，样品盒覆盖膜也要比常规分析厚，造成对长波辐射的比较高的吸收，从而限制了其应用。放射性材料的安全封装需使用双层器皿，如盖在样品上的一个一级 PVC 盖，附加一个能放在样品盒中的二级容器。热封 PVC 袋也可用作为硼砂熔片或粉末压片的一级封装袋。辐射 γ 射线的材料的摄取危害通常不是很严重，其处理问题也就较少。这种情况，常常单层封装就足够了。屏蔽杂散辐射进入探测器的方法，在很大程度上取决于样品放射性的类型和活性。光谱仪几何结构所允许的范围以外的杂散辐射，用铅片基本可以完全屏蔽掉。真正的问题是如何减小与 X 射线相同路径进入探测器的散射辐射，这种干扰的主要来源是样品自身的辐射穿过初级准直器后被分光晶体散射。如果这种辐射是 γ 射线，由于其能量通常比所测量的 X 射线高一个量级，通过仔细选择脉冲高度，其影响基本上可以完全消除。

第七节　微少量、微小样品的制备

大多数实验室型光谱仪对被分析试样的尺寸和形状都有限定。通常，安放样品的空间为圆柱形，典型直径为 $25 \sim$ 48mm，高度为 $10 \sim 30$mm。尽管放入光谱仪的样品可能很大，但由于特征 X 射线光子的穿透深度有限，实际被分析的试样量很小，见图 10-16。样品用圆柱形表示，T 为厚度，ρ 为密度（g/cm³），$2r$ 为直径，并设荧光 X 射线在样品中的穿透深度为 d（cm）（此处

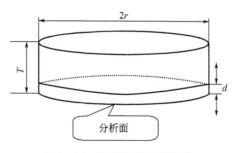

图 10-16　实际分析的试样量

为荧光 X 射线从样品中的透过率为 1％时所对应的深度），则实际被分析的样品量 m_d 为：

$$m_d = \pi r^2 d\rho \qquad (10\text{-}2)$$

根据朗伯-比尔定律，在透射率为 1% 时，存在以下关系：

$$d\rho = \frac{4.6 \times \sin\theta_2}{\mu_\lambda} \tag{10-3}$$

式中，μ_λ 为样品对波长为 λ 的荧光 X 射线的质量吸收系数，cm^2/g。如果 θ_2 取值为 $32°$，r 取值为 $1.5cm$，则 m_d（g）的近似值为：

$$m_d = \frac{17.5}{\mu_\lambda} \tag{10-4}$$

因此，对于不同波长的荧光 X 射线，在其穿透深度尺度上被分析的样品量是不同的。以 SiO_2 基体为例，C、Na、Al、Fe 和 Sr 的实际对荧光强度有贡献的样品量分别为 0.9mg、6.1mg、15.5mg、287mg 和 2745mg。这些数据说明，即便将 20g 样品放入光谱仪分析，实际被分析的量也很有限。从分析灵敏度的角度出发，为得到可测量信号所需的最小样品量比这一数值至少要低 2～3 个量级。但对制样技术提出了更大的挑战。如果不能将样品均匀散布在初级 X 射线的辐照范围，最小可分析样品量会增加，增加的倍数大致等于样品的总面积（约 $7cm^2$）与样品被初级 X 射线束实际辐照的面积的比值。

当只有有限的样品可供分析时，对分析者就会提出更高的要求：将适宜的试样可重复性地放入光谱仪，并保证所分析的元素给出最大的 X 射线强度。小量样品定量分析的一个大问题，是准确称取总量只有几毫克的样品十分困难。如果样品称量的准确度可以保证，就有可能采用熔融技术。对于含量适中，而灵敏度较高的分析元素（比如原子序数较高的元素），熔融制样是可以采用的技术。此时须注意的问题是要保证熔体混合均匀。

对于可以准确称量的少量样品，更为简单的方法是将其溶解到合适的溶剂中，然后转移到滤纸片上，制作成薄膜样品。需注意的是，滤纸被润湿的面积必须始终保持一致。在滤纸上制作相同直径的蜡环，并固定移取溶液的体积可以做到这一点。同时，还可以用微量移液器将已知量的稀标准溶液精确地滴加到滤纸片上，作为内标使用，提高分析准确度。事实上，将样品制成薄膜后，可以克服因荧光 X 射线产生的相对效率随样品深度的增加而迅速降低带来的分析灵敏度问题。

比如，如果将一个约 10mg 的硫酸铅晶体直接放在样品杯中辐照，就会发现，只有极少部分的样品可以有效地产生 S 的 K_α 辐射，而整个样品都会产生 Pb 的 L_α 辐射。这种差别是由于 S K_α 和 Pb L_α 辐射的光程差所致。样品对 Pb L_α 的质量吸收系数约为 $100cm^2/g$，光程大约为 $70\mu m$；由于样品对初级激发辐射的吸收明显，而且大多数光谱仪的出射角为 $35°$ 左右，实际上只有约 $20\mu m$ 的厚度对离开样品的 Pb L_α 有贡献。样品对 S K_α 的质量吸收系数约为 $1000cm^2/g$，光程大约只有 $6\mu m$；因此，只有样品近表面的几微米所产生的 S K_α 可以离开样品。如果将样品散布得很薄，则在 $6cm^2$ 面积上得到的样品平均厚度约为 $2\mu m$，所有的样品都会对 S K_α 和 Pb L_α 辐射的产生做出贡献。

将有限量的样品制成薄膜后，测量时应使样品旋转。这是因为，无论从荧光强度还是从测角仪安置的角度出发，样品杯中每个样品颗粒的实际位置都是很重要的。首先，样品杯被辐照的面积上的 X 射线分布是很不均匀的。图 10-7 说明了 X 射线强度变化的原因。由于 a 与 c 间的距离明显小于 b 与 d 间的距离，从 c 到 d，强度分布呈下降趋势；而且，从 e 与 f 发出的辐射的大多数分别到达 g 和 h。当样品明显小于样品杯边缘内由 X 射线光管窗口面罩所定义的面积时，这种差别会导致谱峰漂移效应。由于来自样品不同部分的辐射是由分光晶体的不同部位所衍射，这种效应会变得更为复杂。分析过程中旋转样品，可以完全消除这种影响。

在粉末样品量很少时，还可以用甲基纤维素和硼酸作为基材预先压制成片，然后将样品放在其上方或中央部位，再次加压成型。如果控制标准样品及各未知样品的样品量和样品直径相同，也可以进行定量分析。还有一种方法是将称量后的粉末样品直接放入环状的微量样品容器中，底面以滤纸支撑，上面覆盖高分子膜。如果只有几毫克的样品，也可以夹在高分子膜中进行测定。但这种情况下用标准曲线法进行定量分析困难，应采用基本参数法（FP 法）。

第八节　低原子序数元素分析的特殊问题

XRF 分析中，低原子序数（$Z < 22$）元素的分析是比较困难的。在固体样品的粉末压片法中，即使这些元素的含量较高，分析精密度和准确度也比较差。这主要是由两个原因造成的：元素的荧光 X 射线波长较长，受矿物效应、粒度效应、表面效应的影响比较大；元素间的吸收、增强效应的校正比较困难。采用熔融制样的方法可以有效消除这些因素的影响，因此，对于原子序数大于 Na 的元素，均可以得到很好的精密度和准确度。但对于超低原子序数（$Z < 11$）元素，除受上述因素影响更明显外，分析灵敏度、取样代表性问题则非常突出，因此其准确定量非常困难。尽管现代波长色散 X 射线荧光光谱仪在激发条件（大电流 X 射线光管、薄窗膜、低原子序数靶材）、分光晶体（高衍射强度多层膜晶体）和探测器（超薄窗膜）方面做了相当大的改进，但文献报道的地质样品中的 C 元素的检出限也达 $1000\mu g/g$，对于低含量样品的分析仍较为困难。更为重要的是，由于对荧光信号有贡献的样品量太低，比如 SiO_2 基体中，实际对 B 和 C 的荧光信号有贡献的样品量只有 0.4mg 和 0.9mg，分析结果的代表性是值得认真考虑的。尽管已有一些文献对地质样品或钢铁类样品中的 C 含量作了报道，而且结果也相当令人鼓舞，但在采用 X 射线荧光法分析时，仍需要更多的探索。由于多数超轻元素在熔融制样时是挥发性的，因此采用玻璃熔片的制备方法也常常是不可取的。

解决非均质固体样品中超轻元素分析中粒度效应、表面效应和取样代表性问题的比较好的途径是超细粉碎，即利用一些现代粉碎技术将样品粉碎至亚微米量级，然后再压制成片。而这种方法存在的问题是成本高，而且会带来附加污染问题，包括混入样品内部的污染及样品表面吸附造成的污染，特别是 C、N 等元素。

$$L|\mu_{av} - \mu| \ll 1 \qquad (10\text{-}5)$$

通常，对于粉末样品，如果式（10-5）成立，即可认为是均匀的。式中，L 为平均粒度；μ_{av} 为试样的平均质量吸收系数；μ 为分析元素的质量吸收系数。在低原子序数元素分析的试样制备中，必须保证极限厚度大于平均粒度。这样，二次辐射的强度就不会受矿物效应和粒度效应的明显影响。为增加表面的代表性，粗颗粒的样品或抛光较差的样品在分析时必须旋转。在合金样品的表面制备中，要特别注意保持分析表面的完整性。比如，如果表面中某些低原子序数元素丢失（相对于样品整体），其测量强度的降低是无法预测的。为减小低原子序数元素强度的降低，分析表面必须平整、光滑。在分析之前，用酒精纸巾（不含任何分析元素）清洗分析表面。

液体样品是均质样品，但其中低原子序数元素的分析局限性仍很大，主要是灵敏度不够。轻元素灵敏度低是由多种因素造成的，比如：①荧光产额低，B 和 C 的 K_α 线的荧光产额分别为 0.0125% 和 0.038%；②样品盒中样品支撑膜的吸收，使用 3511 型 Kapton 膜时，Mg K 线的透过率仅为 20%；③探测器窗膜的吸收，波长 1nm 的辐射在 6μm Mylar 膜和 25μm Be 窗中的透过率分别只有 26.3% 和 19.9%；④流气式正比计数器对长波 X 射线的量子计数效率下降；⑤分析液体样品时须在大气光路或充氦气的光路中进行，光路中的气体对荧光 X 射线的吸收很明显。

此外，在分析轻元素时，因荧光 X 射线波长受分析元素化学态的影响增加，化学效应变得比较重要，特别是超轻元素。因分析谱线的宽度大，谱线重叠也须引起注意。表 10-12 是一些常见的谱线重叠干扰。

表 10-12　低及极低原子序数元素的谱线重叠

谱线	波长/10^{-10}m	干扰	波长/10^{-10}m	对　　策	注释
B K_α	67.0	O K_α(3)	70.9	光谱校正	1
C K_α	44.0	Fe L_α(2)	40.8	光谱校正	1
O K_α	23.7	Na K_α(2)	23.8	光谱校正	1
F K_α	18.3	Rh L_α(4)	18.4	光谱校正	2
		Fe L_α, L_β	17.6, 17.3	光谱校正	1
Na K_α	11.91	Zn L_β	11.98	光谱校正	
Mg K_α	9.89	Ca K_α(3)	10.08	光谱校正	
				或 TLAP+细准直器	
		Sn L_β(3)	9.92	光谱校正	1
Al K_α	8.34	Sc K_β(3)	8.34	光谱校正	3
		Br L_α	8.38	光谱校正	4
P K_α	6.155	Cu K_α(4)	6.167	光谱校正	1
K K_α	3.774	Cd L_β	3.738	光谱校正	1

　　注：表中注释 1 代表如果干扰是主量或次量元素；2 代表如果使用 Rh 靶管；3 代表如果使用 Sc 靶管；4 代表如果使用 LiBr 作为脱模剂。

第九节　样品制备实例

本章介绍的样品制备方法主要参照欧美地区常用的方法。这些方法与国内常用的方法或许稍有出入，主要供参照、比较。由于在制样设备上的差异，很多单位可能还难以按本章的方法制样。比如，在压制之前用振动磨将样品粉碎至几个微米的粒度，在未配备振动磨的单位是难以实现的。考虑到粒度效应对分析结果的显著影响，以下的方法还是值得借鉴的。

一、全岩分析

1. 概述

全岩分析对分析者提出了许多挑战。首先必须采集天然的、不均匀的地质材料，经过处理，使放入光谱仪分析的试样分析面的临界厚度内的几毫克的物质，能够代表许多吨重的天然物质。野外采集的样品可能是砂粒、粗碎后的石块或者整块的岩心，也可能是块体、干燥松散粉末或者是稀湿的淤泥。全岩分析中，分析者必须面对制备各种试样的挑战。除了规范的操作外，在粉碎、混匀和子样采集中，还常常要根据要分析的特定样品的性质附加一些要求。

几十年来，XRF 分析者一直是使用与未知样类型一致的标准试样对付粒度效应和矿物效应。熔融制样法可以消除这些效应，而研磨后压片的方法只能减小这些效应，分析者必须了解这一关键的差别。采用熔融制样法，一条浓度范围很宽的标准曲线可以分析广泛的岩石、矿物样品，准确度可以达到要求；而对于相同的试样，即使研磨得很细后再压片制样，准确度也达不到相同的程度。而另一方面，粉末压片法制样却可以使挥发性的元素或物相保留在试样中，并且使分析元素的浓度保持在最高限度。

2. 试样制备手续

将整块岩心和大块岩石用锤打碎，或用气动或液动破碎机破碎至粒度为几厘米的小块。再用颚式或双辊破碎机将这些小块进一步破碎。仔细调整破碎设备，使最小出口大约为 1mm，则破碎后的物料大多能通过 2.4mm（8 号）美国标准筛（破碎机出口将决定破碎后颗粒的第二级最大尺寸）。岩石经此破碎后，即可以用直槽（琼斯）式缩分器、旋转缩分器或锥形四分技术进行缩分。不可将未通过缩分器的物料丢弃——这样做可能会使相同的组分被选择性地除去。

将适当量的经破碎后的物料摊开在盘子中干燥——盘子的构成材料中应不含有被分析元素。平滑的薄壁铝质或聚丙烯盘对多种类型的岩石都是适用的。样品摊开得越薄越好，并在适当的温度下干燥，以便在细碎之前去除游离水分。比如，石灰岩或硅酸岩岩石可以放在浅铝盘中，在强制通风的烘箱中于 105℃中干燥 2h。而含大量黏土质的岩石则可能需要干燥过夜才能至恒重。含化合水的样品的干燥温度则必须保证能够得到已知化学计量的恒重的产物。比如，破碎

后的石膏样品应在 $40\sim50\,^{\circ}\mathrm{C}$ 干燥尽可能短的时间，以避免石膏脱水变为半水化合物。

破碎后的岩石经干燥后，在盘磨中研磨至所有颗粒都通过 $150\mu m$ 筛。进料速度要慢而稳，以防阻塞磨盘。注意不要将金属碎片投入盘磨中，那样会立刻毁掉磨盘。可在不同样品粉碎间隙，用适量经烘干的粗粒硅砂清洗盘磨。用带硬毛刷的吸尘器可有效地去除盘磨中样品残留的粉尘。氧化铝质的磨盘，也可用抹布蘸 10% 的盐酸擦拭，以除去牢固地附着在磨盘上的可以被酸溶解的物质。用酸擦拭后，用湿布擦去磨盘上残留的酸，待干燥除去湿气后方可再次使用。磨样时，要适当通风并戴口罩。

至此，样品变得又干燥又细碎，可以通过 100 号标准筛了。样品应保存在贴有标签、干净、干燥的容器（比如带螺旋盖的玻璃广口瓶）内，用于制备粉末压片或玻璃熔片。

3. 粉末压片的制备

在适当温度下将不同类型的样品烘干，并再次彻底混匀。称 $(5.000\sim7.000\pm0.001)g$ 样品于称量盘中，称量时要用称样刀或称样勺分次加样，每次 $1g$ 左右，以取得有代表性的物料。将所称取的样品放入振动磨进一步磨细。振动磨的制作材料有硬质钢、碳化钨、氧化铝、氧化锆等。选购时要考虑价格以及在粉碎过程中磨壁对试样的污染。比如，碳化钨磨是用钴作为黏结剂制作的，用 $4min$ 时间研磨 $7g$ 硅砂会引入 $5mg/kg$ 的 Co 污染。甚至达到 Co $35mg/kg$、W $422mg/kg$。

样品放入振动磨后，在样品上加两小滴丙二醇作为研磨助剂。盖上振动磨，在 $1000r/min$ 转速下研磨 $4min$。如果振动磨的转速不同，可以调整时间，使总转数达到 $4000r$。这样研磨后，$90\%\sim95\%$ 的粒度小于 $10\mu m$，平均粒度约 $3\mu m$。用钢磨或碳化钨磨，研磨 $4min$ 后，很多种矿物都可达到上述粒度分布。可是，如果用氧化锆或氧化铝磨，由于研磨介质的质量轻，所需的研磨时间会长些。

研磨后，卸下研磨罐的盖子，加入 $0.5g$ 黏结剂，比如市售 XRF 试样制备试剂。重新盖上研磨罐的盖子，再研磨 $30s$，使黏结剂与试样混匀。这种两步研磨过程制备出的试样十分均匀、结实。如果黏结剂在研磨之初即被加入，会产生结块——这从压好的样片表面上可以看到。

蜡、甲基纤维素这样的黏结剂可以使试样颗粒在压片后牢固地黏结在一起，使分析面光洁牢固，从而延长压片的使用寿命，减少对仪器的污染。任何通过机械方式将试样颗粒粘在一起的黏结剂都会阻碍试样颗粒的混匀和磨细。先用助磨剂，再加入黏结剂的方法，可以保证振动磨所能达到的最佳的磨细效果。可是，即便研磨时间比 $4min$（钢磨或碳化钨磨）长，也只能增加最细颗粒的比例，而不能降低最大粒度，并使助磨剂耗尽，从而导致结块，形成饼状结块或粘在研磨介质（环、球、磨体）的壁上。黏结剂过多也会造成结块或黏附，必须从磨中刮除。研磨助剂的正确量是研磨后形成能够自由流动的、易用毛刷扫出磨具而无残留物的粉末。黏结剂的正确量一般是样品量的 5%～10%，这样不会在磨中结块，压出的样片表面非常坚固。

将磨细后的样品转移至适当直径的模具（也可配合使用一定直径的铝杯，比如 $\phi 32mm$ 的铝杯），在 15～25kN 压力下压制，保压 1min，减压过程 1min。退出样品，检查样品表面是否干净、均匀，分析前要密闭保存。压力的大小需根据压片直径及样品类型确定，但被测样品和标准样品的制样压力要一致。

如果样品中的矿物不与大气中的湿气、氧气或二氧化碳反应，所压制的样片可以使用很多个月。样片应保存在密闭的容器内，要保护好分析表面不被触碰。在分析之前，可以用毛刷轻轻清扫分析表面，或用经过滤的压缩空气或洗耳球吹扫。助磨剂和黏结剂使样品稀释，所以标准样品和未知样品要按相同的方法制备。

4. 熔片的制备

对于很多地质样品，采用四硼酸锂作为熔剂，熔剂与样品的比例按 5:1 均可制成稳定、均匀的玻璃片。为避免碱金属和硫酸盐的挥发，温度要控制在 (1000 ± 25)℃。根据样品中矿物在炽热的熔剂中的溶解度不同，熔融时间一般为 3～10min。样品和熔剂以干燥后的物料为基础按固定比例称取。在熔融前将干燥后的样品与熔剂混合。在与熔剂反应之前，先在空气中加热样品使还原性元素氧化，并使不能被熔融态四硼酸锂熔解的含碳物质烧掉。

烘干后的样品可以在 1000℃ 下测量烧失量后称量，然后与熔剂混合；也可将烘干后的样品与熔剂直接混合，而不经灼烧，这两种方法都是可行的。前一种方法中，有些硅酸岩样品在加热过程中会被烧结，在与熔剂混合之前，需在玛瑙钵中手工轻研至通过 100 号美国标准筛。如果灼烧后的样品中含有粒度大于 $150 \mu m$ 的颗粒，这些颗粒在熔融时可能不会完全分解，在熔片中形成包裹体，成为局部应力中心，导致熔片开裂或破碎。后一种方法则在国内已使用很长时间，也很成功。但有时未经灼烧的碳酸盐矿物在熔融混合物中迅速分解，释放 CO_2 并形成微小的火山口状结构，必须加以清除或重新制备。相比之下，样品的完全灼烧及灼烧后样品的研磨可以保障快速、成功的熔片的制备，但吸水性强的样品需严格控制水分的混入。

根据所使用的熔片模具的大小，一般熔片的总质量为 5～7g。将熔剂和样品称量至一个适当容积的容器（比如光滑的瓷坩埚）内。先称量熔剂，再称量样品。熔融前，用玻璃棒搅拌均匀（不要在铂坩埚中混合，以免划伤坩埚的内表面）。混匀后的混合物应颜色均匀，样品颗粒均匀分布于熔剂中。易结块的极细的样品可以在玛瑙钵中与熔剂混合，用宽的称样刀将混合物涂抹在一张干净的纸上，检查其是否均匀。

将熔剂和样品的混合物转入一个干净的 95%Pt-5%Au 坩埚中。如果样品未经灼烧处理或含有还原性物质，应加入适量的氧化剂（比如 0.1g $LiNO_3$），加两滴 500g/L LiBr 水溶液作脱模剂。将坩埚放到熔样设备中。最好先低温加热几分钟，除去潮气，赶走颗粒中的空气，然后提高加热温度至（1000±25）℃。保持此温度直至混合物完全熔化，并在此温度下搅拌 5min 左右。熔体混合均匀后，将熔体浇铸到事先加热至 800℃ 左右的 95％Pt-5％Au 模具中，然后快速冷却至完全脱模。如果是直接成型的坩埚，应将坩埚取出后，快速冷却至完全脱模。为减少钾和硫这样元素的挥发和减少脱模剂的挥发，希望熔融的时间越短越好。必须知道，在加热过程中，某些矿物会分解而造成某些元素的损失；如果有可挥发相存在，熔片的分析结果可能就不能代表原始样品的组成。

如果熔片的表面平整，即可直接分析而不必进行任何表面处理。老的玻璃熔片可以通过在涂有 30μm 金刚砂的金属研磨轮上轻轻抛光，使其恢复平整、光洁的表面。在几秒的研磨时间内，用来作润滑剂的水似乎不会使水溶性的离子溶出。

5. 一些特殊问题和解决办法

在 5∶1 的稀释比时，有些样品难以形成稳定的玻璃体。比如，硫酸钙常常会结晶，需要用四硼酸钠作为熔剂，或在四硼酸锂中加入玻璃化元素。明矾［分子式为 $KAl_3(SO_4)_2(OH)_6$］即使在 1000℃ 下短暂熔融也会挥发。四硼酸钠中含有水分时，熔片过程中会随着物料温度的升高而迅速膨胀，甚至高出坩埚表面，导致物料溢出、损失，熔制精度降低。因此，使用前需进行灼烧处理，使其中的水分完全挥发、去除，再次粉碎后保存在干燥器中备用。硫化物矿石可能要用特殊的混合熔剂使硫保留在熔片中。用含一份偏硼酸锂加两份四硼酸锂的混合熔剂，在 10∶1 稀释比下可以很好地将硫酸盐保留在熔体中。对于硫化物，用 19.6％的硝酸锂加 80.4％的四硼酸锂的混合熔剂（稀释比为 10∶1），可以定量地将硫化物形态的硫保留在熔体中，但在高品位的油页岩分析中则需要较高比例的四硼酸盐。

用碳化钨振动磨研磨的样品，有时会得到亮蓝色的玻璃片（用氧化铝磨粉碎不存在这种问题），这表明碳化钨研磨介质中作为黏结剂的钴进入到样品中。这种被污染的样品应该被弃去，而用原始样品重新处理。应该检查振动磨是否有裂痕、碎片，必要时进行修理和更换。氧化铝质粉样机的磨盘，特别是其边缘，可能会掉渣或掉片，引起氧化铝沾污。解决此问题的方法是用安装在转动电动机上的圆柱形金刚石研磨头沿斜面切削磨盘的边缘。

二氧化硅含量高的样品会产生几个问题。在熔片内，可能会形成硅酸盐-硼酸盐熔体不相混溶的区域，使试样不均匀。有时候，小的残留硅酸盐颗粒保留在这些区域的中心，这可以用立体显微镜观察到。解决这一问题的方法是确保样品颗粒足够细，并均匀分布于熔剂中；熔融时间加长，使熔解完全、熔体混合均匀。

碳酸盐岩粉末在经烧失量测定并冷却后，必须马上称量和熔解。样品加热后形成的游离石灰极易吸水，在干燥器中保存时，即使以高氯酸镁为干燥剂，也难以防止样品在几小时内吸收百分之几的水分。如果这样的样品保存时间超过几个小时，就应该在1000℃下再次灼烧、冷却后立即称量、熔融。

二、石灰、白云石石灰和铁石灰

1. 概述

石灰分析通常包含12个项目，即CaO、MgO、Fe_2O_3、MnO、Cr_2O_3、SiO_2、Al_2O_3、K_2O、SO_3、P_2O_5、SrO和Na_2O，用质量分数表示。校准标准由多个经煅烧的石灰石、白云石及其混合物所组成。必要时，可以通过在标准样品中加入纯元素氧化物的方式（仅适用于熔融法）扩展铁和二氧化硅的校准范围。

2. 试样制备——玻璃熔片

（1）设备 干燥箱、不会污染样品的研磨设备（比如振动磨或球磨机，磨具内衬氧化铝）、1000℃马弗炉、自动熔片机或类似设备、95％Pt-5％Au合金坩埚及模具、测量烧失量用的高铝或铂坩埚、保存试样用的密闭广口瓶。

（2）干燥及研磨 根据样品水分含量的多少，在105℃下预干燥2～6h。石灰和铁石灰样品的干燥时间需较长些，而石灰石、白云石这样的碳酸盐含水分则很少。将干燥后的样品研磨至$74\mu m$（200目）以下。研磨时，采用刚玉或硬质钢衬里的振动磨或球磨机，以防污染。研磨石灰石、白云石或菱镁矿时，从采矿场采集的大块岩石在室温下干燥后，用颚式破碎机粗碎至25mm左右的小块，再用盘磨（disk mill）磨至约$150\mu m$（100目）。一般来说，对于小块的岩石样品，可以用锤子砸碎，再用振动磨或球磨机研磨，之后即可煅烧和熔融。

（3）样品煅烧（灰化） 取4～6g经干燥和粉碎后的样品于刚玉坩埚或铂金坩埚中，在1000℃的马弗炉中灰化1h。在干燥器中冷却，根据灰化前后的质量差别，计算烧失量（LOI）。含有1％以上钠的副产品或回收石灰样品可能会黏附普通陶瓷坩埚的釉面上，或与釉面反应。这种情况下，建议用铂金坩埚进行灰化。LOI是在高温下因残留水分、可燃碳或硫（非硫酸盐）、熟石灰中的化合水、碳酸盐分解产生的二氧化碳的挥发造成的质量损失的总和。各挥发分的损失温度不同，可以单独取样，用热分析法（DTA-TGA）定量记录和测定。氧化反应通常会使烧失量降低。

（4）熔片制备

① 称取1.0000g新灼烧过的样品于熔样坩埚中（由95％Pt-5％Au合金制成）。

② 加5.000g经400℃干燥后的四硼酸锂、0.300g氟化锂。

③ 加10～20mg溴化锂作为脱模剂（溴化锂在熔融过程中会挥发掉，不会影响结果）。

④ 用小的称样刀混匀，注意不要将样品溅出坩埚，并避免划伤坩埚。

⑤ 在熔样机中熔融 4min 以上，浇铸前模具预热 1min。含石英高于 2％的样品可能需要更长的熔融时间，因为石英在该熔剂中的分解速度慢。

⑥ 从模具中倒出样片，用圆形标签标记好，在分析前放在小纸袋或塑料袋中保存。为了较长时间保存校准用的样片，必须在干燥盒或干燥器中保存。空气中的湿气会使样片光亮的表面变浊，使其无法在以后使用。

注意：熔融时必须使用新灼烧过的样品。如果样品在干燥器或开放的空气中存放过夜或者数小时，就必须在 1000℃的马弗炉中重新灼烧 30min，之后再称样、熔融。石灰样品与空气接触时，易于快速地再水合或再碳酸盐化。

3. 讨论

上述试样制备方法适合于多种工业生产的石灰和铁石灰样品的分析。石灰在四硼酸锂中的熔融极好，制出的样片完美、透明，不必抛光即可用来进行多元素 XRF 分析。为了避免钠含量高（＞1％ Na_2O）的样品在模具上的黏附，建议使用脱模剂（LiBr）。样品中痕量的铜（＞10μg/g Cu）也会引起黏附。

三、石灰石、白云石和菱镁矿

1. 总论

粉末压片和四硼酸锂熔融制片两种技术均适用于石灰石和白云石岩石的 XRF 分析。在工业上，粉末压片法更为流行，主要是这种方法快速且可以精确分析硫（在样品加热超过 600℃时，几乎全部损失掉）和多种痕量元素。出于水泥和石灰生产中二氧化硫排放的过程和环境控制的原因，石灰石和白云石中硫的测定非常重要。粉末压片法的另一个优点是对于能量色散和波长色散 XRF 光谱仪两种仪器都较熔片法更为适合。熔片法制样时主元素钙和镁的分析精度稍高些，但由于熔剂的稀释效应，痕量元素的分析灵敏度达不到要求，因此不太适合于能量色散分析系统。

2. 粉末压片法

（1）概述 经磨细至约 325 目（45μm）的样品，干燥后加入聚甲基丙烯酸盐的丙酮溶液使其成泥状，在红外灯下加热干燥，干燥后的泥饼用玛瑙钵研细后压片并进行 XRF 分析。CO_2 的浓度测定要单独取样，测定。

（2）分析元素 所有分析元素均以其对应的氧化物的百分含量表示。

（3）样品研磨 方解石或白云石用颚式破碎机粗碎，经盘磨（刚玉或碳化钨盘磨）预磨至约 100 目（150μm）。取有代表性的样品（约 25g），在 105℃干燥 3～6h，然后用球磨机或振动磨（带圆盘的磨）研磨至约 325 目（45μm）。样品不必过筛，研磨时间由一个典型样品中 Ca 和 Mg 等主元素谱峰强度随研磨时间的变化，经经验法确定。当 Ca 和 Mg 的强度恒定（强度不随研磨时间的延长而变化）时，样品的研磨即告完成，并认为不存在粒度效应。经盘磨预研磨后的约

25g 方解石或白云石样品，用带圆盘的振动磨研磨 5min，或用碳化钨球磨机研磨 10min。

（4）黏结剂溶液（10％聚甲基丙烯酸盐）　缓慢溶解 100g 聚甲基丙烯酸盐于 900mL 丙酮中，用电磁搅拌器搅拌均匀，保存在密封的聚乙烯瓶中，备用。

（5）样片制备　制备 32mm 直径样片的过程如下：

① 称取 8.00g 制备好的样品于一个直径为 60mm 的干净的一次性铝盘中。

② 用一次性注射器准确加入 5mL 10％聚甲基丙烯酸盐丙酮溶液。用不锈钢称样刀混匀。

③ 在红外灯下烘烤。不断搅拌下，泥状样品会在 3～5min 内完全干燥。

④ 如果 5mL 的黏结剂不足以得到均匀的混合物，可向样品中加入几毫升丙酮。

⑤ 将烘干后的泥饼弄碎，在大玛瑙钵中手工快速研磨至约 100 目（150μm），在液压机上以 25kN 的压力，压制成铝杯衬底的 32mm 直径的圆片。

注意：校准标样和未知样品制备时，试样量与黏结剂体积的比率一定要一致。如果不按比率制备，会影响分析结果的准确性。因此，必要时，可以多加一些丙酮（而不是黏结剂溶液），以改善润湿效果和均匀性。多加入的丙酮会在干燥过程中挥发掉，不会影响分析结果。

（6）样片表面的质量　所制备出的样片的表面必须平整、光滑，没有看见的划痕或缺损。样片表面呈连续的白色或灰色表明样片均匀。如果表面上的某些点或区域的颜色有所不同，则表明样品与黏结剂的混合不均匀。样片的厚度应该大于 3mm，以保证其尺寸稳定及高原子序数元素（Fe、Sr 等）的准确测定。

四、天然石膏及石膏副产品

1. 总论

本节描述一种快速、精确的试样制备方法，适合于石膏、半水石膏、无水石膏及与石膏有关的副产品的多元素分析（最多 14 个）。石膏样品在 1000℃下灼烧，灼烧后的无水石膏（$CaSO_4$）用四硼酸钠熔融成玻璃片。由于在常规熔融温度（800～1000℃）下，无水石膏在锂基熔剂中会快速分解为 CaO 和 SO_3，所以，选择四硼酸钠熔剂十分关键。此外，还叙述了采用石膏或无水石膏压片技术的另一种试样制备方法。后者更适合于能量色散 X 射线分析系统，和对分析速度要求高的过程或质量控制分析。

石膏、半水石膏、无水石膏或石膏副产品中的主量和次量元素（按氧化物的质量分数表示）通常包括 CaO、SO_3、MgO、Al_2O_3、SiO_2、Fe_2O_3、K_2O、P_2O_5、SrO 和 TiO_2。加上水和二氧化碳（这两个组分都采用其他分析方法分析），这些组分涵盖了存留于石膏中的大部分杂质，如方解石、白云石、石英、硅酸盐、各种黏土、金属氧化物和氢氧化物等。在钛石膏或磷石膏样品分析中，铬、钒和氟通常作为附加元素被测定。

石膏脱水为半水石膏和无水石膏的过程可以用以下方程式表述：

$$CaSO_4 \cdot 2H_2O \Longleftrightarrow CaSO_4 \cdot 0.5H_2O + 1.5H_2O \tag{10-6}$$

$$2CaSO_4 \cdot 0.5H_2O \longrightarrow 2CaSO_4 + H_2O \tag{10-7}$$

式(10-6)是完全可逆反应，表示石膏脱水成半水石膏（巴黎胶泥）或反之；式(10-7)在360℃以上是不可逆的。因此，如果含石膏的试样被加热到900～1000℃并形成无水石膏，则冷却到室温并暴露于空气中的湿气时，就不会再水合为半水石膏或石膏。

2. 石膏的干燥

由于石膏开始脱水为半水石膏的温度为60～70℃，所以所有石膏样品必须在最高温度（45±5）℃的条件下干燥。无论如何，温度不能超过50℃。10～12h（过夜）可以达到充分干燥。过分干燥或在105℃常规实验室干燥温度下干燥会导致石膏部分脱水，给出错误的分析结果。

3. 研磨

除了石英杂质含量高（3%～10% SiO_2）的样品外，大多数天然石膏和石膏副产品都易于研磨至100～200目（150～75μm）。任何类型的熔融氧化铝或碳化钨制的振动磨都适用。为防止石膏过热，建议做2～3min的短时间研磨。因为研磨时间长、黏附和发热等原因，球磨机不是很适合。含石英杂质高的样品可能需要重复进行短期研磨，以避免样品过热。

4. 熔融制样

(1) 熔融技术　对于硅酸盐、矿物、水泥、耐火材料和某些矿石的精确分析，其灰化后的样品用四硼酸锂或偏硼酸锂熔融是成功的。对于石膏样品，对锂基熔剂的使用有一些限制。有人曾报道了无水石膏在锂基熔剂中的部分分解。这种分解导致熔片上存在气泡、孔隙和破裂。熔片在95%Pt-5%Au合金坩埚上的黏附也更强烈。熔体的热稳定性调查发现，在锂基熔剂，如四硼酸锂和氟化锂中，无水石膏发生严重的分解，原因很可能是形成了沸点（845℃）比较低的硫酸锂。在900℃以上，无水石膏在锂基熔剂中的分解随温度的增加急剧增加（显著的熔体质量损失）。分解作用严重影响样品-熔剂比例，导致不正确的分析结果。鉴于此，对于石膏分析，不推荐使用锂基熔剂。

无水石膏$CaSO_4$在熔融态的四硼酸钠中非常稳定，即使在高温和长时间熔融时也如此。用0.5g灰化后的石膏（无水石膏）和6g四硼酸钠熔融制成的玻璃片均匀、透明、表面完美，无可见分解现象。由于无水石膏在熔融态硼砂中的溶解度低，所以采用了高稀释比（1:12）。由于采用了钠基熔剂，所以不能测定样品中的钠元素（天然石膏中含量一般低于200$\mu g/g$）。如果有必要，可以采用原子吸收分光光度法测定石膏中的钠。采用四硼酸钠熔剂所带来的好处要超过不能测定 Na 造成的损失。完全不必使用脱模剂，如溴化锂。由四硼酸钠熔融制成的玻璃片易于脱模、不黏附、不破裂、不结晶；但含水四硼酸钠在使用时膨胀问题需重视。

（2）操作步骤

① 用经 45℃ 干燥的粉末样品（约 150 目）在 1000℃ 的马弗炉中灼烧 1h，测定烧失量。在温度低于 1200℃ 时，灼烧产物 $CaSO_4$ 稳定，不出现硫的损失。

② 称取 0.5000g 新灼烧过的样品于 95％Pt-5％Au 合金制成的坩埚中。

③ 加 6.000g 高密度四硼酸钠熔剂（硼砂，$Na_2B_4O_7$）。硼砂熔剂要在使用前于 350℃ 干燥几小时，并存放在密闭的容器中。

④ 用微型不锈钢称样刀将样品与熔剂搅拌均匀。

⑤ 在熔样机上熔融 1min（固定加热）使混合物熔化，然后在搅拌条件下加热 5min。

⑥ 将熔体倒入直径为 32mm 的模具中（如果是直接成型坩埚，则取出坩埚）。

⑦ 模具（或坩埚）静止放置冷却 2～3min，然后可以用空气吹模具的底部进一步冷却。

用四硼酸钠熔剂比用四硼酸锂熔剂制成的玻璃片更易吸潮。吸湿反应在夏季尤其明显，因为即使在有空调的房间湿度也很高（约 50％）。样片用圆形不干胶标签标记，保存在干燥器或干燥盒中备用。用于校准的样片要特别小心取放，这些样片每 2～3 年要用于 XRF 光谱仪再次校准。这些校准样片的制备要花很多工夫，如果正确保存，可以使用 10～15 年，而其表面粗糙度不变。

当在高温下熔融含硫矿物时，会出现硫损失和热稳定性问题。在温度高于 1225℃ 时，$CaSO_4$ 分解为 CaO 和 SO_3。有证据表明，无水石膏在 1200℃ 以下是稳定的。硫的其他损失可能源于黄铁矿（FeS_2），而其在天然石膏中是很稀少的。在石膏的湿法化学分析中，当用盐酸溶解样品时，黄铁矿形式存在的硫也会损失。

5. 粉末压片的制备

石膏很软，易于粉碎至 200 目（75μm）以下，可以直接由 45℃ 干燥后的样品压制样片（无需黏结剂）。32mm 直径的样片的制备方法如下：

① 称取约 6g 干燥后的石膏粉末（75μm，200 目）于一次性的塑料或铝制盘中；

② 将样品转移到带铝杯的压模中；

③ 在 25kN 压力下压制 30s；

④ 缓慢卸压，取出样片。

注意：压制出的样片质量很高，表面极光洁。可是，即使在 XRF 光谱仪的低真空下，样片也可能会变化。而原子序数低于 20 的元素需要在真空条件下测定。石膏中以氢键结合的水会部分地从样片的表面被去除，引起分析表面化学组成缓慢而持久地改变。这种在真空下的分解作用会影响元素（主要是主元素硫和钙）谱峰强度。可是，如果能量色散或波长色散光谱仪配备有充氦系统，样片的表面层也不会因吸收初级 X 射线束而过热的话，粉末压片法就可以在主量和痕量元素的快速定量评价中取得巨大成功，满足工厂或质量控制等的要求。因此，上述粉末压片法更适合于对制样速度要求高，因而样品灰化和熔融不切实际的过程控制或快速分析（CaO、SO_3 和杂质）。当氦气用作为光谱仪分析室的介质时，可用压片法高精度地分析石膏。当直接用压片分析痕量元素时也要使用氦气。总之，采用四硼酸钠（硼砂）对灰化后的样品进行熔融可以得到最好的分析精度。

五、玻璃砂

1. 总论

本文所述方法适合于 SiO_2 含量超过 95％的石英砂和玻璃砂。这些方法通常用于玻璃瓶制造业和玻璃厂。砂中的杂质元素有 6 种，以氧化物表示为 Al_2O_3、K_2O、CaO、TiO_2、Fe_2O_3 和 Cr_2O_3。这 6 种元素的总和通常从 0.2％到最高 5％。砂中的其他部分为纯石英和 α-SiO_2。铁和铬是玻璃砂中最重要的杂质，因为它们的存在会强烈影响最终产品的颜色，即使含量仅为 mg/kg 级，玻璃也会带绿色和棕色。在超纯玻璃砂中，铬和铁的含量通常都很低（0.2～20mg/kg）。这些元素的检出限（LLD）取决于 X 射线光管的靶材（通常为 Rh 或 Mo）以及所使用的光谱仪的类型。一般来说，在 32mm 直径的熔融玻璃片中，铁和铬的检出限为 2～3mg/kg。用端窗 X 射线光管和压片法可以达到 1mg/kg 以下的检出限。

干燥和研磨：在 105℃±5℃下，按水分的多少干燥 2～4h。将代表性样品中的 10～20g 研磨至 44μm（325 目），样品不要过筛以免造成污染。应事先从整体样品中取试验样或用其他类似的砂样，在所用的研磨设备（盘磨或球磨机）上确定正确的研磨时间和样品粒度。

2. 试样制备——熔融玻璃片

（1）操作步骤

① 准确称取 1.000g 于 1000℃下灼烧 1h 后的样品、5.000g 四硼酸锂、0.3g 氟化锂。各种物料称量后均直接转入到用于熔样的 95％Pt-5％Au 坩埚中。（注意：请使用超纯四硼酸锂和氟化锂熔剂，这些试剂应经过分析，并在试剂瓶和熔剂证书上有杂质列表。）

② 用微型称样刀加 20mg 固体 LiBr 脱模剂于熔剂中。在炽热的熔剂中溴化锂会分解，因此在熔样机附近要有良好的通风。

③ 在 1000℃搅拌加热至少 6min，使砂粒完全熔解于熔剂中。

④ 将熔体倒入直径 32mm 的模具中（如果是直接成型坩埚，则取出坩埚），

冷却至室温。

⑤ 将玻璃片从模具中倒在干净的纸上或无绒布上，加贴圆形标签，保存在小的纸袋或塑料袋中。

（2）样片保存　熔融四硼酸锂玻璃片应保存在干燥器或干燥室中，备用。空气中的湿气，特别是在夏季，会使玻璃片的表面变浑浊。粉末样品可在空气中放置几个月，但如果希望长期保存，还是应放在干燥的环境中。

（3）问题

① 玻璃片破裂：在大多数情况下，冷却过程中熔片破裂都是由于样品研磨不足造成的。比较大的砂粒（主要是石英）在熔剂中未完全熔解，形成结晶中心，导致破裂，呈现星形破裂模式。

措施：延长研磨时间。延长研磨时间可以降低样品粒度。使用自动熔样机时，延长熔融时间。如果是熔融和混合时间太短，可以用破裂的玻璃片重熔，再次浇铸。

② 玻璃片粘模具、不脱模：对含 $\mu g/g$ 量级铜的硅酸盐样品，此问题很常见。由于玻璃砂样品含铜量很低（小于 $1\mu g/g$），粘模不应该是问题。

措施：在熔剂中加入几毫克 LiBr（如前述），粘模问题可以解决，玻璃片将易于脱模。

3. 试样制备——粉末压片法

当砂中的铁和铬的含量低于 $10\mu g/g$ 时，可以用另一种方法制备样品。该方法用少量黏结剂与砂粉混合，在高压（15～20kN）下压制成片。

（1）设备　最大压力为 25kN 的液压机、机械混合设备、一次性铝质盘、塑料瓶。

（2）操作步骤

① 欲制备直径 32mm 的压片，准确称取 6.000g 粉碎后的玻璃砂于 50mL 塑料瓶中，加 1.000g 石蜡（Hoechst Wax）黏结剂，盖上瓶盖。

② 在机械振荡器或类似设备上混合均匀。

③ 称取约 6.00g 制备好的混合物于压模中。用铝杯衬里，以保证压片尺寸的稳定性。在 20kN 下压制，保压至少 10s，缓慢释压。所有样品和标准均要采用相同的压力、时间和释压速率。

④ 压制出的压片表面必须平整、光滑。

⑤ 用圆形标签标记压片，保存于小纸袋或塑料袋中，备用。

⑥ 将压片放入光谱仪中分析。

4. 讨论

所述的两种制样方法均适合于砂和玻璃砂的分析。四硼酸锂熔融法中，由于熔剂稀释作用及表面矿物效应的消除，砂中的次量元素的测定具有更高的准确度。当要求低检出限时（特别是铁和铬），采用粉末压片法。大多数光谱仪样品杯的直径为 30mm。采用 40mm 直径的铸模时，要求更多的样品和熔剂量。

六、水泥

1. 水泥的组成

水泥由无机物组成，与水发生化学反应生成氢氧化物而凝结并具有高强度，且在水下也具有这种能力。波特兰水泥是一种特殊类别的水泥的总称，是将波特兰水泥炼渣与硫酸钙一起粉碎后制成的。炼渣是由大型旋转炉窑中在高温下烧制、研细的原料（传统使用的为石灰石、黏土和砂）制成的。原料、炼渣和成品波特兰水泥的分析采用 XRF 法。为进行生产过程控制和产品规格检查，例行分析的元素如表 10-13 所示，含量均以氧化物计算。表 10-13 所给出的浓度范围是典型的普通波特兰水泥的组成范围。

表 10-13　典型波特兰水泥的组成范围

分析元素	质量分数/%	分析元素	质量分数/%
SiO_2	20～23	K_2O	0.1～1.3
Al_2O_3	3～6	TiO_2	0.2～0.3
Fe_2O_3	2～4	P_2O_5	0.1～0.25
CaO	61～67	SrO	0.05～0.3
MgO	0.5～4	Mn_2O_3	0.05～0.3
SO_3	2～4.5	LOI	1～2
Na_2O	0.1～0.5		

水泥样品的粒度分布的典型范围为 0.5～100μm，直径的中位值约为 15μm。由于水泥中大部分矿物的莫氏（Mohr's）硬度为 4～5，且主要粒径在 1～40μm（或<1μm）之间，易于研磨得很细，压制成片。硅酸钙质水泥矿物的化学组成适合于用四硼酸锂在 1000℃ 以下快速熔融。

2. 粉末压片制样

称取 (5.000～7.000)g±0.001g 样品于称量盘中，称量时要用称样刀或称样勺分次加量，每次 1g 左右，以取得有代表性的物料。将所称取的样品放入振动磨进一步磨细。

水泥的粉末压片应在制备后几小时内分析。因为水泥压片的表面会与空气中的水分和二氧化碳反应，使分析面在几天之内被破坏。助磨剂和黏结剂使样品稀释，所以校准标准和未知样品要按相同的方法制备。

3. 熔片制备

用四硼酸锂熔剂，在熔剂与样品的比例为 2:1 时，即可对波特兰水泥和炼渣进行快速而容易的熔融，制成稳定、均匀的玻璃片。通过这种低稀释比制样，使常规水泥分析中原子序数最低的钠元素得以准确分析。为避免钾和硫元素的挥发，要仔细控制温度在 (1000±25)℃。在此温度下，典型的熔融时间为 10min，实际上在 5min 之内即可完成熔融。在校正了 LOI 之后，所称量的样品和熔剂的质量比保持为恒定值。与地质物料的分析不同，水泥或炼渣中的所有元素均以其常见的最高氧化态存在，因此在熔融之前，无需在空气中加热。

欲制备7g的玻璃片，称取校正烧失量后的熔剂（4.667±0.001）g、校正烧失量后的样品（2.333±0.001）g，用未沾污的搅拌棒在小型容器内混合均匀。均匀的混合物为均一的灰色，样品颗粒完全分布于熔剂中。

将混合后的熔剂和样品置于干净的95％Pt-5％Au坩埚中，加2滴50％LiBr（溶液）作脱模剂。将坩埚放在熔样设备中，先缓慢加热除去湿气和颗粒中的空气。然后升温至（1000±25）℃，保持此温度，直至混合物熔化；搅动5min，然后浇铸到95％Pt-5％Au模具中。

七、氧化铝

1. 概述

将破碎后的铝土矿用氢氧化钠溶液溶解，溶解产物之一是氢氧化铝，经煅烧后生成氧化铝。煅烧的程度将决定最终产品为冶金级氧化铝还是陶瓷级氧化铝。这两种产品的区别在于α-氧化铝的含量、可研磨性、颗粒形状和尺寸、杂质含量等。XRF分析氧化铝的样品制备方法包括粉末压片法和熔片法两种基本方法。

2. 粉末压片法

该法是将20.0g样品与5.0g有机黏结剂放在旋转盘磨中研磨1min后，压制成片。黏结剂可以是由9份（质量）苯乙烯共聚物和1份蜡组成的混合物（称为SX）。这两种物质都有粒度10μm的粉末供应，使用前要充分混匀。

对于冶金级的氧化铝，压片法可以得到非常可靠的结果。但陶瓷级的氧化铝则需要更长时间的研磨，而且要单独建立分析方法。另外，由于粒度已经很细（1～10μm范围），更长时间的研磨已无效果，且像陶瓷级氧化铝这样的硬质材料在长时间研磨时不可避免地会带来污染。特别是用粉末压片法分析钠元素时，冶金级氧化铝的分析结果明显好于陶瓷级氧化铝。钠在氧化铝中大多数以$NaAl_{11}O_{17}$的形式存在，且主要分布于颗粒内部，因此颗粒的形态将影响分析结果。为消除这些不利因素的影响，以及因缺乏校准标准带来的问题，应采用熔融制片技术。

3. 熔融制片

称取4.000g氧化铝样品和9.000g熔剂于带盖的50mL塑料瓶中。混合均匀后，转移至95％Pt-5％Au坩埚，加脱模剂后，用自动熔片机熔融，然后浇铸于直径40mm的模具内。称取4.000g样品是为了确保痕量元素的取样代表性。熔剂由90％的四硼酸锂和10％的氟化锂组成。加入氟化锂的目的是减少熔融时间，降低熔融温度。

4. 特殊问题

样品须在干燥箱中于110℃干燥3h。氧化铝水合物须首先在500℃煅烧，然后在1000℃煅烧1h。粉末压片法中使用的黏结剂不吸水且具有良好的自成型特性。黏结剂起三个主要作用：在研磨时起润滑剂的作用，减少沾污，便于清洗研磨机；使很细的样品颗粒与大的颗粒隔离开，使研磨更有效；在压片时起黏结剂的作用。熔融法适合于所有类型的氧化铝样品，可以消除颗粒大小、形状和硬度等因素给分析带来的影响。与压片法相比，熔融法一般具有以下优点：校准范围宽；可以使用少数几个合成标准样品进行"绝对"校准；通过用合成标准样品校准，分析若干个附加元素；除了硫以外的元素的分析准确度更高。可是，在熔融过程中，硫的挥发量是无法控制的。为了使硫保留在固体溶液中，要调整熔剂的组成，即加入强氧化剂（如硝酸锂）。

八、电解液

1. 概述

金属铝是通过纯氧化铝电解生产的。为了使熔点降低到 1000℃ 以下，要将氧化铝溶解于熔融的冰晶石中。为进一步降低熔点以减小能耗和电解过程中氟化物的挥发，电解池中通常要加入 5%～8% 的氟化钙。最近，在一些熔融炉中，也使用了镁和锂盐。工业上，分析电解池中的熔融电解质通常有两种不同的样品制备方法，一种用于 XRD 分析，另一种用于 XRF 分析。

2. 电解液样品的试样制备方法

使用电解液取样钳，采取总量约 50g 的锥形、圆柱形或球形的固体样品。用锤子破碎或用耐磨硬质钢颚式破碎机，粗碎至约 5 目，然后再进行研磨。样品用 XRF 分析时，可选择压片法，也可选择熔融制片法。

粉末压片制样可采用如下方法：13.00g 破碎后的样品和 3.000g 黏结剂（由 9 份苯乙烯共聚物和 1 份蜡组成）一起在旋转磨中（盘式或环式）研磨 3min，然后将研细后的粉末在 35kN 压力下，压制成质量为 7.0g 的一片或两片直径 40mm 的圆片，压制时，保压 5s。

熔融制样用于测定主、次成分的含量。熔融制样的独有特性是可以用合成标准进行校准。这样，就可以进行一种不依赖于天然标准的"绝对"校准。而且，天然电解液标准中不包括的元素也可以被分析。电解液样品的熔融制样方法如下：1.0000g 干燥后的样品与 0.5000g $LiNO_3$ 和 5.5000g 含 $LiBO_2$ 和 $Li_2B_4O_7$ 各 50% 的混合物混合，转移至 95% Pt/Au 坩埚中，熔融前加 3 滴 25% 的 LiBr 溶液。

3. 特殊问题

在粉末压片制备技术中，必须加入黏结剂。电解液样品不具备自成型特性，研磨后的粉末无法压制成牢固的样片，即便使用铝杯压制也不行。为了测定氧，大约需要 3min 的研磨时间。所谓的自由氧化铝的 XRF 测定是基于氧的测定。如果不必测定氧，研磨 1min 就可以了。在电解液的熔融制样中，在熔剂中加入 $LiNO_3$ 是为了氧化基体中存在的炭，防止玻璃片在固化时破裂。

九、煤衍生物——沥青

1. 概述

由煤或焦油蒸馏制备的硬沥青在很多产品中被用作黏结剂。比如，制铝工业在制作大规模的阳极和阴极时要使用沥青，因此沥青的市场需求量比较大。硬沥青中含硫高时会排放 SO_2，对环境造成破坏，金属氧化物会影响最终金属产品的质量。普通的分析技术难以精确分析硬沥青中的主、次量元素。低温灰化后，用酸消解灰分或用硼酸盐熔融灰分，用分光法测定时，只有某些元素可以得到好的结果。简单煅烧会导致硫以 SO_2 的形式损失掉，铅和锌也会挥发损失。中子活化分析可以准确分析大多数痕量元素，但在不同元素测定之间需要等待很长的冷却时间，分析成本也比较高。因此，硬沥青及含沥青的物质的快速、可靠的 XRF 分析相当引人关注。

2. 代表性沥青样品的选择

在生产厂，大多数硬沥青和石油沥青都以加热的形式贮存，比如贮存在 150℃ 以上的沥青罐中。只要在罐上安装一个阀门，就可以将样品直接采集到一次性铝碟或铝盘中。固体硬沥青一般是袋装的片、棒（铅笔沥青）或大块。石油沥青有液体形式，也有固体形式，用钢制圆桶或提桶盛放。

热沥青的取样：将一个大铝盘（约 20cm×30cm）放在厚的多合板上，打开罐阀，使沥青充满铝盘。用铝箔或薄不锈钢板覆盖，以防灰尘污染，冷却至室温。将固化后的沥青带回实验室，倒在铝箔上。用另一块铝箔小心地包好，用塑料锤敲成小块（约 3cm），将约 200g 破碎后的样品保存在干净的玻璃或钢罐中备用。

注意：热沥青能引起二度或三度烧伤。操作热的沥青时，请使用适当的方法和安全的设备。支撑采样盘的板凳和桌子须稳固。操作熔化的沥青时要极小心。

固体样品的取样：采集袋装的片、棒（铅笔沥青）或小块沥青样品时，要分别从顶部、中部和底部采集，使采集的样品能代表整体。样品采集量至少为 200g，并保存在容器内。

3. 沥青的压片

硬沥青一般是以大固体块的形式送交 XRF 分析，须用锤子将其破碎至能够装入颚式破碎机中的小块。将其中的 100g 用颚式破碎机破碎至约 5 目。用条板式缩分器缩分出 14g 子样。硬沥青与焦炭是不同的材料，可以像焦炭一样被研细并压饼，也可以将粗粒的样品熔化后浇铸到一个杯子中，进行 XRF 分析。在压片制样方法中，将 14.00g 样品与 7.00g 有机黏结剂一起放入研磨机中研磨120s，用压片机压制成 1 片或 2 片 9g 的样片。硬沥青样片的平均厚度为 6.2mm，直径为 40mm。

4. 沥青的热浇铸

（1）设备　带温度控制的 25cm×25cm 的电热板，直径 60～80mm 的一次性铝盘，预切割好的厚 6μm 的 Mylar 膜，XRF 分析液体用的直径 40mm 的塑料杯、10mm 厚有机玻璃板，操作坩埚用的铝钳，几个直径 2mm、长 10cm 的棒

（可以从干净的铝线或钢线切割出）、通风良好的实验室通风橱。

（2）热浇铸（在通风橱中进行）

① 称取 15～20g 沥青样品于一次性铝盘中（只使用顶装载台秤），在装入样品之前，先在盘子的边缘做一个喙，以便能将熔化后的热沥青倒出。

② 将铝盘放在加热至 140～160℃的电热板上。用铝箔盖上盘子以防样品溅出。加热 10～15min，使样品熔化。

③ 在等待样品熔化期间，可以准备油品或液体 XRF 分析专用的直径 40mm 的样品杯。方法是用 6μm 厚的 Mylar 膜覆盖在样品杯上，用压环固定。薄膜表面要平整。将样品杯放在干净的有机玻璃板上，带膜的一端向下。

④ 加热过程中，用铝棒或钢棒不时搅动。

⑤ 从电热板上取下熔化后的样品，小心摇动做最后的混匀。继续边摇动边冷却，直至呈蜂蜜或浓糖浆状。

⑥ 将热样品倾倒至准备好的样品杯中。

注意：装入样品杯中的样品量应为样品杯体积的 3/4。样品厚度应为 20～25mm。这一点对于铅等重金属的准确测量是十分重要的。在倒入样品杯时，沥青的温度不能太高，以免烧穿 Mylar 膜。有机玻璃可以散热，保持 Mylar 膜冷却。热浇铸只能用有机玻璃板，不能用铝等金属板。当处理软化点高的沥青时，要使用 6μm 的 Kapton 膜做样品杯窗口。Kapton 可以耐受 200℃的温度，不会被烧穿，但价格比 Mylar 膜贵。

⑦ 等待至少 15min，使样品冷却至室温。

⑧ 冷却后，慢慢地取下固定 Mylar 膜的压环。小心地将 Mylar 膜从样品表面撕下。如果仍有少量 Mylar 材料黏附在样品上，用刮刀刮掉。必要时，用放大镜检查样品表面上残存的 Mylar 膜。

⑨ 沥青样品的表面须平整、光滑如镜面，不存在缺陷或气泡。如果掌握了上述方法，则 95%的样品都可以得到适合于 XRF 测定的理想表面。

⑩ 将压环重新扣回到样品杯上，样品表面向下放在软纸、餐巾纸等无绒纸上，或类似的干净纸上（建议用镜头纸）

⑪ 样品制备完成，可以放入光谱仪分析。

注意：在室温下呈流体的软沥青可以在低温板上"热浇铸"。浇铸后可以在 −20～−40℃下冷冻。样品杯窗膜在即将分析前、样品仍处于冷冻态时剥去。在沥青表面上聚集的少量冷凝气，在几秒钟内就会被光谱仪真空泵抽出，不会引起任何干扰。样品要趁冷分析，在其变软之前快速从光谱仪中取出。建议每次只放入光谱仪中一个样品，以免损坏或污染 X 射线光管窗口。测量时从高原子序数元素（短波长）开始，以避免光谱仪真空度变化对计数的影响。

5. 注意事项

（1）沥青样品的热稳定性（挥发损失）　大多数的硬沥青和石油沥青样品只

有在加热到 200～220℃ 时，才会损失挥发分。在 200℃ 时，挥发分损失 2％～3％。在 250℃ 以上温度时，样品会出现氧化现象。在 120～130℃ 下熔化沥青样品时，挥发分的损失可以忽略，不会影响分析结果。硬沥青加热时，如果在样品表面形成浅黄色烟雾，说明温度过高。如果烟雾的颜色变为黄色且变浓，部分硫会损失。

（2）样品制备过程中的操作　在制备和处理熔化后的热沥青时，必须严格遵守安全条例和警示，烧伤常常是因处理热样品时精力不集中造成的。沥青尘会造成眼痛。所有样品都须在通风良好的通风橱中制备。工作环境应该是"洁净"、无尘的，工厂和实验室尘埃中含有大量的 Si、Al、Fe 等元素。由于要测定的金属元素和 Si 都是痕量的，最低为 $\mu g/g$ 量级，因此，还要避免纤维或其他小颗粒的污染。在处理沥青的工作台上或通风橱内的操作台上覆盖一层铝箔或带涂层的纸板，并定期更换，以保持工作环境的洁净。

十、树叶和植物

1. 概述

传统的树叶和植物分析的样品制备是将样品用酸溶解（消化）之后，用光谱法（原子吸收或等离子体光谱）测定。与电感耦合等离子体光谱法相比，XRF 的重复性要好得多。

用 XRF 法分析宏营养元素（Ca、Mg、K、P、S）、微营养元素（Fe、Mn、Cu、Zn）和其他重要元素（如 Na、Al、Si、Cl 和 Pb）时，采用压片制样法，制样方法简便、快速。树叶和植物叶样品的制样过程包括采集、干燥、粉碎、压片等，不会造成污染。通常在几分钟内可以定量测定 10～20 种元素。本文所述方法适合于各种类型的现代波长色散或能量色散型 XRF 光谱仪。

2. 代表性树叶和植物样品的采集

阔叶树：橡树、白杨树和枫树的树叶在 8 月中旬采集最佳，此时，树叶完全成熟，尚未开始脱落。

针叶树：云杉和松树针叶在 10 月和 11 月采集。

蔬菜、草：必要时采集，最好是叶子成熟后采集。

3. 树叶的采集

将树冠平行地分为 3 等份。顶层比底层的营养元素要少。分别从顶部、中部和底部剪下小的枝杈。如果每年都要分析，须标记好采集地块，每年都在相同的树上采集。用这种方法，可以研究各种肥料对树和植物健康的影响。如果树叶上有尘土、脏物等，用盛有蒸馏水的大盆漂洗。

处理树叶和植物样品时须戴薄橡胶手套。戴上手套后，立即用流水洗干净，再用去离子水或蒸馏水漂洗。大多数的薄手套表面都涂有滑石粉（硅酸镁），在处理样品之前，必须洗掉。当采集大量的样品时，在保存或处理样品的地面、可携带工作台、板凳或架子上，铺一张聚乙烯膜（或类似的膜），以防样品被污染。

4. 样品制备

（1）设备　带硬质钢刀片的搅拌器，容积为 1L 的容器，防尘用铝箔、剪刀、烘箱、用于盛放粉碎后的样品的 50mL 的丙烯酸或玻璃制的带盖瓶，32mm 直径的铝衬底杯，压片机，一个工业型吸尘器，无绒纸巾。

（2）干燥　大多数的阔叶、针叶和植物样品都装在纸袋中于 85℃ 的电热干燥箱中烘干。在干燥针叶时，要严格保持 85℃ 的温度，否则，某些香精油会损失掉。一些树叶（比如枫叶）可以在较高的温度下干燥。根据叶子中水分的多少，干燥时间可以是 24~72h 不等。不推荐进行真空干燥。

（3）样品的粉碎

① 将叶柄从叶子上剪下（此工作应在叶子为绿色、装入袋子时完成）。将针叶从树枝上摘下（干燥后，针叶很容易从树枝上脱落）。

② 称取约 5g 样品，在实验室型搅拌机中高速粉碎 3min。粉碎时不能加水或其他液体，要干态粉碎。

③ 将粉碎后的粒度小于 100 目（150μm）的粉末保存在密封的小瓶中，备用。

④ 用强力吸尘器打扫搅拌机的容器。用吸尘器将各刀片周围的残余样品全部抽干净。用纸巾擦拭容器内壁上的残余样品粉末。在各样品之间，不必用水或溶剂清洗。样品全部处理完后，用水将各部件彻底清洗干净，再用蒸馏水洗净，干燥。

（4）压片　用台秤称取（4.0±0.2）g 粉碎后的样品于塑料盘中（XRF 分析时不必准确称取），倒入已放在直径 32mm 压模中的铝杯内。不要在样品中加入硼酸、黏结剂、稀释剂或其他助剂。在 25kN 压力下压制，保压约 20s。用 10~20s 时间缓慢释压。压制后的压片应至少 4mm 厚，表面平整、光滑，用合适的标签标记好样品，放入 XRF 光谱仪测量，或保存在封口的塑料袋或瓶中备用。在潮湿的空气中放置太久后，样片的表面会变差。

参考文献

[1]　White E W. X-ray emission and absorption wavelengths and two- theta tables. Philadelphia American Society for Testing and Materials，1970.

[2]　Bertin，Eugene P. Introduction to X-ray spectrometric analysis. New York：Plenum Press，1978.

[3]　Jenkins R，Gould R W，Gedcke D. Quantitative X-ray spectrometry. New York：M. Dekker，1981.

[4]　Tertian R，Claisse F. Principles of quantitative X-ray fluorescence analysis. London：Heyden，1982.

[5]　Bennett H，Oliver G J. XRF Analysis of Ceramics，Minerals and Allied Materials. Chichester：John Wiley & Sons，1992.

[6]　Grieken R V，Markowicz A A. Handbook of X-Ray Spectrometry—Methods and Techniques. New York：Marcel Dekker Inc，1993.

[7]　Lachance G R，Fernand Claisse. Quantitative X-Ray Fluorescence Analysis—Theory and Application.

Chichester: John Wiley & Sons, 1995.

[8] Buhrke V E, Jenkins R, Smith D K. A Practical guide for the preparation of specimens for X-ray fluorescence and X-ray diffraction analysis. New York: Wiley-VCH, 1998.

[9] [苏] 阿福宁 ВП, 古尼切娃 ТН. 岩石、矿物的 X 射线荧光光谱分析. 宋吉人, 周国清译. 北京: 地质出版社, 1980.

[10] 谢忠信, 赵宗玲, 张玉斌, 等. X 射线光谱分析. 北京: 科学出版社, 1982.

[11] 王毅民编著. 实用 X 射线谱线图表. 北京: 原子能出版社, 1989.

[12] 刘彬, 黄衍初, 贺小华. 环境样品 X 射线荧光光谱分析. 乌鲁木齐: 新疆大学出版社, 1996 .

[13] 吉昂, 陶光仪, 卓尚军, 等. X 射线荧光光谱分析. 北京: 科学出版社, 2003.

[14] 中井泉, 日本分析化学会. 蛍光 X 線分析の実際. 東京: 朝倉書店, 2005.

[15] Claisse F, Samson C. Heterogeneity effects in X-ray analysis. Adv X-Ray Anal, 1962, 5: 335-354.

[16] Bonetto R D, Riveros J A. Intensity for cubic particles in X-ray fluorescence analysis. X-Ray Spectrom, 1985, 14: 2-7.

[17] Ingamells C O. Control of chemical error through sampling and subsampling diagrams. Geochim. Cosmochim Acta, 1974, 38 (8): 1225-1237.

[18] Gy Pierre M. The analytical and economic importance of correctness in sampling. Anal Chim Acta, 1986, 190: 13-23.

[19] Gy Pierre M. Recent developments of the sampling theory. Analysis, 1986, 18 (5): 303-309.

[20] Tuff Mark A. Contamination of silicate rock samples due to crushing and grinding. Adv. X-Ray Anal, 1986, 29: 565-571.

[21] Hickson C J, Juras S J. Sample contamination by grinding. Can Mineral, 1986, 24 (3): 585-589.

[22] Torok S, Braun T, Van Dyke P, et al. Heterogeneity effects in direct XRF analysis of traces of heavy element pre-concentrated on polyurethane foam sorbents. X-Ray Spectrom, 1986, 15: 7-11 .

[23] Wheeler B D. Accuracy in X-ray spectrochemical analysis as related to sample preparation. Spectroscopy, 1987, 3: 24-33.

[24] Feret F, Sokolowski J. Effect of sample surface integrity on X-ray fluorescence analysis of aluminium alloys. Spectrosc International, 1990, 2 (1): 34-39.

[25] Baker J. Volatilization of sulfur in fusion techniques for preparation of disks for X-ray fluorescence analysis. Adv X-Ray Anal, 1982, 25: 91-94.

[26] Ochi H, Okashita H. X-ray fluorescence analysis of ceramic materials. Comparison between the powder method and the glass bead method. Shimadzu Hyoron, 1987, 44 (2): 157-163: CA 107 (18): 160056d.

[27] Metz J G H, Davey D E. Statistical comparison of analytical results obtained by pressed powder and borate fusion XRF spectrometry for process control of a lead smelter. Adv X-Ray Anal, 1992, 35B: 1189-1196.

[28] Dow R H. A statistical comparison of data obtained from pressed disk and fusd bead preparation techniques for geological samples. Adv X-Ray Anal, 1982, 25: 117-120.

[29] Leoni L, Saitta M. X-ray fluorescence analysis of powder pellets utilizing a small quantity of material. X-Ray Spectrom, 1974, 3: 74-77.

[30] Rose W I, Bornhorst T J, Sivonen S J. Rapid high-quality major and trace element analysis of powdered rock by X-ray fluorescence spectrometry. X-Ray Spectrom, 1986, 15: 55-60 .

[31] van Zyl C. Rapid preparation of robust pressed powder briquettes containing a styrene and wax mixture as binder. X-Ray Spectrom, 1982, 11: 29-31.

［32］ Robberecht H J, Van Grieken R B. Sub-part per-billion determination of total dissolved selenium and selenite in environmental waters by X-ray fluorescence spectrometry. Anal Chem, 1980, 52: 449-453.

［33］ Vanderborght B M, Van Grieken R B. Enrichment of trace metals in water by adsorption on activated carbon. Anal Chem, 1977, 49: 311-316.

［34］ Smits J, Nelissen J, Van Grieken R B. Comparison of Preconcentration Procedures for Trace Metals in Natural Waters. Anal Chim Acta, 1979, 111 (1): 215-226 .

［35］ Kocman V, Foley L, Woodger S C. The use of rapid quantitative X-ray fluorescence analysis in paper manufacturing and construction materials industry. Adv X-Ray Anal, 1985, 28: 195-202.

［36］ Istone W K, Collier J M, Kaplan J A. X-ray fluorescence as a problem solving tool in the paper industry. Adv X-Ray Anal, 1991, 34: 313-318.

［37］ Kocman V. Analysis of limestone and dolomite rocks, in X-ray fluorescence analysis in the geological sciences, ISBN 91-9216-38-2, Geological Assn. of Canada, S T Ahmedali, Ed, 272-276.

［38］ King Bi-Shia, Davidson V. Sample preparation method for major element analysis of carbonate rocks by X-ray spectrometry. X-Ray Spectrom, 1988, 17: 85-87.

［39］ Kocman V. Rapid multielement analysis of gypsum and gypsum products by X-ray fluorescence spectrometry, in The Chemistry and Technology of Gypsum. ASTM STP 861, R A Kuntze, ed, American Society for Testing and Materials, 72-83.

［40］ Kocman V, Foley L Certification of four North-American gypsum rock samples type: $CaSO_4 \cdot 2H_2O$, GYP-A, GYP-B, GYP-C, and GYP-D. Geostandards Newsletter, 1987, 11 (1): 87-102.

［41］ Adamson A N Alumina production: Principles and practice. The Chemical Engineer, 156-171.

［42］ Feret F. Alumina characterization by XRF. Adv X-Ray Anal, 1990, 33: 685-690.

［43］ Feret F. Characterization of bath electrolyte by X-ray fluorescence. Light Metals, 1988, 697-702.

［44］ Feret F. The Si particle size effect in X-ray fluorescence analysis of Pitch. X-Ray Spectrom, 1994, 23: 130-136.

［45］ Kocman V, Foley L, Landsberger S. Analysis of bulk coal-tar reference pitch sample by neutron and photon activation analysis. X-ray fluorescence spectrometry and atomic absorption spectroscopy, 1989, 27: 185-190.

［46］ Norrish K, Hutton J T. Plant analysis by X-ray spectrometry. X-Ray Spectrom, 1977, 6: 6-11.

［47］ Kocman V, Peel T E, Tomlinson G H. Rapid analysis of macro and micronutrients in leaves and vegetation by automated X-ray fluorescence spectrometry—a case study of acid rain affected forest. Communications in Soil Science and Plant Aanlysis, 1991, 22 (19, 20): 2063-2075.

第十一章　X射线荧光光谱仪的
特性与参数选择

X射线荧光光谱仪一般分为使用晶体分光的波长色散型荧光光谱仪（WDXRF）和使用半导体探测器和多道脉冲高度分析器为特征的能量色散型荧光光谱仪（EDXRF）两种类型。

波长色散型仪器可分为两种：一种是对各种元素进行角度扫描顺序测定的扫描式光谱仪，另一种是每一元素单独配备一固定测角器的多道X射线荧光光谱仪，该型仪器可同时分析多种元素。还有一种是两者结合在一起，既有顺序角度扫描又有各种元素的固定测角仪，兼备各自的特长，以满足特殊分析的要求。本章重点介绍色散型X射线荧光光谱仪的结构及性能。

第一节　波长色散型X射线荧光
光谱仪的特性与技术进展

由X射线光管产生的原级X射线照射到样品上，样品中的元素受激发射出荧光X射线，并与原级X射线的散射线一起，通过初级准直器以平行方式入射到晶体表面，按布拉格方程条件发生衍射，衍射的X射线与晶体散射线一起，通过次级准直器进入探测器，进行光电转换，把光子转换成可以测量的电信号脉冲。探测器的输出脉冲经放大器放大和脉冲高度分析器的幅度甄别后，即可通过定标器进行测量，由计算机进行数据处理，输出结果。

由于电子技术和计算机技术的迅猛发展，X射线荧光光谱仪、XRF分析技术和数据处理方面的进步是十分惊人的，特别是从20世纪90年代起，世界诸多仪器制造商相继推出了由计算机控制的高度自动化、智能化的X射线荧光光谱仪，其技术性能有明显的提高。这其中包括如下几种。

① 无齿轮磨损测角仪、第4代莫尔条纹测角仪、探测器和晶体系统独立旋转，通过电子-光学读出器，计算两个光系统干涉所产生的莫尔条纹来准确定位。DOPS直接光学定位系统，采用无磨损设计，精度高达±0.0001°。

② DMCA双多道分析器取代先前的脉冲高度分析器，使仪器的死时间减少到最小。

③ 具有250μm微区图像分析功能的波长色散型X射线荧光光谱仪，可对样

品表面的某一微小区域进行精确的定性定量分析，同时能针对每个元素作出图像分析。

④ γ-θ 样品台，一定程度上解决了 X 射线照射不均匀以及分光晶体的反射强度不均匀的问题，使样品在 X 射线最强和最佳条件下测量。

⑤ 4kW 和 4.2kW 高功率和高稳定性的 X 射线发生器，其稳定性达到百分之几，保证了光谱仪长期工作的稳定性。

⑥ 大电流（160mA）30μm 超薄窗、超尖锐、长寿命端窗铑靶 X 射线管，适合于超轻元素分析。

⑦ 在 X 射线荧光光谱仪中，加装一个衍射通道，将 X 衍射与 X 荧光集合在一台仪器中，衍射系统能进行定性扫描和定量分析。

⑧ 为适应现场或驻地分析的要求，推出了小型能量色散型和波长色散型 X 射线荧光光谱仪。

第二节　X 射线高压发生器

X 射线高压发生器不仅要提供 X 射线光管所需要的稳定的高压电源，还应保证 X 射线光管的稳定电流。X 射线高压发生器现在应用的主要有如下两大类。

第一类为高压发生器，采用双向可控硅脉冲触发电路、高压变压器升压、高压整流电路，这类发生器用脉冲触发控制双向可控硅输出交流电压，实现高压控制。它的特点是整机体积小、质量轻、稳定性好。

第二类为高频固态发生器，它的高压控制采用 300Hz 以上的谐波控制调波信号，以触发可控硅，使之形成方波交流电源，经变压器件变压，再整流为高压直流电源供 X 射线光管使用。同样，电流控制器也采用谐波调制电路，频率采用 20～25kHz。高电压为 60kV，最大电流为 160mA。

第三节　X 射线光管特性与选择使用

1. X 射线光管结构特点

X 射线光管是 X 射线光谱仪常用的激发源，其作用是由 X 射线光管产生的 X 射线激发样品，发射出样品中各元素的特征 X 射线。从机械结构可分为侧窗型、端窗型和投射型。侧窗型的阳极靶接地，灯丝接负高压，常用的阳极靶材为 Cr、Mo、W、Ag、Pt 等。端窗型管则相反，是阳极靶接正高压的。端窗型管冷却靶用的水必须是电阻大于 $(5\sim10)\times10^5\Omega\cdot$cm 的纯水，并使用离子交换树脂的循环水装置（侧窗型管用自来水冷却）。有关公司推出一种超尖锐大电流端窗铑靶 X 射线光管（SST-MAX），最大电压为 60kV，最大电流为 160mA。其特点是：Be 窗厚度为 $50\mu m$，在寿命期内，X 光管强度衰减最小，采用可机加工的陶瓷材料作为绝缘体；采用特殊的粗细相间的灯丝结构，以延长 X 射线光管的使用寿命；尖锐的端头以缩短靶至样品间的距离，提高入射强度；超薄的 Be 窗增加长波辐射的透过率，提高轻元素分析的灵敏度。

透射阳极 X 射线光管由多栅电子枪、薄的透射阳极（薄靶）和靶座组成，分别用玻璃管壳连接并抽成真空。薄靶焊接在导热良好的金属靶座上。多栅电子枪发射的电子束经调制和聚焦之后打在薄靶上。轰击薄靶所产生的 X 射线透过薄靶，由出射窗口出射，如图 11-1 所示。薄靶由厚度为 $0.005\sim0.10mm$ 的纯金属薄片制成，常用的材料有 Cr、Cu、Mo、Rh、Ag、Au。

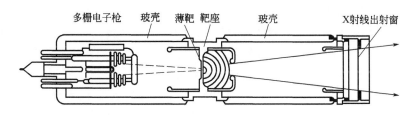

图 11-1　X 射线光管透射靶的结构示意图

2. X 射线光管的杂质线

X 射线光管杂质线的存在将妨碍试样中同种元素的测定，因为除了背景升高外，杂质元素（Cu、Ni、Zn、Fe 等）特征线的相干散射线将完全重叠在试样中这些元素的测定线上。消除这些杂质线的方法有三种：使用初级滤光片；换用杂质线少的 X 射线光管；估算杂质线的强度。利用组成近似的空白样品，测量这些杂质元素峰值和背景强度，并利用其强度之比不变这一关系，通过数学计算来校正。

3. 背景问题

由 X 射线光管产生的连续谱线经样品散射变成背景，往往使测量的精密度降低，检出限受到影响。此外由 X 射线光管产生的特征 X 射线的相干散射（瑞利散射）及非相干散射（康普顿散射）在轻基体样品中很厉害，会干扰在其附近出现的分析线。在环境样品 Pb、As 和 Hg 等元素分析中一般都使用铑靶 X 射线光管，这是因为 Rh K_α、Rh K_β 等特征线的激发效率高，对 Pb、As 等元素不干扰，而且其连续谱的背景低。

4. X 射线光管的选择

适当选择 X 射线光管阳极材料有助于提高被分析元素的灵敏度。因为 X 射线光管产生的连续 X 射线和靶元素特征 X 射线共同参与样品的激发。初级 X 射线的强度越高，激发样品产生的 X 射线强度越高，初级线的有效波长越接近于样品中元素的吸收边的短波侧，激发效率越高，各种 X 射线光管及其最适合的分析元素范围见图 11-2。除此之外，还要考虑 X 射线光管杂质线及背景的影响。

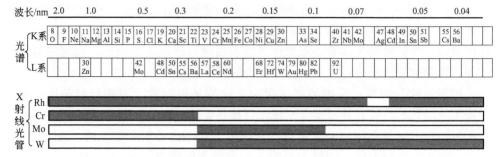

图 11-2　各种 X 射线光管及其最适合的分析元素范围

5. X 射线光管使用注意事项

① 避免碰撞和振动。X 射线光管与电灯泡的构造相同，不能经受碰撞和振动。

② 勿用手触摸 X 射线光管铍窗。管窗由很薄的金属铍做成（目前最薄为 $30\mu m$）。如用手或物品按压就会因铍窗破裂而报废，应十分注意。X 射线光管铍窗污染或有样品粉末时，可用吸耳球轻轻吹去。有时 X 射线光管铍窗的表面会被氧化，特别是靠近铍窗的四周边沿有被氧化后生成的白色氧化铍，毒性很大，需格外小心。

③ 注意防潮和除尘。因为 X 射线光管要承受高压，所以在保管和使用时要注意防潮和除尘，否则会引起放电。

④ 在电缆头上要抹耐压硅脂，以防止放电。

⑤ 注意温度变化。存放 X 射线光管时，要把管内冷却 X 射线光管管路中的水排净，同时温度不得低于 $9.4℃$。

6. X 射线光管的老化

X 射线光管的老化是将 X 射线光管功率从低逐渐调到高的慢升操作过程。对新 X 射线光管或停机几天没有工作的 X 射线光管都须进行老化操作。这是因为从微观上看，新的灯丝或阴极表面不可能十分光滑，这种毛糙在较高电压下会引起放电，而长期放置不用，灯丝表面可能被漏入的空气氧化产生凹凸不平，也会产生电弧从而损坏。慢升功率可使在由低到高的高压下，逐步将可能存在的凹凸不平打平，从而减少或消除打火。

X 射线管的老化步骤为：$20kV/10mA \rightarrow 30kV/10mA \rightarrow 40kV/10mA \rightarrow 40kV/20mA \rightarrow 50kV/30mA \rightarrow 60kV/40mA \rightarrow 60kV/50mA \cdots$ 直到 $60kV/66mA$。每步停留时间均为 $5min$。

第四节　滤光片、面罩和准直器

1. 滤光片

在 X 射线光管和试样间的光路中插入一块金属滤光片，利用滤光片的吸收特性可消除或降低 X 射线光管发射的原级 X 射线谱，尤其是消除靶材特征 X 射线谱和杂质线对待测元素的干扰，提高分析灵敏度和准确度，常用滤光片的功能见表 11-1，滤光片还可用 Ti、Ni 和 Zr 等材料制成。

表 11-1　常用滤光片的功能

滤光片	作　　用	K 系范围
黄铜 300μm	消除 Rh K 系靶线，提高 20keV 以上的峰背比	Rh 以前 K 系
黄铜 100μm	提高 16~20keV 范围的峰背比	Zr-Rh
铝 750μm	提高 12~16keV 范围的峰背比	Zr-Rh
铝 200μm	排除 Rh L 系靶线，提高 4~12keV 范围内的峰背比	Ti-Se

2. 面罩

在样品和准直器（狭缝）之间可装上一个视野限制面罩，以消除由试样盒面罩（面罩材质主成分、杂质等）产生的 X 射线荧光和散射线，确保准直器只检测来自样品的荧光 X 射线。为提高分析的灵敏度，各生产厂家仪器配置的视野限制面罩有所不同。目前，最多可配置 10 种，通常选用 3~4 个。典型的配置有 20mm、27mm、30mm、37mm 视野限制面罩。视野限制面罩的选择可根据分析样品尺寸的大小和被测元素的含量确定，被测元素含量较高可选择尺寸小的面罩，被测元素含量较低，为了提高强度可选择较大尺寸的面罩。

3. 准直器的选配

准直器是由许多间距精密的平滑的薄金属片叠积而成，它分为初级准直器和次级准直器。初级准直器安装在样品和晶体之间，次级准直器安装在探测器的前面，初级准直器使样品发射出的 X 射线荧光通过准直器变成平行光束照射到晶体上，经晶体分光后再通过次级准直器准直后进入探测器，初级准直器对光谱仪分辨率起着重要作用。

准直器金属薄片的长度和间距决定了准直器允许射线发散的角度，即所谓的发散度。发散度 α 可用狭缝长度 L（单位：mm）和片间距 S（单位：mm）按下式求得：

$$\alpha = \tan^{-1}(S/L)$$

由上式可知，缩小片间距可使发散度 α 减小，从而提高分辨率，但强度损失大。

轻元素的荧光产额低，所以在分析轻元素时，要选用粗准直器。对于超轻元素要选用超粗准直器，以提高灵敏度。重金属谱线复杂且又互相接近，所以要选用细准直器以提高分辨率。次级准直器对分辨率影响不大，选择时要考虑的主要因素是不要使强度损失太大，通常采用中粗准直器或粗准直器。准直器的最佳选择见表 11-2。

表 11-2　准直器的最佳选择

准直器/μm	L 系谱线	K 系谱线	准直器/μm	L 系谱线	K 系谱线
100/150	U-Pb	Te-As	150	U-Ru	Te-K
300	U-Ru	Te-K	550	Mo-Fe	Cl-F
700	Mo-Fe	Cl-O	4000		O-Be

第五节　晶体适用范围及其选择

晶体是光谱仪的重要色散元件，其作用是按布拉格衍射定律，把样品发射的各元素的特征 X 射线荧光，按波长分开以便测量每条谱线。不同的晶体和同一晶体的不同晶面具有不同的色散率和分辨率。

分光晶体分为平晶和弯晶两种。平面晶体不能聚焦，所以需与准直器联合使用，一般用于顺序式光谱仪；弯曲晶体能将光聚焦在点上，要与狭缝联合使用，弯晶多用于多道光谱仪。弯晶的特点是强度高，分辨率好。在 X 射线光谱仪中常采用全聚焦弯曲和对数螺旋弯曲晶体。

1. 晶体的选择标准

选择晶体按以下原则进行：①波长范围适合于需要测量的分析线；②分辨率好，具有高的角色散和窄的衍射峰宽；③高衍射强度；④干扰少，晶体中不包含能发射自身特征谱线的元素；⑤在空气和在真空中，以及受 X 射线长时间照射后，仍具有高稳定性；⑥受温度、湿度变化影响小，热胀系数低；⑦信噪比大；⑧不会产生高次衍射干扰。

2. 晶体的适用范围和种类

晶体的适用范围受以下两方面限制：①布拉格衍射条件：$n\lambda/2d = \sin\theta \leqslant 1$。即每块晶体其最大可产生衍射的波长为其面间距的 2 倍。因此为了覆盖元素周期表中各元素发出的不同波长，需要有不同 $2d$ 值的多块晶体或晶面用于分光。②测角仪的 2θ 角扫描角度范围。探测器的 2θ 角一般小于 $148°$。

常用晶体的 $2d$ 值及适用范围见表 11-3。表 11-3 中的 PX1～PX6、PX7、PX8、PX9 和 AX0 晶体均为人工多层薄膜晶体。这种晶体是将轻元素（如 B，C，…）和重元素（如 Mo，Ti，Ni，V，…）交替地以 $2d$ 为间距沉积在硅基上，其优点是可以实现轻重元素与厚度和 $2d$ 值间的最佳化结合，从而使某一元素的特征线产生最佳衍射，且无高次线的干扰。

表 11-3　常用晶体的 $2d$ 值及适用范围

晶　　体	$2d$ 值/nm	适 用 范 围	
		K 系线	L 系线
LiF(200)	0.4028	Te-Ni	U-K
LiF(220)	0.2848	Te-V	U-La

晶　体	2d 值/nm	适用范围	
		K 系线	L 系线
LiF(420)	0.1802	Te-K	U-In
Ge(111)	0.653	Cl-P	Cd-Zr
InSb(111)	0.748	Si	Nb-Sr
PET(002)	0.874	Cl-Al	Cl-Br
PX1	5.02	Mg-O	
PX2	12.0	B 和 C	
PX3	20.0	B	
PX4	12.0	C(N,O)	
PX5	11.0	N	
PX6	30	Be	
PX9	0.403	Te-K	
AX06	6.0	O-Mg	
AX09	9.0	N	
AX16	16.0	C(O)	
AX20	20.0	B	

3. 晶体衍射效率

晶体除了有适宜的 2d 值外，还应有良好的衍射强度和高分辨率。衍射后谱线轮廓的半高宽（FWHM）要窄。衍射效率取决于反射率和分辨率。

晶体不同反射率也不同。我们关心的是峰值反射率，而不是整体反射率。晶体在衍射峰附近小角度"摆动"时，角度和反射率变化的关系形成了晶体"摆动曲线"。曲线高度和宽度显示了整体反射率、峰值反射率和衍射轮廓宽度，决定这些特征的最重要因素是晶体"镶嵌结构"（mosaic structure）。如果晶体近乎完美，无疵点，无表面损伤，没有掺入杂质，它就有很高的摆动曲线和相当弱的峰值反射率。这起因于晶体中叫"自消"的现象，它是晶体内部平面的衍射波反射到无任何疵病的晶体中所形成的。仪器上所配晶体都经过了处理，以产生镶嵌结构和减轻自消影响。通过喷砂、淬火、弹性弯曲、掺杂、抛光、腐蚀和研磨等处理，可以提高衍射效率。这种处理必须有控制地进行，以便不展宽衍射轮廓而影响分辨率。通常，人工多层薄膜晶体衍射谱线轮廓宽度要比天然晶体宽。

InSb 晶体专用于 Si 的分析，其强度高于 PET 晶体（季戊四醇晶体）2 倍，但价格昂贵。Ge(Ⅲ) 晶体适用于 P、S、Cl 分析。这些元素也可采用 PET 晶体，但 Ge(Ⅲ) 衍射强度高，分辨率好，且只反射奇数级的衍射，没有二级反射线，干扰少。用石墨晶体分析 P、S、Cl 时，强度极高，但分辨率极差。分析 C 可用 PX2 或 PX4 多层薄膜晶体，PX4 的强度比 PX2 高，但价格很贵。PX9 晶体比 LiF(200) 晶体衍射强度高出近 2 倍，但价格昂贵。

4. 晶体角色散率

晶体角色散率是指某一晶体有效分开谱线的能力，即 θ 角对波长 λ 的变化率。选择适当的晶体、准直器就能获得高角色散率，通过对布拉格方程 λ 微分，则得到角色散率的关系式：

$$\frac{\mathrm{d}\theta}{\mathrm{d}\lambda}=\frac{n}{2d}\times\frac{1}{\cos\theta}=\frac{\tan\theta}{\lambda}$$

由上式可以看出，晶体角色散率和所用晶体的晶面间距 $2d$、衍射角 θ 及衍射级有关，即 $2d$ 间距越小，角色散率越大；衍射角 θ 越大，角色散率越高；衍射级 n 越大，角色散率越高。如图 11-3 所示。用三种不同晶面，LiF（200）（$2d =$ 0.4028nm）、LiF（220）（$2d=0.2848$nm）和 LiF（420）（$2d=0.1802$nm），扫描同样波段（0.07～0.08nm）。由图可见，LiF（420）的 $2d$ 值最小角色散率最好，谱线都能分出峰来。但强度相反，角色散率最好而强度最差。因此，在考虑角色散率时不要忘了考虑强度，两者要折中考虑。在分析轻元素时，由于所用晶体的 $2d$ 值很大，所以角色散率很差。但分析轻元素时角色散率并不十分重要，重要的是谱线强度。

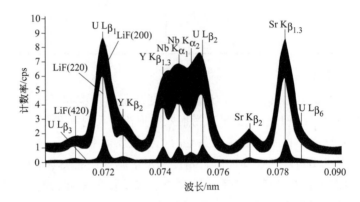

图 11-3　分光晶体的角色散率

5. 分辨率

分辨率（$\mathrm{d}\lambda/\lambda$）指谱线相对宽度，有时称为谱峰半高宽（$FWHM$）。它受初级和次级准直器片间距的影响，在某种程度上也受平面晶体或横向弯曲晶体选择的影响。横向弯曲晶体由于降低了峰的拖尾而获得很高的分辨率。光谱仪的分辨率不仅取决于晶体对光谱的角色散率，而且也取决于衍射线的 $FWHM$、准直器立体角、狭缝系统半高宽和晶体反射性能。

6. 晶体的稳定性

晶体的稳定性对准确测量非常重要，当温度变化时，晶体的面间距要发生变化，所以探测 2θ（°）角也发生变化（图 11-4）。

$$\Delta(2\theta)=-114.6\tan\theta\frac{\Delta d}{d}$$

因为 $\Delta d/d=\alpha(t_0-t)$，α 为热胀系数，所以上式可写为：

$$\Delta(2\theta)=-114.6\tan\theta\times\alpha(t_0-t)$$

式中，t、t_0 分别为当前温度和初始温度。

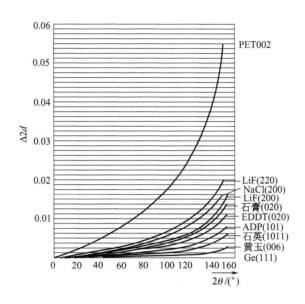

图 11-4 晶体的温度特性

由上式可知，测定时分辨率越高，温度变化带来的影响越大。表 11-4 给出了温度变化和 X 射线强度变化的关系。PET 晶体是对温度最敏感的晶体，特别是在大衍射角时更是如此。为了保证数据的稳定和提高测量的精度，各制造厂家把光谱室恒温在±1℃，帕纳科把温度控制在 30℃±0.05℃，有厂家还采用了晶体的局部恒温双重措施。

表 11-4 温度变化和 X 射线强度变化的关系

谱　线	晶　体	狭　缝	温度和 X 射线强度变化/%		
			1℃	2℃	5℃
Ag K$_\alpha$	LiF(200)	粗	<0.1	<0.1	<0.1
		细	<0.1	<0.1	0.2
Cu K$_\alpha$	LiF(200)	粗	<0.1	<0.1	<0.1
		细	<0.1	0.2	1.3
Ti K$_\alpha$	LiF(200)	粗	<0.1	0.2	1.2
		细	0.1	0.4	3.5
Al K$_\alpha$	EDDT	粗	<0.1	<0.1	0.3
		细	<0.1	0.3	2.0
	PET	粗	1.5	7.0	34.5

第六节 2θ 联动装置

平均脉冲高度值（PH）、X 射线能量（E）和增益（G）之间存在如下关系：

$$PH = KEG$$

G 一定时，PH 和 E 成正比关系。图 11-5(a) 表示 G 一定时各种元素的微分曲线。因为各种元素谱线的 2θ 角不同，所以这些谱线不会同时出现，但还是存在着要按谱线分别设定基线和道宽的问题，采用 2θ 联动装置消除了这种麻烦。

将布拉格公式代入，可得到：

$$PH = \frac{Khn}{2d\sin\theta}G = \frac{K'n}{2d\sin\theta}G$$

通过 $\sin\theta$ 使 G 相对于 2θ 而变化，即改变放大器的放大倍数或探测器的高压，可使得 PH 保持不变。

$$G = \frac{2d\sin\theta}{n}$$

图 11-5(b) 表示 2θ 联动装置的效果。用 LiF200 晶体，衍射级 $n=1$ 进行角度扫描，同时相应地改变增益，各种元素的谱线能量尽管不一样，但脉冲高度却保持不变。

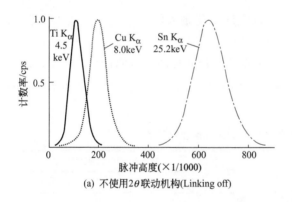 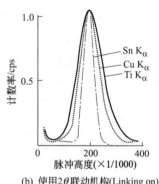

(a) 不使用 2θ 联动机构(Linking off)　　　　(b) 使用 2θ 联动机构(Linking on)

图 11-5　2θ 联动装置效果

做定性分析时，若不使用 2θ 联动装置，就只能做积分测定，会出现高次线的干扰。若使用 2θ 联动装置，因为平均脉冲高度总是不变的，所以设定适当的基线和窗宽就能进行没有高次线干扰的扫描记录。

第七节　测角仪

测角仪是 X 射线荧光光谱仪的核心部件之一，它与探测器、狭缝、分光晶体传动装置联合组成。直到 20 世纪末，大多数厂家生产的 X 射线光谱仪的测角仪，均采用步进电动机驱动，涡轮、涡杆传动控制 θ-2θ 轴。探测器臂和晶体围绕共同的轴旋转，并以 2∶1 的比例啮合，当晶体转动一个 θ 角，探测器的臂就转动 2θ 角。采用机械齿轮转动的测角仪体积大，扫描速率慢，齿轮有机械磨损。在 20 世纪 80 年代有公司推出了莫尔条纹测角仪，探测器和晶体系统独立转动，由电子光学读出器计算两个光栅系统干涉所产生的莫尔条纹来准确定位（见图 11-6）。这种设计有以下突出优点：①转动速度高达 4800°(2θ)/min，比普通的测角仪快 5 倍；②无齿轮、无摩擦，是一种无磨损的系统。具有优良的角度重现性（<±0.0002°）；③峰值定位准确，峰值能在理论角度出现；④晶体和探测器 θ/2θ 关系的对准由微处理机自动完成；⑤非耦合移动允许 2 个探测器并排安装，这样可在每个探测器前设置最佳的出射准直器，能使计数率和分辨率达到最佳。

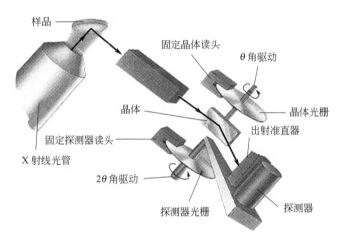

图 11-6　测角仪原理图

最近有公司推出了一种激光定位光学传感器驱动测角仪（Dops），θ/2θ 独立驱动，由光学定位传感器控制定位。测角仪的精度可控制在 0.0001°，θ/2θ 精确度可达 0.0025°。该系统不受磨损、轮齿隙和振动的影响。

第八节　探测器特性与使用

X 射线探测器的作用是用来接收 X 射线光子并将其转换成可以测量的电信号，然后通过电子测量装置加以测量。X 射线荧光光谱仪常用的探测器有闪烁计数器、气体正比计数器及半导体探测器。气体正比计数器又分为流气式和封闭式两种，流气式气体正比计数器用于探测轻元素的长波辐射；封闭式气体正比计数器适用于中长波辐射的探测。闪烁计数器适用于波长短于 0.2nm 的重元素的探测；封闭式气体正比计数器可填充不同类型的惰性气体，能在不同的波长范围内达到最佳的计数率，因此适用于不同的波长范围。这种探测器主要用于多道光谱仪的固定通道和单道扫描光谱仪与流气计数器串联使用，以提高 V-Cu K 系线和 La-

WL 系线的灵敏度。过去闪烁计数器与流气式正比计数器串联使用，现在则是装在流气式正比计数器旁边从而缩短了它与晶体之间的距离，有效地提高了分析元素的灵敏度。

一、闪烁计数器

闪烁计数器由闪烁体、光导、光电倍增管和附属电路组成，X 射线光子通过铍窗进入闪烁体，其部分能量使闪烁体的原子或分子受激产生闪烁光子（能量约为 3eV，波长为 410nm 的蓝光）而射到光电倍增管上。

光电倍增管由光阴极、十多个打拿极（次阴极）以及阳极组成。在光电倍增管的阳极和阴极之间加 700～1000V 的高压。光子经光导进入光电倍增管的光阴极并产生光电子，光电子在电位不同的各打拿极之间加速，并产生倍增，在阳极上形成电脉冲信号，电信号经前置放大器输出供电路使用。

闪烁体在 X 射线光子照射下会发光。即将 X 射线光子的能量变成便于探测的光信号。闪烁体由一直径为 2.5cm、厚度为 2～5cm 的铊激活碘化钠 ［NaI(Tl)］ 单晶片构成，单晶圆片面向射线源一侧，且在其边缘上镀一层铝（Al），把镀铝的 NaI(Tl) 单晶片夹在 0.2mm 厚的铍窗（X 射线光子入射一侧）和聚甲基丙烯酸甲酯薄圆片（在光电倍增管一侧）之间，然后将夹层密封，以防止受潮；为防止漏光，可在夹层的边缘和受光面上涂以不透光的黑漆。

光导的主要功能是使闪烁体发射的可测光子打到光电倍增管的光阴极上。因此，一方面要防止光子散失；另一方面要防止在界面上产生反射。因而常用一些透光性很好折射率相当的物质制成一定形状的光导，一端与闪烁体连接，另一端与光电倍增管的光阴极连接，形成可测光子的通道。

光电倍增管是将光信号转变为电信号的器件。由高压电源和分压电阻分别供给不同的电极以不同的电位。

光电倍增管的放大倍数 M 定义为光阴极发射的光电子有一个到达倍增极经多次倍增后阳极收到的电子数。在理想的情况下可以为：

$$M = K\sigma^n$$

式中，K 是第一个打拿极收集的电子数，其收集率约达 90%；σ 为打拿极的发射效率，相当于一个入射电子在打拿极上引发的次级电子数，一般值为 3～6；n 为打拿极数，一般为 14 级；M 值约为 10^{10}。一个入射光子进入探测器后会输出一个幅度正比于光子能量的脉冲，即这种计数器能进行能量甄别。

闪烁计数器能量分辨率不如正比计数器，另外噪声较高，波长大于 0.3nm 后信号与噪声的脉冲高度相差无几，两者很难分开。因此，它实际可应用的波长范围为 0.01～0.23nm。

二、气体正比计数器

正比计数器分为流气式和封闭式气体探测器。流气式正比计数器窗口膜可更换。封闭式正比计数器窗口膜厚度较厚。

1. 正比计数器特性与配置

正比计数器由金属圆筒（阴极）、金属丝（阳极）、窗口及探测气体（惰性气体）构成。阳极都制成均匀光滑的细丝状，一般由钨、钼、铂等稳定的金属丝制成。阳极丝的直径通常为 $25\sim100\mu m$，在细丝附近可得到更高的电场强度。窗口材一般用很薄且对 X 射线吸收较小的轻金属片或有机薄膜制成。封闭式正比计数器的窗口由云母片、铝箔或铍片制成，铍片的厚度为 $25\sim100\mu m$。流气式正比计数器的窗口材料选用聚丙烯或对苯酸酯聚乙烯膜制成，厚度为 $0.6\sim6\mu m$，目前最薄的窗口膜为 $0.3\mu m$，从而大大提高了对超轻元素的探测强度。

正比计数器中一般选用 Ne、Ar、Kr、Xe 作为探测气体，并加入一定量的有机气体，如甲烷、乙烷、丙烷，防止正离子移向阴极时，从阴极上逐出电荷而引起二次放电——使之猝灭。例如，广泛使用的 P_{10} 气体就是由 90% 的 Ar 和 10% 的甲烷混合而成的气体。而甲烷气体是用来抑制放电，起稳定放电过程和阻止持续放电（称为猝灭气体）的作用。有机气体比例变化可引起气体放大倍数相当大的变化，对于 P_{10} 气体，甲烷比例变化 0.5%，引起输出脉冲幅度的变化为 10%～20%。所以，当 P_{10} 瓶内的气压在 10bar（$1bar=10^5Pa$）以下时，就不应再继续使用，而要换一瓶新气。如温度和气压变化，流气式正比计数器中气体的密度也会改变。密度一变，不但输出的脉冲幅度值要变化，而且计数率也在变化，因此，新型的 X 射线光谱仪的正比计数器装在恒温的分光室内，且使用气体密度稳定器，使流过正比计数器的密度保持不变。

流气式正比计数器逃逸峰主要来源于氩，例如当 Cu K_α 光子（约 8keV）入射到 P_{10} 气体时，因 Ar K_α 光子的能量约为 2.96keV，因此，Cu K_α 线的逃逸峰能量约等于 5keV。如果 8keV 光子产生的脉冲高度调在 20V 处，则逃逸峰将出现在约 12.5V 的位置上。

X 射线进入正比计数器使气体电离产生电子离子对，并雪崩式放大，过程时间约为 $10^{-7}s$ 量级。离子质量大于电子，移动速度要小于电子，因而在阳极丝周围形成了阳离子层，阻碍了雪崩效应，只有当阳离子散去后，才又恢复到下一个过程。在离子层形成到消散的一段时间内，探测器像"死"了一样。因此，在一个光子引发电离后，探测器不能再探测下一个光子产生电离过程的时间为探测器的死时间，在这段时间内进入探测器的光子不被计数。探测器的死时间可用下面的公式进行修正：

$$I_{真实}=\frac{I_{实测}}{1-I_{实测}T_R}$$

式中，$I_{真实}$ 和 $I_{实测}$ 分别表示真实强度和实测强度，计数/s；T_R 为分辨时间。由于死时间的存在，进入探测器的总光子数有一小部分没被计数，这种情况随荧光强度的增加而增强。因此，在出厂时，死时间一般都输入软件，然后根据这个时间进行数学校正，使没有被记录的光子数被补回来。近代仪器中死时间校正，已经可以达到很高的计数率。通过死时间校正，在使用流气式正比计数器、封闭式充氙计数器和闪烁计数器时，线性计数率分别达到 3000kcps、1000kcps 和 1500kcps。

2. 流气式正比计数器阳极丝的污染

流气式正比计数器长时间使用后，其阳极丝要被污染，造成能量分辨率下降。这时必须清理或更换阳极丝。阳极丝的污染由气体中的杂质和猝灭气体（P_{10} 气体中的甲烷）所造成。

阳极丝污染后约一个月就开始引起分辨率下降，三个月后就会给分析带来误差，部分仪器中装有阳极丝清洁器，这种机构是在真空光路下，在阳极丝的两端加上 5V 直流电压，在高温下烧去阳极丝的污染物，使之恢复原有性能，得以稳定地进行轻元素分析。没有阳极丝清洁器时，必须拆卸流气式正比计数器，用溶剂进行清洗，当用溶剂清洗无效时必须更换阳极丝。

3. 流气式正比计数器的脉冲高度漂移

使用流气式正比计数器和封闭式正比计数器时，随着计数率的升高，脉冲高度有向低处漂移的现象，这是由于正比计数器阳极丝周围形成阳离子鞘，探测器内气体增益减小，而使脉冲高度降低的缘故。正比计数器的增益越大（探测器外加电压越高，阳极丝直径越细）这种现象越显著。而且入射能量越高漂移越厉害。在进行微量分析时，如果有强度大的高次线干扰，也会发生漂移。

消除脉冲高度漂移的方法一是设定探测器高压在坪的中间，二是脉冲高度分析器条件设定要适当。

4. 流气式正比计数器脉冲高度稳定性

温度和气压变化将引起流气式正比计数器中气体密度的改变。密度一变，计数率就要变化，同时脉冲高度值也要改变。这两种变化和计数率的变化可由下式求得：

$$\frac{\mathrm{d}D}{D} = \frac{\mathrm{e}^{-\mu_g \rho x}}{1 - \mathrm{e}^{-\mu_g \rho x}} \mathrm{d}p = \frac{q \mathrm{e}^{-\mu_g \rho x}}{1 - \mathrm{e}^{-\mu_g \rho x}} \times \frac{\mathrm{d}p}{p}$$

式中，μ_g 为气体质量吸收系数；ρ 为气体密度；x 为探测器的直径（X 射线的通路）。

此外，压力和脉冲高度的变化可用下面经验公式表示：

$$\frac{\Delta PH}{PH} = -6 \frac{\Delta p}{p} = 6\left(\frac{\Delta T}{T} - \frac{\Delta p}{p}\right)$$

式中，p 为压力；T 为温度；PH 为脉冲高度值。

使用气体密度稳定器，则在气压和温度变化时，能使气体密度保持不变从而使测量稳定。

178

三、探测器的选择标准

选择探测器时，一般要考虑以下因素。

① 在所测量的能量范围内具有较高的探测效率，如在波长色散 XRF 光谱仪中用流气式正比计数器测定超轻元素碳、氮和硼时，入射窗的窗膜可用 0.9μm、0.6μm 或更薄的膜，以减少对射线的吸收。

② 具有良好的能量线性和能量分辨率。

③ 具有较高的信噪比，要求仪器暗电流小，本底计数低。

④ 具有良好的高计数率特征，死时间较短。

⑤ 输出信号便于处理、寿命长、使用方便，价格便宜。

在能量色散光谱法中，通常都采用半导体探测器，因为它有很高的探测效率和能量分辨本领，而且适用的探测能量范围相当大，包括周期表中大部分轻元素和重元素，这种探测器由于体积小，可以紧靠样品，从而可获得很高的几何效率。这种探测器目前最大计数率约为 200kcps。主要缺点是所用半导体材料要求较高，制作工艺复杂，对于电子线路要求也高，还需在液氮低温下使用。

闪烁计数器主要用于短波 X 射线的探测。其主要优点是探测效率高，死时间小，输出脉冲幅度大，而且温度影响小，长时间操作，性能稳定可靠。缺点是碘化钠闪烁晶体的密封较困难，易潮解，致使能量分辨和探测效率下降。此外，光电倍增管的工作易受外界磁场、电场和辐射场的干扰，与正比计数器和半导体探测器相比，能量分辨本领较差，本底较高。流气式正比计数器是探测长波和超长波 X 射线的主要装置，它的能量分辨本领仅次于半导体探测器，死时间较少，线性计数范围可达 3000kcps。它的输出脉冲幅度明显地受输入计数率等外部条件的影响，对于流气式正比计数器，还需要一套供气和气体密度稳定装置。各种探测器的性能的比较见表 11-5。

表 11-5 X 射线光谱仪常用探测器的性能比较

性　质	盖革计数器	封闭正比计数器	流气正比计数器	NaI(Tl)闪烁计数器	Si(Li)半导体探测器
窗口位置	端窗	侧窗	侧窗	端窗	端窗
材料	云母	云母	Mylar[①]膜	铍(Be)	铍(Be)
厚度	10μm	10μm	6μm	0.2mm	
气体	Ar-Br$_2$	Xe-CH$_4$	Ar-CH$_4$	—	—
内部增益	10^9	10^6	10^6	10^6	0
死时间/μs	200	0.5	0.5	0.2	
最大有效计数率/cps	2×10^3	5×10^4	5×10^4	10^5	2×10^4
背景强度/s^{-1}	2	0.5	0.2	10	
对 Fe Kα 的分辨率/%	—	12	15	50	5
有效波长范围/10^{-10} m	0.5~4	0.5~4	0.7~10[②]	0.1~3	0.4~10[③]

① 镀铝薄膜。

② 用超薄窗口和特殊气体时，有效波长可达 10nm（Be Kα）左右。

③ 采取某种特殊措施后，有效波长可达 5nm（C Kα）左右。

$FWHM(W)$ 为最大计数值一半处的分布曲线的宽度。从实际测试来看，流气式正比计数器的能量分辨率为 20%～40%（轻元素更大），闪烁计数器的能量分辨率为 30%～60%，半导体能量分辨率用 ^{55}Fe 放射性核素源的 Mn K_α 的半高宽值表示。

探测器的理论分辨率可表示为：

$$R = Q\sqrt{\lambda}$$

式中，Q 为品质因子。对于流气式正比计数器（Ar-CH$_4$），$Q=45$；充入 Ne 和 Xe 封闭式正比计数器，$Q=48$；充 Kr 封闭式正比计数器，$Q=54$；对于闪烁计数器，$Q=120$。

第九节　脉冲高度分析器

由试样发射的荧光 X 射线经晶体分光后，符合 $n\lambda=2d\sin\theta$ 条件的波长都发生衍射并为探测器接收。在同一 2θ 位置探测的 X 射线除波长 λ 外，$\lambda'=\lambda/n$ 的其他谱线也进入探测器，除一次线外（$n=1$），高次线也将进入探测器。故需要利用探测器输出电压脉冲与入射 X 射线能量成正比的特点，由脉冲高度分析器将代表光子能量的不同脉冲按幅度分开。脉冲高度分析器由上限甄别器，下限甄别器和反符合电路组成（如图 11-7 所示）。

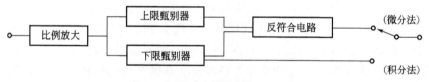

图 11-7　脉冲高度分析器原理图

输入到脉冲高度分析器的脉冲可分为三类：V_1（电噪声）、V_2（一次线）、V_3（高次线）。V 为下限甄别器电压，ΔV 为窗电压，$V+\Delta V$ 为上限甄别器的电压。输入 V_1 类脉冲时，上、下甄别器均未触发，没输出；反符合电路无输出。输入 V_2 类脉冲时，下限甄别器触发，有输出，但上限甄别器未触发，无输出，反符合电路一端有输入，故有脉冲输出。输入 V_3 类脉冲时，上、下限甄别器均触发，有输出；反符合电路两端均有输入，输出端无输出。V_2 类脉冲是经过选择的脉冲，可直接输入计数电路进行计数。通过调整下限甄别器的电压和窗电压，可将不同能量的电压脉冲进行区分，如图 11-8 所示。

脉冲高度分析器有两种工作状态，即微分方式和积分方式。微分方式是上、下限甄别器同时起作用，它只记录上、下甄别器间的脉冲。积分方式是上甄别器不起作用，它只记录幅度高于下甄别器的所有脉冲。图 11-7 显示为微分工作状态。

脉冲高度分析器的微分方式有以下作用。

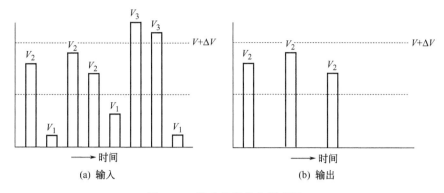

图 11-8　脉冲高度分布原理图

① 过滤掉重元素的高次线对轻元素一次线的干扰。如图 11-9 所示，去掉 Zr K_α 二级线对 Hf L_α 线的干扰。

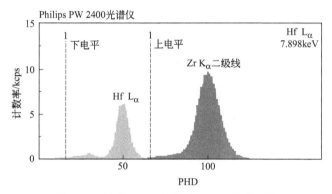

图 11-9　锆的 K_α 二级线对 Hf L_α 线的干扰

② 滤掉邻近谱线脉冲逃逸峰干扰。如图 11-10 所示，滤掉 Ba L_α 三级线的逃逸峰对 Al K_α 线的干扰。

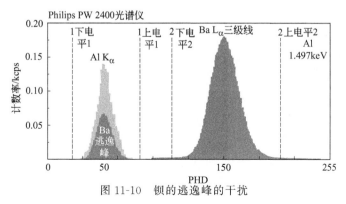

图 11-10　钡的逃逸峰的干扰

③ 滤掉晶体荧光对分析元素的干扰。如图 11-11 所示，Ge 晶体的 Ge L_α 线对 P K_α 线的干扰。

脉冲幅度与能量成正比，但实际上，这种脉冲幅度并不是单一值，而是一种统计分布。其平均脉冲幅度与 X 射线光子能量成正比，造成脉冲幅度差异的原因如下：

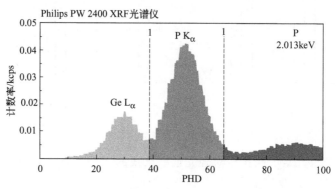

图 11-11　Ge 晶体的 Ge L_α 线对 P K_α 线的干扰

① 探测器中初始离子形成的有效电子数存在差异，且呈统计规律分布；

② 探测器的光子放大倍数存在差异；

③ 探测器电压波动；

④ 入射光子的强度、探测器的死时间影响；

⑤ 放大器增益的波动。

在实际分析中，在轻重元素谱线密集区内，除首先做每条分析线的 2θ 角检查外，还必须做脉冲高度分布条件检查。

第十节　实验参数的选择

一、仪器参数的选择

X 射线光管发射的连续谱和特征谱被用来共同激发样品。连续谱主要用于重元素的激发；靶特征线主要用于轻元素激发。仔细选择激发参数有利于获得样品的最佳激发条件。激发参数包括靶材、管压（kV）、管流（mA）和初级辐射的光谱分布等。图 11-12 显示了轻元素激发电压的最佳选择。在用 Rh 靶 X 射线光管情况下，激发样品中轻元素时，一般选用 Rh L 系线作为激发源，能获得较高的激发效率。以 Si K_α 为例，由于 Rh L 系光谱的波长位于硅的 K 系吸收边 Si K_{ab} 的短波侧，对 Si 具有最佳激发效率；选择激发电压时，由于 Si K 系临界激发电压很低，因此选用的 X 射线光管工作电压比较低。当工作电压 4 倍于 Si K 系临界激发电压时（1.839keV），其光谱强度可达到总强度的 90%，若将工作电压增加到 10 倍于临界激发电压，其强度的提高并不十分明显。实际工作中，激发轻元素时，选择 24kV 作为工作电压就足够了。

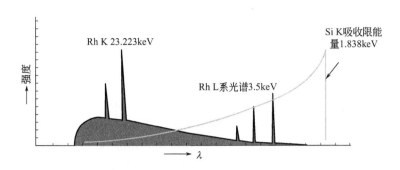

图 11-12　轻元素激发电压的最佳选择

激发样品中重元素时，由于重元素的临界激发电位较高，因此选择的 X 射线光管工作电压也高。表 11-6 中列出了部分主要元素的临界激发电压。

表 11-6　部分主要元素的临界激发电压　　　　　　　　　　单位：keV

元素	K	L_1	L_{11}	L_{111}	M_1
F	0.687				
Na	1.080	0.055	0.034	0.034	
Mg	1.308	0.063	0.050	0.049	
Al	1.559	0.087	0.073	0.072	
Si	1.838	0.118	0.099	0.098	
Ti	4.964	0.530	0.460	0.454	0.054
Fe	7.111	0.849	0.721	0.708	0.093
Cu	8.980	1.100	0.953	0.933	0.120
Mo	20.002	2.884	2.627	2.523	0.507
Rh	23.22	3.419	3.145	3.002	0.637
Sn	29.19	4.464	4.157	3.928	0.894
W	69.506	12.090	11.535	10.198	2.812

例如对于重元素 Cu，其 K 系谱线临界激发电压为 8.980keV，X 射线光管的工作电压为：

$$V_{Cu\,K_a} = 4 \times E_{Cu\,K} = 4 \times 8.980 = 35.92\text{keV}$$

所以在选择工作电压时，对于重元素，一般选择高电压，通常为临界激发电压的 2～4 倍；对于轻元素则选择低电压，一般为临界激发电压的 4～10 倍，如表 11-7 所示。现代仪器可根据 X 射线光管的额定功率，自动给出被分析元素谱线的管压（kV）和管流（mA）。

表 11-7　激发电压的选择

管压/kV	K 系谱线	L 系谱线	管压/kV	K 系谱线	L 系谱线
60	Fe-Ba	Sm-U	30	Ca-Sc	Sb-I
50	Cr-Mn	Pr-Nd	24	Be-K	Ca-Sn
40	Ti-V	Cs-Ce			

二、光学参数的选择

晶体是光学系统中的主要分光元件，晶体参数的合理选择直接影响到分析结果的稳定性、准确度和灵敏度。初级准直器的主要作用是提高 X 射线的分辨率，次级准直器的作用主要是降低背景，提高灵敏度。因此为了选择元素特征线的最佳测量条件，就光学系统而言，要涉及三个因素，即光路的角色散率、分辨率和灵敏度。

增加反射级数和减少晶面间距 d 都可提高角色散率。所以 LiF(220) 晶体（$2d = 0.2848nm$）的角色散率大于 LiF(200) 晶体（$2d = 0.4028nm$）。分辨率受初级和次级准直器片间距的影响，不仅取决于晶体对谱线的角色散率，而且取决于衍射线的半宽度、准直器的立体角和晶体的反射性能等。光路总灵敏度取决于所选晶体的反射率和准直器的片间距。一般而言，灵敏度与分辨率是反比关系。高的色散晶体往往反射率低。因此，晶体与准直器组合的最佳选择必须使强度、色散率和分辨率三者兼顾。表 11-8、表 11-9 是一个 X 射线光谱仪晶体及准直器的最佳选择实例。

表 11-8　晶体的最佳选择

晶　　体	$2d$/nm	元素 K 系	元素 L 系
LiF(420)	0.180	Te-Ni	U-Hf
LiF(220)	0.285	Te-V	U-La
LiF(200)	0.403	Te-K	U-In
Ge(Ⅲ)	0.653	Cl-P	Cd-Zr
InSb(Ⅲ)	0.748	Si	Nb-Sm
PET(002)	0.874	Cl-Al	Cd-Br
PX-9	0.403	Te-K	U-In

表 11-9　准直器的最佳选择

准直器	L 系谱线	K 系谱线	准直器	L 系谱线	K 系谱线
100/150μm	U-Pb	Te-As	150μm[①]	U-Ru	Te-K
300μm	U-Ru	Te-K	550μm[①]	Mo-Fe	Cl-F
700μm	Mo-Fe	Cl-O	4000μm[①]		O-Be

① 帕纳科 X 射线光谱仪，若要测 C、N，则推荐用这 3 种准直器。

在选择晶体和准直器时必须使两者达到最佳搭配。如图 11-13 所示，来自样品的两种光谱，均使用 LiF(200) 晶体，但一种用 100μm 准直器记录，另一种用 300μm 准直器记录。用 300μm 准直器时，Sb K_α 和 Sn K_α 两种谱线未完全分开，而用 100μm 准直器时，这两种谱线完全分开。然而用 300μm 准直器记录可获得较高的强度。因此，对于这些元素用 300μm 准直器所用的计数时间比用 100μm 准直器时要短。但是为了得到好的准确度必须进行谱线重叠干扰校正。关于光学参数的选择，在现代仪器的操作应用软件中会自动作出十分合理的选择。

为了提高光学系统的灵敏度，在样品与 X 射线光管窗口间的光路中，选择适当的滤光片，可减弱来自 X 射线光管初级辐射的强度；减弱连续谱线的强度，从而降低散射背景；并消除靶线及杂质线的干扰，提高分析的灵敏度和准确度。常用滤光片的选择参见表 11-10，利用滤光片消除靶线的效果见图 11-14，利用滤光片提高峰背比的效果见图 11-15。可见滤光片在实际中还是十分有用的。

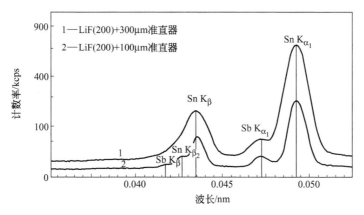

图 11-13　晶体和准直器的最佳选择

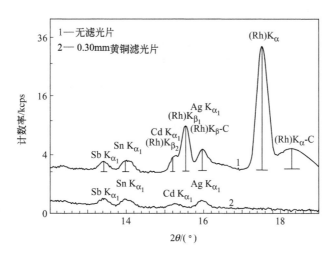

图 11-14　利用滤光片消除靶线的效果（Philips PW2400 光谱仪）

表 11-10　常用滤光片的选择

滤光片	作　用	K 系线的范围
黄铜 300μm	排除 Rh K 系谱线，提高 20keV 以上谱线的峰背比	Rh 以前 K 系
黄铜 100μm	提高 16～20keV 范围谱线的峰背比	Zr-Rh
铝 750μm	提高 16～20keV 范围谱线的峰背比	Br-Zr
铝 200μm	排除 Rh L 系谱线，提高 4～12keV 范围谱线的峰背比	Ti-Se

三、探测器与测量参数的选择

X 射线探测器的作用是将 X 射线光子的能量转变为可测量的电压脉冲。对于波长短的 X 射线（0.02～0.15nm；8～30keV），闪烁计数器具有最高的探测效率，适用于 Zn-Ba 的 K 系谱线范围和 U-Re 的 L 系谱线范围。在中长波段内（0.08～0.85nm；0.1～15keV），一般使用封闭式正比计数器；在长波段内（0.08～12nm；1.5～15keV），使用流气式正比计数器最灵敏。

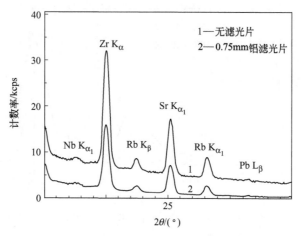

图 11-15　利用滤光片提高峰背比的效果

流气式正比计数器的窗口是由聚丙烯(C_3H_7)$_n$制成的。这种材料具有很高的机械强度，对长波 X 射线吸收很少。因此，选择窗口薄膜的厚度应兼顾对长波 X 射线的吸收和薄膜的机械强度。窗口越薄，吸收越低，但机械强度差，寿命短。用 6μm 的窗口机械强度最大，寿命最长。但对 Na $K_α$ 线的透过率仅仅为48%；最佳的窗口厚度为 2μm，既有良好的机械强度，对 Na $K_α$ 又有 78% 的高透过率。使用 1μm 的窗口，能获得极好的灵敏度，其吸收及透过率分别见图 11-16 和表 11-11。

表 11-11　探测器窗口薄膜的透过率　　　　　　　　　　单位：%

$K_α$ 线	1μm	2μm	6μm
Na	88.4	78.3	48.0
Mg	93.0	86.6	64.9
Al	95.7	91.6	76.8
Si	97.3	94.6	84.8
S	98.8	97.6	93.0
K	99.6	99.2	97.5
Ti	99.8	99.6	98.9

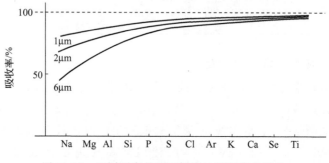

图 11-16　不同厚度的聚丙烯窗口探测器的吸收

第十一节　能量色散 XRF 光谱仪的特性和注意事项

由 X 射线光管产生的原级 X 射线经过滤片照射到样品上，或由二次靶所产生的特征 X 射线照射到样品上时，样品所产生的 X 射线荧光直接入射到探测器，探测器将 X 射线光子的能量转变为电信号，经前放和主放大器将信号幅度放大，经模数转换器将信号的脉冲幅度转换为数字信号。经计算机处理后，获得能谱数据。

能量色散 X 射线荧光光谱仪所用的激发源除 X 射线光管外，还有放射性核素源、同步辐射光源和质子光源。能量色散 X 射线荧光光谱仪通常采用低功率 X 射线光管，功率通常为 4～9W，靶材有 Rh、Mo、Cr、Au 靶等，X 射线光管和放射性核素源相比，除强度高以外，还可根据待测元素选择适当的激发条件。为利用二次靶激发或偏振光激发，也可使用较大功率(50～600W)，最高电压可达 60～100kV，可以激发周期表中所有元素 K 系线。二次靶采用 X 射线光管发射出的原级 X 射线照射到另一纯元素制成的靶材上，用它产生的特征 X 射线去激发样品中的待测元素，利用选择激发，可以降低背景，提高峰背比。

作为 EDXRF 中的主要部件，半导体探测器需要在一定条件下保存、使用和维护。

① 正确连接设备的各个部分，尤其对偏压的极性应十分注意。

② 偏压(100～1000V) 是经过探测器直接接到前置放大器第一级场效应管的栅极上。由于半导体反接，偏压几乎全部降在探测器上，而栅极上电压降很小，当偏压突然上升或下降时，在高压电脉冲的冲击下，场效应管易损坏。因此半导体探测器的偏压必须用连续可调的高压电源，缓慢增减。每次开始工作时，由零缓慢、均匀地调至工作电压，每一步不少于 1min。

③ 低能辐射的半导体探测器的真空室都有一个厚度为微克量级的铍片制成的入射窗，作为射线的通道，它极易破碎，因此不宜直接对铍窗吹气，也不能用刷清洗。

④ 对用液氮冷却的半导体探测器，必须及时补充液氮。因为当温度升高时，原来在漂移过程中形成的中性离子就会离解，这称为"反漂移"，会导致半导体探测器性能下降，甚至损坏。

⑤ 防潮。潮湿会导致绝缘子及高压回路漏电。铍窗及真空室积水会损坏铍窗，造成漏气。除经常擦拭之外，最好的方法是用一个大的塑料袋把探测器和低温容器的出口一起罩上。由出口不断蒸发出来的低温干燥氮气逐渐赶除罩内的空气和水分，并保持很小的压力，保持罩内小范围干燥。

从放大器输出端输出的脉冲幅度应与入射 X 射线能量成正比，谱仪能量刻度就是将这种正比关系以线性拟合函数形式表达出来，在定性和定量分析时可以通过测得谱的峰位，确定所对应的入射 X 射线能量，从而确认待测元素。

对谱仪进行能量刻度的基本方法是对能量已知的放射性核素源、金属粉末混合物或纯元素进行测量。以封闭式正比计数管为探测器，所测元素能量范围在 0～10keV 时，可用金属铝和铁进行刻度；对于半导体探测器，由于具有很好的能量分辨率，一般只需要一个含有多元素的样片，如在 0～20keV 的能量区间进行能量刻度。用铝合金，通过测定铝、铁、铜，获得相应的能量-峰位点，作图或进行函数拟合，从而获得能量刻度曲线及其函数表达式。

第十二节　全反射 X 射线荧光光谱仪特性与设计要点

X 射线照射到物质时，当入射角减小到某一角度时，入射的 X 射线即在物质表面发生全反射。1971 年日本学者 Toneda 等首次报道了利用 X 射线全反射现象进行微量元素分析的方法。到了 20 世纪 70 年代国外相继报道了全反射装置及其应用研究。德国 Knoth 等相继研制成有 2 个和 3 个反射体的全反射装置，检出限达到 10^{-11} g。而后，德国、日本和意大利的一些公司分别推出了商用全反射 X 射线荧光光谱仪。我国学者也分别制造了有 2 个反射体和 3 个反射体的全反射 X 射线荧光光谱仪。

全反射 X 射线荧光分析是一种灵敏度极高的分析技术，它具有如下特点：

① 灵敏度高，检出限低至 10^{-12}～10^{-9} g；

② 样品用量少，测定 10^{-6} g 水平的元素，取样量仅为微升级或微克级；

③ 定量分析简单，加入单个内标元素就可对共存元素进行定量测定；

④ 无基体效应；

⑤ 溶液样品制样简单，只需用一支微量移液管定量吸取微升级溶液滴于反射体上烘干便可，即使溶液中含有悬浮物或微细颗粒也不必完全用酸消解，加入内标元素与其混匀即可。

X 射线全反射的临界角由下式表示：

$$\phi_c = \left(5.4 \times 10^{10} \frac{Z\rho}{A} \lambda^2 \right)^{1/2} \tag{11-1}$$

式中，A 为反射材料的原子量；Z 为原子序数；ρ 为材料密度，g/cm³；λ 为入射 X 射线的波长；ϕ_c 的单位为弧度。由上式可知，全反射的临界角与入射线的波长和反射体的材料有关，一般为几毫弧度。因此，对于相同的反射体，Cu K$_\alpha$($\lambda=0.154$nm) 的临界角较 Mo K$_\alpha$($\lambda=0.071$nm) 的大 2.1 倍。入射角固定时，临界角随反射体的材料不同而异。

当入射线以某个入射角入射到反射体表面时，入射线谱分布的各种谱成分中，以满足 $\phi=\phi_c$ 的波长为界。长波（即低能部分）发生全反射，其余短波（即高能部分）发生折射进入反射体内部被吸收。因而，以全反射出射的 X 射线，其谱分布表现为高能尾段被截去的特征。

未经切割的 X 射线不宜直接入射到载样反射体的表面，因为难于保证高能射线不发生折射，从而导致散射背景增强。可在载样反射体之前安装另一反射体，先切割谱中高能部分，这就是高能切割反射体。

由式(11-1)，全反射临界角还可用下式表示：

$$\phi_c = C \left(\frac{Z\rho}{A}\right)^{1/2} \frac{1}{E} \tag{11-2}$$

式中，E 为入射 X 射线的能量，eV；C 为常数。

若入射束的能量范围为 $0\sim E_{max}$，则存在着与 ϕ_c 对应的能量 E_{cut}，入射束中凡是能量比 E_{cut} 大的 X 射线被介质折射吸收，只有能量小于 E_{cut} 的部分被反射体的界面全反射。这样入射到载样反射体上的 X 射线将是高能切割后剩下的较低能量的 X 射线。由于入射角 ϕ 可调，故高能切割点的位置也可选择。

反射体是全反射 X 射线荧光光谱仪的重要部件之一。用作反射体的材料应具备纯度高、机械强度大、化学性质稳定和易于加工成高平整度的光滑表面，而感兴趣区内无反射体荧光光谱线，有非憎水性，价格合理，能重复使用，在工作条件下有高的反射强度的特征。

参考文献

[1] 吉昂，陶光仪，卓尚军，等. X 射线荧光光谱分析. 北京：科学出版社，2003.

[2] 曹利国. 能量色散 X 射线荧光方法. 成都：成都科技大学出版社，1997.

[3] Birks L S. X 射线光谱分析. 高新华译. 北京：冶金工业出版社，1973.

[4] 张天佑，李国会，朱永奉，等. 岩矿测试，1998，17 (1)：68-74.

第十二章 仪器检定、校正与维修

X射线荧光光谱仪性能指标的检测十分重要，它是保证分析结果准确、可靠的关键方法之一，也是根据测试的性能指标，进行仪器校正和维护的依据。新仪器安装调试后，需要对光谱仪性能进行测试，并根据测试结果进行验收。仪器使用一段时间后，为检查仪器状态是否发生变化，也需要对其性能进行测试，并依据测试的综合性能指标评定其等级，确定使用范围。下边以3080E型和Axios等X射线荧光光谱仪为例，叙述与仪器各主要性能密切相关的检验项目、技术指标与测量方法。

第一节 仪器检定

一、实验室条件

① 电源：单相220V，三相380V，50Hz，电压波动不超过±10%。

② 接地电阻：<2Ω。

③ 冷却水：水温<21℃，水压3~4bar，流量>4L/min。

④ 室温：(15~28)℃±3℃。

⑤ 相对湿度：<70%。

二、检验项目及测量方法

1. 探测器的能量分辨率

（1）闪烁计数器（SC）能量分辨率的测量 采用Cu K_α 分析线、LiF200分光晶体、闪烁计数器、2θ 角为45.02°、黄铜或紫铜试样，调整管压（kV）、管流（mA），使计数率达20kcps以上，做微分曲线，计算能量分辨率（R_e），其值小于或等于60%为合格。

（2）流气式正比计数器（F-PC）能量分辨率的测量 采用Al K_α 分析线、PET分光晶体、流气式正比计数器、2θ 角为145°、铝块试样，调整管压（kV）、管流（mA），使计数率达20kcps以上，做微分曲线，计算能量分辨率（R_e），其值小于或等于40%为合格。

$$R_e = \frac{W(h/2)}{K(h)} \times 100\%$$

式中，$W(h/2)$ 为脉冲高度分布的半高宽；$K(h)$ 为脉冲高度分布的峰位。

2. 探测器的噪声

（1）闪烁计数器噪声的测量　采用 LiF(200) 分光晶体、闪烁计数器、黄铜或紫铜样品，采用积分方式，下限为 70 刻度。关掉 X 射线发生装置的电源，启动计数测量 100s，重复三次，计算闪烁计数器的平均噪声，其值等于或小于 10cps 为合格。

（2）流气式正比计数器噪声的测量　采用 PET 分光晶体、流气正比计数器、铝块样品，采用积分方式，下限为 70 刻度。关掉 X 射线发生装置的电源，启动计数测量 100s，重复三次，计算流气式正比计数器的平均噪声，其值等于或小于 1cps 为合格。

3. 计数线性检验

（1）闪烁计数器的计数线性检验　采用黄铜或紫铜试样、LiF(200) 分光晶体、2θ 角为 45.02°(Cu K$_\alpha$)、PHA 设定范围为 70～350（视仪器不同而定）、粗准直器（或细准直器）、管压（30kV），分别以管流 10mA、15mA、20mA、25mA、30mA、35mA、40mA、50mA 等，每点测量 10s，重复三次，取其平均计数率，绘制计数率-管流（mA）曲线，并找出 1500kcps（直线上）处与实测的偏离值 $[\Delta E$ (kcps)$]$，其偏差（ER）等于或小于 1% 为合格，$ER = \dfrac{\Delta E}{1500} \times 100\%$。

（2）流气式正比计数器的计数线性检验　采用铝块试样、PET 分光晶体、2θ 角为 145°（Al K$_\alpha$）、PHA＝70～350（视仪器不同而定）、细准直器、管压（30kV），分别以管流 10mA、15mA、20mA、25mA、30mA、35mA、40mA、45mA、50mA、60mA、70mA 等，每点测量 10s，重复三次，取其平均计数率，绘制各点的计数率与管流（mA）之间的曲线，并找出 3000kcps（直线上）处与实测的偏离值 $[\Delta E$(kcps)$]$，其偏差（ER）等于或小于 1% 为合格。

4. X 射线的强度检验

Rh 靶 X 射线光管、视野光阑和试样面罩的直径为 30mm，PHA＝70～350，X 射线强度检验的测量条件与计数率指标实例见表 12-1 所示。计数测量 10s，重复三次，其平均计数率大于或等于表中所列出的计数率为合格。

表 12-1　3080E X 射线强度测量条件与计数率指标

分光晶体	计数器	试样	2θ 角/(°)	(管压/kV)/(管流/mA)	光　路	准直器	计数率/kcps
LiF(200)	SC	黄铜	45.02	30/5	真空	3S-1S	70
LiF(200)	SC	钛片	86.13	30/5	真空	3S-1S	18
LiF(200)	F-PC	CaF$_2$	113.11	30/5	真空	3S-1S	90
LiF(220)	SC	铜片	28.84	40/10	真空	3S-1S	90
PET	F-PC	P，S，K 混合压片	144.70	40/5	真空	3S-3S	250
Ge	F-PC	GSD8	141.09	40/10	真空	3S-3S	40
PX4(InSb)	F-PC	玻璃片(1∶5)	144.61	40/30	真空	3S-3S	90

5. 精密度检定

精密度检定以 20 次连续重复测量的相对标准偏差 RSD 检验。每次测量都必须改变机械设置的条件，包括晶体、计数器、准直器、2θ 角、滤光片、衰减器和样品转台位置等。连续 20 次测量中，如有数据超出平均值±3S，实验应重做。

测量条件 1：测量纯铜或黄铜试样的 Cu K$_\alpha$ 的计数率或计数值，采用 LiF(200) 分光晶体、细准直器、无滤光片、无衰减、闪烁计数器真空光路、计数时间 10s。

测量条件 2：测量纯铝试样 Al K$_\alpha$ 的计数值或计数率，采用 PET 晶体、粗准直器、加过滤片和衰减器、流气式正比计数器、真空光路，计数时间 1s 或 2s。

X 射线源电压设置在 40kV 或 50kV，调节电流，使测定条件 1 中 Cu K$_\alpha$ 的计数率为 100～200 kcps。条件 1 和条件 2 交替测定，每个条件分别测定 20 次，对于铜样品每次测定一次，必须变换进样转台中的样品位置。计算测定 Cu K$_\alpha$ 线 20 次的 RSD。

6. 稳定性检定

仪器的稳定性用相对极差 RR 表示：

$$RR = \frac{N_{max} - N_{min}}{\overline{N}} \times 100\%$$

式中，N_{max} 为测量过程中最大计数值；N_{min} 为测量过程中最小计数值；$\overline{N}$ 为整个测量的平均计数值。

表 12-2　技术性能指标

检测项目	级别	A 级	B 级	注释
精密度(RSD)		$\leqslant 2.0 \times \frac{1}{\sqrt{N}} \times 100\%$	$\leqslant 3.0 \times \frac{1}{\sqrt{N}} \times 100\%$	①
稳定性(RR)		$\leqslant \left(0.2 + 6 \times \frac{1}{\sqrt{N}} \times 100 \right)\%$	$\leqslant \left(0.4 + 6 \times \frac{1}{\sqrt{N}} \times 100 \right)\%$	②
X 射线计数率		≥仪器技术标准规定的测量条件下初始计数率的 60%，或≥仪器出厂指标值的 90%	≥仪器技术标准规定的测量条件下初始计数率的 50%，或≥仪器出厂指标值的 80%	③
探测器分辨率	流动气体正比计数器	≤40%(Al K$_\alpha$)	≤45%(Al K$_\alpha$)	④
	闪烁计数器	≤60%(Cu K$_\alpha$)	≤70%(Cu K$_\alpha$)	
	封闭气体正比计数器	封闭 He，≤54$\sqrt{\lambda}$% 封闭 Ar，≤45$\sqrt{\lambda}$% 封闭 Kr，≤52$\sqrt{\lambda}$% 封闭 Xe，≤60$\sqrt{\lambda}$%	封闭 He，≤65$\sqrt{\lambda}$% 封闭 Ar，≤55$\sqrt{\lambda}$% 封闭 Kr，≤71$\sqrt{\lambda}$% 封闭 Xe，≤89$\sqrt{\lambda}$%	
仪器的计数线性		90%仪器规定最大线性计数率的计数率偏差 CD≤1%	60%仪器规定最大线性计数率的计数率偏差 CD≤1%	⑤

① 精密度以测量相对标准偏差 RSD 表示，$\overline{N}$ 为 20 次测量的平均计数值，$\overline{N} \geqslant 1 \times 10^6$ 计数。

② 稳定性以相对极差 RR 表示。$\overline{N}$ 为 400 次测量的平均计数值，$\overline{N} \geqslant 4 \times 10^6$ 计数。

③ 更换 X 射线光管或晶体等重要部件后，按与仪器技术标准要求相同的测量条件测定 X 射线计数率。若测定的计数率高于出厂指标，则用更换部件后最初的 X 射线计数率代替原有的"仪器技术标准规定的测量条件下初始的计数率"，作为检定 X 射线计数率的标准；若更换部件后最初的 X 射线计数率等于或低于出厂指标，则出厂指标值代替原有的"仪器技术标准规定的测量条件下初始的计数率"，作为检定 X 射线计数率的标准。在质量保证期内的新仪器，此项技术要求按产品技术标准执行。

④ λ：分析元素 X 射线的波长（以 nm 为单位）。

⑤ 若 X 射线光管在最大的额定功率时，实测的最大计数率为 61%～89%仪器规定的最大线性计数率，则 A 级的计数率值偏差按实测的最大计数率计算；若实测的最大计数率等于或低于 60%仪器规定最大线性计数率，则 A 级和 B 级不作区分，计数率值偏差按实测的最大计数率计算，CD≤1%为 A 级。

测定条件：用不锈钢块样品测量 Cr K_{α} 或 Ni K_{α} 的计数值或计数率，采用 LiF200 晶体，调节电流电压，使 Cr K_{α} 或 Ni K_{α} 的计数率高于 100kcps，计数时间 40s，连续测量 400 次。

三、技术指标

在 1993 年我国颁布了《波长色散 X 射线荧光光谱仪》的检定规程（JJG 810—93），其技术性能指标见表 12-2。

在波长色散 X 射线荧光光谱仪的性能测试指标中，最重要的是光谱仪在动态情况下的长期稳定性，即光谱仪所有可动部件在每次测定中都要变换，这种综合性考核指标最能代表光谱仪的性能。

表 12-3 是采用帕纳科 Axios X 射线荧光光谱仪做动态长期稳定性检验的测定条件实例。在动态情况下做长期稳定性检验，所测元素在几百 kcps 计数率的情况下，其相对标准偏差小于 0.05%。

表 12-3　采用 Axios X 射线荧光光谱仪做动态长期稳定性检验的测定条件

分析线	分光晶体	管压/kV	管流/mA	准直器	峰位 $2\theta/(°)$	探测器	PHA LL	PHA UL	样品
Cu K_{β}	LiF220	60	40	$150\mu m$	58.5356	流气式正比	20	80	纯铜
Ba K_{α}	LiF200	60	33	$550\mu m$	11.0090	闪烁	20	80	C_3
Al K_{α}	PET	24	100	$550\mu m$	144.9548	流气式正比	20	80	C_3

第二节　脉冲高度分析器的调整及仪器漂移的标正

一、脉冲高度分析器的调整

更换 P_{10} 气体后，由于 P_{10} 气体成分发生小的变化，探测器高压或仪器放大器增益出现波动等都会引起脉冲幅度的变化，从而对分析结果带来误差，特别是对高含量元素影响较大，必须对脉冲高度分析器进行调整。下面以帕纳科 Axios X 射线荧光光谱仪为例，说明其调整过程。

点击 TCM 4400，进入 D（Detector check）。

① PSC 设定为 No。

② 根据要求设定不同的分光晶体、2θ 角、探测器，并装入样品（C_3 或 Cu）。

③ 调节管压（kV）、管流（mA）、准直器、面罩等，使得计数率在 20kcps 左右。

④ 按 F_1 键，开始测量，观察 Top position 是否为 50±2。如果不是，调节探测器高压，使其为 50±2。

⑤ 条件设定：见表 12-4。

表 12-4　PHA 调节时的条件设定

晶　　　体	探测器	样　品	分析线	$2\theta/(°)$
LiF(200)	F-PC	Cu	Cu K$_\beta$	40.45
Ge	F-PC	C$_3$	P K$_\alpha$	140.96
PET	F-PC	C$_3$	Al K$_\alpha$	145.00
PXI	F-PC	Cu	Cu L$_\beta$	30.50
LiF(220)	F-PC	Cu	Cu K$_\alpha$	58.53

⑥ 实验条件的设置。分光晶体：LiF(200)，Ge，PET，PXI，LiF(220)。准直器：150μm，300μm，700μm。探测器：F-PC 流气式正比探测器，SC 闪烁探测器，封闭式正比计算器即可。

⑦ 装样及卸样品：按 F$_9$(General) 键，然后按 F$_1$ (Load/unload) 键。

⑧ SC 探测器通常一年或两年检查一次。它只能和 LiF(200) 和 LiF(220) 联合使用。

二、仪器漂移的校正

由于仪器硬件的变化，如仪器电子线路的变化、分光晶体反射强度的改变、X 射线光管的老化或更换、更换流气式正比计数器的窗口或芯线均会引起仪器漂移。为了保证定量分析方法能长期使用，需要对仪器漂移进行校正，即在任何时候均需要将仪器工作状态校正到与制定定量分析方法相同的状态。是否需要进行监控测量主要取决于测量强度或分析结果波动的性质，如果这种波动或变化来自仪器器件的变动，如更换 X 射线光管、探测器窗口或 P$_{10}$ 气体，则更换后要立即进行监控测量；如果波动属于仪器的正常漂移，则执行监控测量的次数主要取决于准确度的要求。

（1）单点校正法　在测定标样前后，立即测定用于校正仪器漂移的监控样（或称标准化样品），令第一次测得监控样相应元素的强度为 I_S，存入数据文件，在分析未知样时，先测定监控样，这时测得相应元素的强度为 I_M，其校正系数为：$\alpha = \dfrac{I_S}{I_M}$，测得试样中该元素的分析线的强度乘以校正系数 α，即为校正后的强度，用以计算待测元素的含量。

（2）两点校正法　两点校正法也叫 α、β 法，是把校准曲线两端的试样作为监控试样的一种方法，校正后的 X 射线强度由 α 和 β 两个系数求得：$I_c = \alpha I + \beta$；$\alpha = (I_2 - I_1)/(I_{M2} - I_{M1})$；$\beta = I_1 - I_{M1} \times \alpha$。

式中，I_c 为未知试样校正后的 X 射线强度；I 为未知试样的测定 X 射线强度；I_{M1}、I_{M2} 为监控试样的测定强度；I_1、I_2 为监控试样的基准 X 射线强度，也可用于多个监控样品。

（3）监控样品的条件　监控样品必须包括所有的分析元素和干扰元素，各元素应具有足够高的含量，以便减少计数统计误差，监控样品的物理、化学性质要稳定，在后期辐照下，计数率变化要小。监控样是用来校正强度的，它不必要与未知样属于同一类型，通常选用稳定的玻璃片或金属作为仪器的监控样。

第三节 日 常 维 护

为了使仪器保持稳定的运行，必须对仪器进行定期检查和保养。下面以帕纳科 Axios XRF 光谱仪为例叙述仪器的维护。

一、真空泵油位检查

要定期地检查真空泵的油位和油质。如果油中出现脏物或含有白色泡沫，则必须从排油孔中将原油排走，再按以下步骤重新注入真空泵油：

① 关闭光谱仪电源；

② 卸下前盖板；

③ 将真空泵移动，以便可以看到油位；

④ 检查油位，确保在上下刻度线之间；

⑤ 如有必要重新注油，可用漏斗将油注入到一个合适位置；

⑥ 将真空泵移到光谱仪的原位；

⑦ 盖好前盖板；

⑧ 打开光谱仪电源。

二、P_{10}气体的更换

当钢瓶中的 P_{10} 气体的压力在 10bar 时，由于瓶中气体成分的变化及密度的变化，会引起计数率的变化及脉冲幅度的漂移，这时就要更换 P_{10} 气体。其过程如下：

① 将高压降为 20kV/10mA；

② 关高压；

③ 设定介质为空气；

④ 关闭钢瓶主开关，取下减压阀，更换气瓶；

⑤ 快速打开钢瓶主阀并迅速关闭，冲走瓶口上的污染物。装上减压阀，检查压力为 0.75bar （1bar＝10^5Pa）；

⑥ 在仪器中检查气体流量为 1.0L/h 左右，更换介质为真空；

⑦ 开高压，检查 PHD。

三、高压漏气检测

每次将钢瓶连接到光谱仪，都要按以下条件进行漏气检查：

① 完全关闭减压阀，逆时针转动输出调节器；

② 慢慢打开主阀门，钢瓶压力表显示出 15MPa 的值，记下此数值；

③ 完全关闭钢瓶上的主阀门，在此条件下，停留约 30min；

④ 约 30min 后，将此压力与刚才记录的比较，若压力没下降，说明没漏气；若压力下降，说明高压连接处漏气。

漏气情况下的处理：

① 打开输出调节器，放出残余气体，然后再完全关闭它；

② 卸下钢瓶；

③ 用石油醚仔细地将连接器擦干净；

④ 重新连接钢瓶，重复高压漏气检测。

四、密闭冷却水循环系统的检测

密闭冷却水循环系统，用去离子水冷却 X 射线光管的阳极。贮存器水位低了，会因冷却水流量不足，导致内循环水温度太高而报警。因此要周期性地往水贮存器中加满去离子水，步骤如下：

① 关闭光谱仪电源；

② 卸下左手边的盖板和前盖板；

③ 卸下固定水处理单元的螺钉，慢慢移出贮存器；

④ 松开过滤器盖；

⑤ 把一个小漏斗插到过滤器孔中；

⑥ 将去离子水注入到水贮存器中；

⑦ 重新盖好过滤器盖；

⑧ 将水处理单元放回原位，重新安装好盖板；

⑨ 打开光谱仪开关。

五、检查初级水过滤器

水过滤器安装在光谱仪外冷却水系统中蓝色容器中。如果水流量太低，就会终止安全回路，关闭高压，计算机上显示"阴极水流量太低"。因此，必须更换水过滤器，其步骤如下：

① 关闭高压和光谱仪电源；

② 关闭循环水制冷机电源；

③ 在水过滤器下边，逆时针转动蓝色水容器，卸下容器；

④ 从容器中取出水过滤器；

⑤ 若过滤器被污染物堵塞，一般用大量的水喷射就可以把它清洗干净；

⑥ 放回洗净的过滤器，或更换一个新的过滤器；

⑦ 重新安装好水容器；

⑧ 打开循环水制冷机电源，检查是否有泄漏；

⑨ 打开光谱仪电源和高压。

六、X 射线光管的老化

X 射线光谱仪关机后再开机时，需要对 X 射线光管进行老化，否则会因电压或电源升得太快，导致 X 射线光管放电。若停机超过 24h，需对 X 射线光管进行老化处理。

（1）手动老化　开机后运行"TCM4400"软件的"T"界面，按以下顺序进行：

20kV/10mA→30kV/10mA→40kV/10mA→40kV/20mA→50kV/30mA→60kV/40mA→60kV/50mA…直到60kV/66mA等。如停机时间大于24h小于100h或停机时间大于100h，每步停留时间均为5min。

（2）自动老化（Breeding）

① 开机后运行"TCM4400"软件的"T"界面，如停机时间大于24h小于100h，选择"Fast"老化，如停机时间大于100h，选择"Normal"老化。

② 启动XRF System Setup，运行System菜单下的Tube Breeding，SUPER Q/System Setup/System/Tube Breeding，如停机时间大于24h小于100h，选择"Fast"老化，如停机时间大于100h，选择"Normal"老化。

七、日常检查项目

① 空压机的压力：5.0bar。每月排水一次并检查油位。

② 冷却水：检查流量，看是否漏水。

③ P_{10}气体：钢瓶上主阀压力是否大于正常压力（大于10bar），二次减压阀压力为0.7～0.8bar。

④ 分光室真空度：应小于100Pa。

⑤ 仪器内部温度：30℃。

⑥ 冷却X射线光管阴极水流量应为1～4L/min，冷却X射线光管阳极水流量应为3～5L/min。P_{10}气体的流量应为0.6～2L/h(1L/h最好)。

⑦ 真空泵每月要将气镇阀打开，排除泵中水分，每次约6h。

第四节　常见故障及维护

以Axios和3080E理学X射线荧光光谱仪为例进行说明。

一、机械问题

① 面罩超时，停机。在电动机驱动齿轮上点油。

② 塔盘超时。汽缸未下到最低值，试样高出杯子，皮带松等。

a. 松开电动机M100和M101的固定盘，调节皮带松紧；

b. 塔盘电动机的接头接触不好；

c. 塔盘电动机坏，更换。

③ Plunger阻碍塔盘转动。

a. 托盘下粉末太多，没充分下去，需清理。

b. 汽缸行程不够，需增大。

c. O形圈（50）有些黏，使样品托的下降变慢没到位，塔盘就开始转动，所以卡位。更换此密封圈时，不能涂真空脂。

d. 三个缓冲弹簧片不对称，或有损坏，更换。

e. 轴承 40 磨损，使塔盘转动超时，更换。

f. 塔盘上定位卡钩位置偏移，需调节。

④ P_{10} 气体流量报警。若 P_{10} 气体的流量低于 0.5L/min，对 P_{10} 气体的流量进行调节。

⑤ 晶体超时。重启计算机，更换电动机等。

二、X 射线高压发生器

其安全回路包括高压、真空、内循环水温度 51.5℃、内循环水位 Raylamp、外循环水流量小于 1L/min、内循环水的电导率 300μS/m、内循环水流量小于 3L/min。X 射线光管高压关闭一般是由于安全回路方面的问题。

① 如果外循环低于下限 1L/min，高压会自动关闭，以保护 X 射线光管。检查水压是否够，更换水过滤器，检查水泵等。

② 内循环水液位不够或者电导率高于 300μS/m，高压也会关闭。重新注入去离子水，更换离子交换树脂。

③ 高压回路中，X 射线指示灯坏，则高压关闭，更换 X 射线指示灯。

④ X 射线光管电压电缆击穿，高压关闭，更换高压电缆。

⑤ 由于漏气，使仪器真空度下降，高压关闭。检查仪器真空度，检查正比计数器的入射窗膜是否破裂。

三、真空度不好

P_{10} 气体的流量正常设定为 1L/min(其工作范围为 0.5～3L/h)，如果 P_{10} 气体流量变大，可将仪器的介质由真空改为空气。若流量变化超过 0.2L/min，则窗口膜可能坏了，也可能是晶体室内 P_{10} 气体管有泄漏。

（1）Axios X 射线荧光光谱仪流气式正比计数器窗膜的更换步骤

① 关闭仪器高压，设定 2θ 为 90°，把晶体室的介质设定为空气。

② 打开晶体室前面的盖子，用内六方扳手拆下面 P_{10} 气体的橡皮管。

③ 用套筒改锥拆下 $\phi6mm$ 长螺钉，用梅花扳手卸下短螺钉，取出探测器。

④ 再用小梅花扳手松开 2 个固定探测器的螺钉，拆下探测器罩子，拆下旧膜。

⑤ 打开包装的新窗口，小心地从玻璃板上拿出探测器窗口膜。

⑥ 用吸耳球小心地除去流气探测器壳和准直器表面的灰尘。

⑦ 把橡胶 O 形圈安装到探测器外壳凹槽中，O 形圈不要涂硅脂。

⑧ 十分小心地把窗口膜放入探测器的原来位置，把准直器小心地放在窗口膜上，上好固定螺钉。

⑨ 把探测器装入晶体室的原位，盖好晶体室的前面板。

（2）理学 X 射线荧光光谱仪流气式正比计数器窗口膜的更换步骤

① 将流气正比计数器从分光室内取出。

② 取下狭缝与流气式正比计数器连接的 4 个螺钉，取下狭缝。

③ 将膜取下，换上新膜，将狭缝与流气式正比计数器装好，用 4 个螺钉紧固。

四、探测器的故障

（1）闪烁探测器　闪烁计数器计数减少，光电倍增管老化 NaI 晶体潮解。取下闪烁探测器中的 NaI，肉眼可判断 NaI 晶体是否潮解。潮解时，NaI 晶体四周有明显的绿斑，向中间扩散，如果扩散的面积较大，就使计数减少。该晶体潮解的面积达 1/3 时就不能使用，只能更换新的晶体。

（2）流气式正比计数器　在高压正常的情况下，可以判断为芯线断，同时伴随真空度下降。因为芯线断后，落在窗口的薄膜上，导致薄膜击穿漏气，所以真空度下降。更换流气式正比计数器的芯线。

五、样品室灰尘的清扫

使用粉末样品压片制样，无论是用低压聚乙烯镶边垫底压片，还是用塑料环制样，尽管把制备的试样表面用吸尘器或吸耳球吸得很干净，但时间一长，总会有些低压聚乙烯粉末或样品粉末掉进样品室。这些粉末若通过真空管路吸入真空泵就会沉积在泵内，不但会污染真空泵油，而且还会对真空泵造成损坏。特别是对下照射式 X 射线荧光光谱仪，这些粉末在测量中还会掉在 X 射线光管铍窗边缘，所以要对样品室的灰尘进行清扫。

（1）帕纳科 X 射线荧光光谱仪样品室的清扫过程

① 关闭仪器高压，把仪器设定为空气介质。

② 打开仪器上面的罩子，拿走放在仪器上面的全部样品盒。

③ 卸下盖在样品室上面的金属板。

④ 用梅花扳手卸下固定样品室盖的 6 个螺钉，拔掉连在样品室的抽真空用的黑色橡胶管。

⑤ 两手握住样品室盖前面的金属片，慢慢向上抬起，打开样品室盖，并用长螺钉固定它。

⑥ 小心地拿去样品室中的样品塔盘。

⑦ 用吸耳球小心吹去 X 射线光管铍窗周边的灰尘，把落入样品室的粉末样品及灰尘彻底清理干净。

⑧ 把样品室的真空橡胶圈用酒精棉球擦干净，并涂以少量真空脂，再把它小心地放入原来位置。

⑨ 拆下固定样品室盖的长螺钉，小心地把样品室盖放下。

⑩ 对角上好固定样品室盖的 6 个螺钉，把抽真空用的黑色橡胶管插入原位。

⑪ 把盖在样品室盖上的金属板装入原位。

（2）理学 X 射线荧光光谱仪样品室的清扫步骤

① 关掉仪器高压，把仪器设定为空气介质。

② 卸下仪器的前下及侧面板，卸下固定样品室转盘的 4 个大螺钉。

③ 用千斤顶摇把，把样品转塔慢慢降下来，然后把样品转塔小心地拿到地板上。

④ 清去样品转盘上的全部样品粉末及低压聚乙烯粉末。

⑤ 按与卸下样品转塔相反的步骤，把它装回去。

第五节 仪器选型常用标准与判据

购置大型波长或能量色散 X 射线荧光光谱仪对一个单位来说是一件相当重要的事情，因为它价格相当昂贵。因此在购置之前通过调研，并拿一些样品（本单位要用该仪器所测的样品）到各生产厂家仪器上亲自做实验或看着做出结果，还要做一些性能指标的测试，然后比较各厂家的样品分析结果和测试的仪器指标，即可对各厂家的仪器性能做出粗略的评估。仪器选型一般从硬件及软件两个方面来比较。

一、硬件

仪器硬件主要从 X 射线光管的使用寿命及照射方式（上照射或下照射）、高压发生器的功率、测角仪的扫描速率、定位的精度、光学系统（包括 X 射线光管过滤片、准直器、通道光阑、晶体交换器）、探测器的计数线性范围、样品交换器、光谱仪的恒温控制、仪器长期动态稳定性（仪器能动的部件都要动并互相交换）的指标来分析比较。

二、软件

软件的功能要齐全，操作简便灵活，使用户能分析各种类型的样品，而且在没有标样及很少标样的情况下，以及对样品含量超出分析曲线范围的情况，都能给出准确的分析结果。软件的设计既适合于高水平的专家，又使不了解 X 荧光光谱仪的操作工人也可以得到准确的分析结果。各生产厂家最新型号 X 射线荧光光谱仪性能比较及仪器的基本配置分别见表 12-5 和表 12-6。

表 12-5 最新型号 X 射线荧光光谱仪性能比较

仪器型号	Axios	ADVANT'XP+	S4PIONER	ZSX100e	XRF-1800
X 射线光管	4kW 陶瓷超尖锐，Be 窗厚 50μm，X 射线光管保质期 2 年	4.2kW 超尖锐，Be 窗厚 75μm，X 射线光管保质期 2 年	4kW 陶瓷，Be 窗厚 75μm，X 射线光管保质期 2 年	4kW，Be 窗厚 30μm，X 射线光管保质期 2 年	4kW，Be 窗厚 75μm，X 射线光管保质期 2 年
X 射线发生器	4kW，最高电压 60kV，最大电流 160mA，外电压波动 1% 时，输出波动 0.0005%	4.2kW，最高电压 70kV，最大电流 125mA，输入电压波动 10% 时，输出波动 0.0001%	4kW，最高电压 60kV，最大电流 150mA，输入电压波动 1% 时，输出波动 0.0001%	4kW，最高电压 60kV，最大电流 150mA，输入电压波动 10% 时，输出波动 0.005%	4kW，最高电压 60kV，最大电流 150mA，输入电压波动 +15%～-10% 时，输出波动 0.005%

仪器型号		Axios	ADVANT'XP+	S4PIONER	ZSX100e	XRF-1800
样品室		下照射,样品自旋转速30r/min,有除尘装置	下照射,样品自旋转速30r/min,有除尘装置	下照射,样品自旋转速30r/min,无除尘装置	上照射,样品自旋转速60r/min	上照射,样品自旋转速30r/min
测角仪		$\theta/2\theta$分别驱动,直接定位光学传感器驱动测角仪,无齿隙误差,扫描速率2400°/min,定位精度0.0001°$\theta/2\theta$,定位的准确度0.0025°$\theta/2\theta$	独一无二的莫尔条纹测角仪,$\theta/2\theta$分别驱动,无齿轮磨损,最大扫描速率4800°(2θ)/min,比普通测角仪快4倍,角度重现性小于0.0002°,连续扫描速率最大327°/min	$\theta/2\theta$分别驱动,光学编码控制定位,无磨损,连续扫描速率200°/min,角度的重现性优于0.0001°	$\theta/2\theta/2\theta$三轮独立驱动,齿轮转动系统最大扫描速率1400°/min,角度的重现性0.0002°,连续扫描速率最大240°/min	$\theta/2\theta$独立驱动,最大扫描速率1200°/min,连续扫描速率最大300°/min,角度的重现性在±0.0003°以内
光学系统	初级过滤片	可选5种	可选3种	可选10种	可选6种	可选5种
	初级准直器	可选3种	可选4种	可选4种	可选3种	可选3种
	通道光阑	可选4种	可选3种	可选4种	可选8种	可选5种
	晶体交换器	可装8块晶体	可装9块晶体	可装8块晶体	可装10块晶体	可装10块晶体
测角仪扫描范围	SC	2θ角范围0°~109°	2θ角范围0°~115°	2θ角范围0°~115°	2θ角范围0°~118°	2θ角范围0°~118°
	F-PC	13°~148°	17°~152°	17°~152°	1°~148°芯线自动清洗功能	7°~148°
计数器线性范围		SC:1.5×10^6cps F-PC:3.0×10^6cps	SC:1.5×10^6cps F-PC:2×10^6cps	SC:1.5×10^6cps F-PC:2×10^6cps		F-PC:2×10^6cps
样品交换器		2位旋转器,133位进样装置	可选12、49、98位进样器	60位进样器	48位进样器	ASF-40
谱仪室温控制		谱仪恒温(30±0.1)℃	双重恒温,谱仪恒温(30±0.5)℃,晶体恒温(38±0.1)℃	谱仪恒温(37±0.05)℃	谱仪恒温(36.5±0.1)℃	谱仪恒温(35±0.3)℃
微区分析		无	无	无	500μm	250μm
软件		Windows XP操作系统的全中文软件superQ,定量和定性智能化的分析软件。IQ+无标近似定量软件、FP-MULT1涂层厚度及成分分析软件、NIFFCO钢与合金软件及针对地质样品中37个痕量元素的PROTRACE软件	Windows 2000操作系统的全中文软件,WINXRF定量软件、QUNTAS™无标近似定量软件、UNIQUNT无标样软件,独家特许,对薄膜、各种形状的样品可得到准确主痕量元素结果,钢及各种合金分析软件等	在Windows 2000环境下,SPECTRA^{PLUS}软件,集成了定性、定量及无标样软件。独有的样品厚度校正及铑钯康普顿散射校正功能,给出准确的分析结果,独有的自动电流缩减功能,保证了主、痕量元素准确报出。定量分析独有的变动α系数校正基体效应,给出的结果更准确	Windows 2000操作系统,全中文定量分析软件,FP法无标样分析,SQX(半定量)软件包,引入理论强度重叠校正及光电子FP法等概念,使分析结果更准确。多层薄膜(10层40成分)软件,分析工具包,它提供标准样品,漂移校正样,元素测量条件等,使分析更简单。岩石样品玻璃熔片软件	在Windows 2000环境下的智能定性、定量软件,基本参数法,背景基本参数法,工作曲线(一次、二次),可分成5段,定性-定量分析,可分析块状与薄膜样品。推定基本参数法(近似定量)在2.5min内完成元素定性、定量分析

表 12-6　各厂家最新型号 XRF 光谱仪的基本配置

厂家	帕纳科	ARL	布鲁克	理　学	岛　津
型号	Axios	ADVANT'XP+	S4 PIONER	ZSX100e	XRF-1800
X 射线光管	4kW,超尖锐陶瓷,薄铍窗(50μm)Rh	4.2kW,超尖锐薄铍窗(75μm)Rh	4kW,超尖锐陶瓷薄铍窗(75μm)	4kW,薄窗口(30μm)	4kW,薄窗口(75μm)
高压发生器	4kW 水冷式高压发生器	4.2kW	4kW	4kW	4kW
计数器	SC、F-PC(F-PC 和封闭正比串联,选购)	SC、F-PC	SC、F-PC	SC、F-PC(两种可串联)	SC 和 F-PC
测角仪	直接光学定位测角仪,$\theta/2\theta$ 分别驱动	高精度的莫尔条文测角仪,$\theta/2\theta$ 分别驱动		$\theta/2\theta/2\theta$ 分别驱动高精度测角仪	$\theta/2\theta$ 独立驱动的高精度测角仪
晶体	LiF(200) PET PX1 LiF(220) Ge(111) 选购以下 LiF(420) InSb TlAP PX3 PX4 PX5 PX9	LiF(200) PET AX06 Ge(111) LiF(220) 选购以下 InSb AX- AX-16+(C) AX-09(N)	LiF(200) PET OVO-55 选购以下 Ge(111) OVO-C OVO-N LiF(220)	LiF(200) PET Ge(111) TAP 选购以下 PX4 PX9 PX35 LiF(220) RX40 RX45 RX60 RX70 RX80	LiF(200) PET Ge(111) TAP 选购以下 LiF(220) SX-52 SX-1 SX-14 SX-48 SX-76 SX-410
数据处理系统硬件	计算机 DELL,配置奔腾Ⅳ,256MB 内存,40G 硬盘,可读写光驱(带刻录),VGA 17 寸彩显,惠普彩色打印机	计算机奔腾Ⅳ,1.7G 主频,128MB 内存,20G 以上硬盘,28 倍速的光驱,17 寸彩显,彩色喷墨打印机	计算机 DELL:奔腾Ⅳ,1.7G 主频,128MB 内存,40G 硬盘,可擦写光驱,19 寸彩显,惠普彩色打印机	计算机奔腾Ⅳ,2.8G 主频,512MB 内存,80G 以上硬盘,40 倍速以上可擦写光驱,17 寸彩显,激光打印机	计算机 IBM-PC/AT 兼容机,64MB 内存,4G 以上硬盘,17 寸彩显,彩色打印机
软件	SuperQ 智能化定量定性软件,IQ+近似定量软件	WinXRF 智能化定量定性软件,QuantAS 无标样分析软件 UniQuant 独家特许无标样分析软件(选购)	SPECTRAplus 智能化的定性定量分析软件(集成的标准,无标分析软件)	中文 ZSX 软件包。一、定量分析。1. 基本参数法。2. 校正曲线法。二、定性分析。三、基本参数法软件包。1. 高精度定量分析;2. 薄膜分析;3. 半定量分析	一、定量分析。1. 基本参数法;2. 背景基本参数法;3. 薄膜分析;4. 工作曲线法。二、定性分析。三、定性-定量分析(半定量分析)
准直器	0.15mm 0.30mm 0.70mm 0.15mm 0.55mm 4.0mm(分析 C、N,选购)可选 3 件	0.15° 0.25° 0.6° 2.5°(分析 C、N,选购)	0.23° 0.46° 1°	标准 高分辨率 高灵敏度(用于 C、N 分析,选购)	标准 高分辨率 高灵敏度(用于 C、N 分析,选购)

厂家	帕纳科	ARL	布鲁克	理 学	岛 津
型号	Axios	ADVANT'XP+	S4 PIONER	ZSX100e	XRF-1800
视野限制光阑（或通道光阑）	ϕ37mm ϕ30mm ϕ27mm ϕ20mm ϕ10mm ϕ6mm	ϕ29mm ϕ15mm ϕ8mm ϕ38mm	ϕ34mm ϕ28mm ϕ23mm ϕ18mm ϕ8mm	ϕ35mm ϕ30mm ϕ25mm ϕ20mm ϕ10mm ϕ3mm ϕ1mm ϕ0.5mm	ϕ30mm ϕ20mm ϕ10mm ϕ3mm ϕ0.5mm
滤光片	Al 200μm Al 750μm Cu 100μm Cu 300μm Pb 1mm Be	Be Al Cu		Ti Al Cu Zr Fe 标配为 Zr、Al Al	Al Ti Ni Zr
自动进样器	133 位样品交换器	可从 12、48、96 位进样装置中选购	60 位	48 位进样装置（选购）	ASF-40
样品环	ϕ37mm ϕ32mm ϕ27mm ϕ20mm ϕ10mm ϕ6mm	ϕ38mm ϕ29mm ϕ15mm ϕ8mm	10 个样品环（34mm）20 个塑料杯	ϕ35mm ϕ30mm ϕ20mm ϕ1mm ϕ0.5mm	ϕ30mm ϕ20mm ϕ10mm ϕ3mm ϕ0.5mm
液样分析系统	选购	选购	选购	选购	选购

参考文献

[1] JJG 810—93.

[2] 高新华译. 帕纳科公司 Magix/Magix-Pro SuperQ 3.0 版本系统指南.

第十三章 同步辐射 X 射线荧光 光谱分析技术与应用

人类运用电磁波作为研究手段来探索地球和生命有着悠久的历史。首先，人类用波长最长的无线电波来观察广阔的宇宙星空，用微波可观测大气运动，用红外线进行夜视和雷达追踪，用可见光通过人眼观察七彩世界，用 X 射线可研究物质组成和晶体结构，用伽马射线则可以探索原子核的内部世界。同步辐射也是电磁波的一部分，它的波长范围覆盖红外线到 X 射线。1947 年同步辐射首次在美国通用电气公司的同步加速器上被意外发现，因此被命名为"同步辐射"。产生和利用同步辐射的装置称为同步辐射光源。

加速运动的自由电子会产生电磁辐射，利用弯转磁铁将高能电子束缚在环行的同步加速器中以接近光速做回旋运动时，在圆周切线方向产生的电磁波就是同步辐射。同步辐射具有强度大、亮度高、频谱连续、方向性及偏振性好、有脉冲时间结构和洁净真空环境等优异的特性。同步辐射装置犹如一台超级显微镜，为人类的科学研究提供了一种观察微观世界的先进手段。同步辐射作为独特的宽光谱、高亮度光源，为科学研究提供了一个先进的研究平台，对实验科学已经产生了深刻和广泛的影响。它使我们可以在探测灵敏度提高几个数量级的基础上对其空间和时间分辨率进行改善，使小样品和薄膜的研究成为可能，也使一些新的光谱方法如磁散射、非弹性散射、实时动态研究及需要利用光束相干性的研究成为现实。

第一节 同步辐射技术的特点与发展

一、同步辐射的特点

同步辐射和普通 X 射线荧光光源比有以下特点：

（1）光谱连续且范围宽 同步辐射是一种能提供波长连续、可调光源的装置，波长范围覆盖红外、可见、紫外、软 X 射线和硬 X 射线光谱（如图 13-1 所示），由于各种研究对象不同的物理与化学性质，对不同波长的光的需求不一，研究者可以通过使用光栅或晶体单色器从连续谱中选出感兴趣的频谱波长，这也是同步辐射最为重要的特性之一。

（2）较高的辐射强度和光通量 在真空紫外和 X 射线波段，能提供比常规 X 射线光管强度高 $10^3 \sim 10^6$ 倍的光源，相当于几平方毫米面积上有 100kW 的能流。

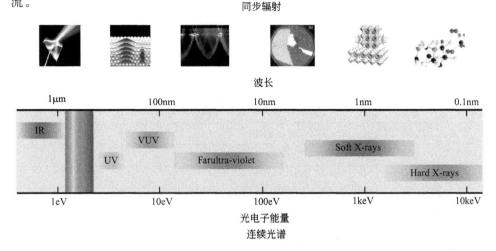

图 13-1　同步辐射的波长范围

这样高强度的光子束，为快速实验或使用弱散射晶体提供了有利条件。以平常的X 射线光管需要 24h 才能做完的实验，若使用同步辐射，不到 1min 就能做完，这对实验条件不易控制的研究尤其重要。

（3）高稳定性　贮存环中为超真空，带电粒子束不易被其他分子散射，有稳定的回馈系统（feedback system），故光源稳定。

（4）高度偏振　弯转磁铁或 Wiggler（扭摆磁铁）出来的同步辐射在电子运动的轨道平面上是线性偏振的，而在垂直方向上随着发散角的增大，逐渐由线性变成椭圆再到圆偏振，在全部辐射中，水平偏振占 75%。在贮存环平面上所产生的同步辐射，其偏振方向与加速方向平行。当垂直角小时，其偏振度更高，有助于开展电子能阶对称性及表面几何结构的研究。除了同步辐射及激光之外，一般光源均为非偏振光，除非采用起偏器产生偏振光。

（5）具有脉冲时间结构　同步辐射是一种脉冲辐射，脉冲宽度为 0.1～1ns，第三代光源可达 30ps。这种特性对"变化过程"的研究非常有用，如化学反应过程、生命过程、材料结构变化过程和环境污染微观过程等。

（6）高准直度　能量大于 10^{10} eV 的电子贮存环，辐射光锥张角小于 1mrad，接近平行光束，小于普通激光束的发射角。能量越高光束的平行性越好。

（7）光束截面积极小　适于微区分析。

（8）超高真空环境　产生同步辐射时，贮存环和光束线真空度达 $1/10^{10}$ mmHg（mmHg=133.322Pa），因而吸收减小，适用于表面科学实验。

这些特性使同步辐射成为科学研究与探索的重要工具。

二、同步辐射装置的现状和发展

全球同步辐射装置在经历了第一、二、三代的发展后，已开始向第四代发展。每一代更替都经历了能量的数量级飞跃。日本的 Spring-8 光源是第三代光源中贮存环能量最高的装置，达到 8GeV；我国的上海光源 SSRF 属第三代同步辐射光源，贮存环能量为 3.4GeV。目前世界上的主要第三代同步辐射光源的能量参数如表 13-1 所示。对世界现有的同步辐射装置介绍，可参考www. lightsources. org。

表 13-1　第三代同步辐射光源的能量参数

建成年代	同步辐射装置名	能　量
1992	ESRF，France（EU）	6 GeV
	ALS，US	1.5～1.9 GeV
1993	TLS，Taiwan	1.5 GeV
1994	ELETTRA，Italy	2.4 GeV
	PLS，Korea	2 GeV
	MAX Ⅱ，Sweden	1.5 GeV
1996	APS，US	7 GeV
	LNLS，Brazil	1.35 GeV
1997	Spring-8，Japan	8 GeV
1998	BESSY Ⅱ，Germany	1.9 GeV
2000	ANKA，Germany	2.5 GeV
	SLS，Switzerland	2.4 GeV
2004	SPEAR3，US	3 GeV
	CLS，Canada	2.9 GeV
2006	SOLEIL，France	2.8 GeV
	DIAMOND，UK	3 GeV
	ASP，Australia	3 GeV
	MAX Ⅲ，Sweden	700 MeV
	Indus-Ⅱ，India	2.5 GeV
2008	SSRF，China	3.4 GeV
2009	PETRA-Ⅲ，D	6 GeV
2011	ALBA，E	3 GeV

近年来，由于自由电子激光（FEL）技术的发展和成功应用，从自由电子激光（FEL）中引出同步辐射已经实现，即为第四代同步辐射光源。自由电子激光的物理原理是利用通过周期性摆动磁场的高速电子束和光辐射场之间的相互作用，使电子的动能传递给光辐射而使其辐射强度增大。由于电子和光场相互作用位相不同，一些电子失去能量，速度变慢；另一些电子则获得能量，速度变快，即电子产生能量调制从而形成光波长为周期的群聚。群聚的电子束和光场相互作

用加强，适当选取电子能量可使电子束把能量交给光场，对光场进行放大。光场可以是波荡器的两端加上反射镜构成的谐振腔存贮的辐射光产生的，也可是外加的激光产生的，或者是长波荡器中的辐射光产生的。相应的自由电子激光器分别成为振荡器自由电子激光器，放大器自由电子激光器，自放大自发辐射自由电子激光器。虽然自由电子激光名为激光，但它与通常所说的激光的工作原理是不同的，只是因为两者都是相干光。常规的激光是由于原子的能级跃迁产生的，而自由电子激光则是自由电子与波荡器的磁场和辐射光场相互作用是电子的动能转换成激光能量的结果。此外，自由电子激光器与普通的激光器相比，它的波长连续可调，调谐范围宽，波长可以从远红外到硬 X 射线，而普通的激光器因为受到原子能级跃迁的限制，只能工作在某些特定的波长上第四代同步辐射光源亮度要比第三代大两个量级以上：第三代光源最高亮度已达 10^{20} ph·mrad[S·mm^2·(0.1BW)]，目前第四代光源的亮度达 10^{24} ph·mrad [S·mm^2·(0.1BW)]。空间全相干，即横向全相干，光脉冲长度到皮秒级，甚至小于皮秒级。

2009 年 4 月，美国的直线加速器相干光源 LCLS（linac coherent light source）在美国 SLAC 国家加速器实验室诞生，这是世界上第一个自由电子激光装置。这个巨型激光器的三段直线加速器分别依次把 135MeV 的电子加速到 250 MeV，4.3 GeV，13.6GeV。自由电子激光器从高能电子束获得能量，这些高能电子通过一个交替极性的磁体阵列（波荡器），利用磁场控制电子的来回路径，并且释放光能。LCLS 是世界上第一个发射硬 X 射线的自由电子激光器，输出波长在 0.15～1.5nm 之间，并可调，输出脉冲宽度 80fs，每个脉冲包含 10^{13} 个 X 射线光子。由于其超强的亮度，LCLS 在原子、分子和光学等研究领域具有极大科学应用价值。

第二节　同步辐射原理

加速中的带电粒子会辐射电磁波，在圆形轨道上以近光速运动的带电粒子，会沿着轨道切线方向辐射电磁波。由于质量小的带电粒子较易产生辐射，因此目前的同步辐射均由最轻的带电粒子（电子或正电子），在加速至趋近于光速时产生。

一、同步辐射装置

产生同步辐射的设备由注射器与电子贮存环两大部分组成（见图 13-2）。注射器的功能是将带电粒子迅速加速至适当能量，再射入贮存环中；贮存环的功能则是为带电粒子提供一个理想的真空轨道，使其能以接近光速的速度在环中持续运转。同时贮存环的真空环境也能让同步辐射光源顺利引出，以供实验者使用。

带电粒子的注入方式有两种，全能量注射和低能量注射。若带电粒子在注射器中所加的能量，达到带电粒子在贮存环中运转的能量后，再射入贮存环中，则

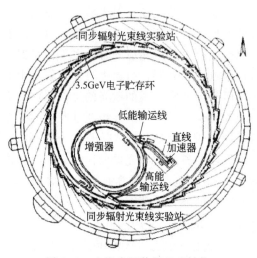

图 13-2 上海光源装置组成结构

此种注射方式称为全能量注射（full energy injection）。若在注射器中所加的能量，低于带电粒子在贮存环中运转的能量，则带电粒子由注射器注入贮存环后，须再由贮存环的高频腔（radio frequency cavity）加速至运转能量，这种注射方式称为低能量注射（low energy injection）。

粒子注射器可分为电子直线加速器和电子同步加速器。电子直线加速器主要由产生电子源的电子枪、电子加速管、微波功率系统和真空系统等组成，沿加速管轴线方向分布微波电场，电子在微波电场中加速并获得能量。微波功率系统由速调管和调制器组成，并通过波导馈送到加速管中建立起微波电场。

贮存环是贮存高速运行的电子束流并使之保持相应能量的关键设备。它通常是一个环形真空设施，环可分四边形、六边形或更多边形；每个边均有长直段，每个长直段间以圆弧段连接。贮存环主要由磁铁系统、真空系统和高频系统和电源系统组成。磁铁系统的功能是维持带电粒子成紧密的一束，磁铁系统主要由二级磁铁（弯转磁铁）和四级磁铁组成。所有的二级磁铁、四级磁铁都安装在一个环形轨道上。二级磁铁的二级磁场用来弯转电子束，使电子束沿着设计的电子轨道运动。真空系统为环形，也被安装在设计的电子轨道上，插入磁铁的间隙中，真空度要求达到 10^{-13} atm（1atm＝101325Pa）。高频系统由高频腔和高频发射机组成。安装在束流轨道上的高频腔通过电子轨道方向产生高频电场来加速电子，当电子束流贮存时，用来补充电子由于同步辐射而损失的能量。呈周期排列的磁铁作为插入件安装在贮存环两个弯转磁铁组件之间的直线段中，其排列的周期数为 N，周期长度为 λ。当电子经过时，在磁场的作用下，电子将沿一条近似于正弦曲线的轨道摆动，摆动的次数为 $2N$，摆动的曲率半径反比于磁场强度峰值 B_0，它的性能可用偏转参数 K 描述：

$$K = \frac{eB_0\lambda}{2\pi mc^2} = 0.934\lambda B_0 \tag{13-1}$$

当 $K>10$ 时的插入件叫扭摆器，用来使同步辐射波长向更短方向移动；当 $K<1$ 时叫波荡器，用来增加光强，并使同步辐射变为相干光。

扭摆磁铁主要安装在贮存环的直线节上，磁场极性正负交替呈周期性变化。当电子通过扭摆磁铁时，电子将随磁场发生周期性扭摆，以近似为正弦曲线的轨道运动。当磁场强度沿插入件方向的一次和二次剩余积分值为零时，电子通过扭摆磁铁后不改变其运动方向和位置，所以不会干扰电子在环中的稳定运动。由于扭摆磁铁设计的磁场强度高，可使辐射的特征波长变短，所以由扭摆磁铁产生的同步辐射，其光亮度、光强度等性能远优于由弯转磁铁发出的光，可扩宽同步辐射的应用范围。根据式(13-1)，扭摆器使用具有较高磁场强度 B_0 和较长周期 λ（可达数十厘米）的插入件，使得 K 值很大。大的 B_0 使电子运动轨道曲率半径变小，从而使同步辐射光谱向高能方向移动，强度也增强 $2N$ 倍。

波荡器使用短周期的稀土合金永磁体磁铁，周期长度 λ 可为几厘米，N 可以很大。波荡器磁场较低，因此，电子在其中运动时，轨道只有轻微起伏，偏转角很小。这样，从不同磁极上发射的光子会相干叠加，产生干涉效应，使同步辐射光谱中出现一系列相干单色峰。它的强度要增加 N^2 倍，相干的结果不仅使其强度增加，而且还使其发射角减小，近似为原来的 $1/\sqrt{N}$。两者共同作用的结果使同步辐射光强增加 $2\sim4$ 个数量级。

不同周期的多极永磁扭摆磁铁在同步辐射装置中得到大量应用。与弯转磁铁相比，由永磁扭摆磁铁获得的同步辐射光谱，其性能得到很大的改善和提高，从而为同步辐射实验应用提供了高通量和高能量光源。

二、同步辐射基本线站及应用

同步辐射与样品的作用方式有 20 多种，当它作为入射光照射在样品上会产生透射光、散射光、荧光等，如图 13-3 所示。同步辐射应用范围很广，通常根据应用需求搭建不同线站。常见光束线站有：X 射线吸收精细结构谱光束线站，硬 X 射线微聚焦光束线站，软 X 射线谱学显微光束线站，生物大分子晶体学光束线站，衍射光束线站，X 射线成像应用光束线站，X 射线小角散射光束线站等。

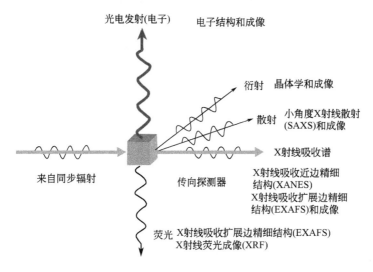

图 13-3 同步辐射的几种主要用途

X 射线吸收精细结构谱（XAFS）是研究物质结构非常重要的方法之一。该技术的主要特点是能够在固态、液态等多种条件下研究原子、离子的近邻结构和电子结构，具有其他 X 射线分析技术（如晶体衍射和散射技术）无法替代的优势。例如，用 XAFS 研究单晶，可以获得用晶体衍射方法所不能得到的和化学键有关的几何与电子结构信息，如氧化态、自旋态、共价键等。由于具有上述特点，XAFS 分析技术被广泛应用于材料科学、生物、化学、环境和地质学等诸多领域。目前，XAFS 光束线站是世界同步辐射装置上涉及学科面最广、用户最多的光束线站。

在同步辐射中，由于波长范围宽，通常将 X 射线范围分为了硬 X 射线和软 X 射线两个区间。硬 X 射线微聚焦线站结合 X 射线聚焦光学系统，得到高通量、能量可调的微束单色 X 射线，配备硅漂移及多元能量探测系统，可开展微束 X 射线荧光分析（μ-XRF）、微束 X 射线吸收精细结构谱学（μ-XAFS）以及微束成像实验研究，具备原位分析样品元素组分、物质结构及二维分布的能力。元素分析的灵敏度可达 $\mu g/kg$ 级，空间分辨率可达到微米至亚微米量级，目前世界上最好的装置分辨率可达纳米级。

软 X 射线谱学显微光束线站结合扫描透射 X 射线显微技术（scanning transmission X-ray microscopy，STXM），可获得数十纳米的高空间分辨能力，适用于近边吸收精细结构谱学（near edge X-ray absorption fine structure spectroscopy，NEXAFS）研究。软 X 射线谱学显微镜不仅可以研究自然状态下的细胞结构和功能相关性，也可以研究具有一定活性的生物样品的结构和元素空间分布。软 X 射线谱学显微镜与扫描电镜、TXM 相比样品辐射损伤相对较小，可以在微观尺度研究固体、液体、软物质（如水凝胶）等多种形态的物质，其应用研究已渗透到材料、环境、生物、有机地球化学等众多学科领域。

生物大分子晶体学光束线站采用多波长反常衍射方法、单波长反常衍射方法、同晶置换、分子置换等实验方法，可进行生物大分子复合物结构、膜蛋白结构以及面向结构基因组学的大规模、高通量蛋白质结构和功能研究。

衍射光束线站以多晶粉末、薄膜、纳米材料等为主要研究对象，以粉末晶体衍射实验方法为主，可同时开展纳米和表面材料的掠入射（反常）衍射（GIXAD）、反射率、倒易空间绘图、衍射异常精细结构（DAFS）测量等实验技术及动态过程研究。

X 射线成像线站中 X 射线显微成像的衬度机制已经得到极大丰富，除传统的吸收衬度外，还采用了相位衬度、化学衬度、元素衬度、磁二色衬度、散射衬度、衍射衬度等技术。由于通量的关系，在第一、二代同步辐射上只能进行静态成像研究，而第三代同步辐射的高亮度和高相干性，使得动态研究成为可能。动态 X 射线同轴相位衬度成像技术发展迅速，它利用了 X 射线透过样品时携带的位相信息进行成像，可以对轻元素组成的样品内部结构高分辨率成像。2002 年，

《Nature》报道了在第三代同步辐射光源上用相位衬度成像观察到了电化学反应的动态过程。2003 年，《Science》第一次报道了昆虫的呼吸全过程，时间分辨率可达几毫秒到几十毫秒。第三代同步辐射光源的出现同时也催生了另一个重要成像手段——显微断层成像（XMCT），它的三维空间分辨率可达微米乃至纳米量级。第三代同步辐射光源是 XMCT 的理想光源，单色 X 射线的使用有助于消除赝像，同时减小了样品的辐射剂量，这对生物医学样品研究显得尤为重要。

X 射线小角散射光束线以聚合物、纳米材料、液晶、生物分子等为主要研究对象，提供了一个以常规小角散射为主，兼顾反常小角散射、掠入射小角散射、小角和广角散射同时测量等的实验手段，可开展动态过程研究，在化学、材料科学、生命科学等领域已得到广泛应用。

第三节 同步辐射 X 射线荧光分析技术

一、SRXRF 技术的优势

波长在 0.01～0.1nm 之间的 X 射线称为硬 X 射线，同步辐射硬 X 射线荧光光谱技术利用不同元素的特征吸收和荧光光谱来分辨不同基质样品中的元素种类、含量及其形态。

除了同步辐射硬 X 射线荧光技术外，可以得到元素含量的分析技术还有很多。火焰原子吸收光谱（flame atomic absorption spectroscopy，FAAS）和电感耦合等离子光发射/质谱（inductively coupled plasma-optical emission/mass spectroscopy，ICP-OES/ICPMS）在块状样品分析中有很广泛的应用，检出限可以达到 10^{-6}～10^{-9}。虽然 FAAS 和 ICP-OES/ICP-MS 已经有成熟的应用，但是却越来越难以满足科学家对样品中元素的空间分布和化学形态研究的需求。元素的动态变化、生物有效性、毒性、元素在环境中的迁移转化等，在基质中不是以一个块状样品为基本单元的，而是与化学形态、多元素和官能团之间的协同和拮抗作用等密切联系。

研究环境样品中元素的种类也有着久远的历史。通常会将样品前处理的提取技术和液相、气相色谱质谱技术联用。这些方法同样具有很高的灵敏度，但不能获得元素原位分布信息。而原位微区分布信息在元素的迁移转化及动态过程研究中十分重要。

结合能量色散 X 射线光谱的环境扫描电镜和透射电镜可以在分析中定位元素在矿物、沉积物、颗粒物和生物样品中的分布。但是，电镜要求精细的制样过程以保证成像过程中理想的对比度；同时，一些样品（如液体样品等）不能在真空下测定，限制了其应用；此外，测定过程中高能量电子束会损伤样品；而且，样品准备过程中的化学固定和脱水等步骤都可能引发人为因素对超微结构的破坏（尤其是生物样品），例如造成细胞器的解体、化学环境的改变造成元素形态改变，脱水过程导致形状畸变等。这些都大大地限制了科学家对环境-生物交互作用等机制的研究。实际应用中，电镜测定还需要将样品进行切片，这也限制了电镜研究只能做元素的二维分布研究。电镜对于痕量元素的测定灵敏度较差。尽管另一种微区分析技术——激光烧蚀诱导等离子体技术（laser ablation-inductively coupled plasma-mass spectrometry，LA-ICP-MS）对样品制备要求没有电镜高，但是入射激光对样品有着破坏性烧蚀，使之不能应用于那些需要进行非破坏分析的样品和领域。

同步辐射硬 X 射线荧光技术可进行原位无损分析，制样技术简单，可多元素同时分析，检出限低，无真空要求，其空间分辨率可达微米和纳米级，使得基于同步辐射的微区 X 射线荧光分析技术（μ-SXRF）优势凸显，应用愈加广泛。随着第三代同步辐射技术的成熟应用，高亮度同步辐射光源可以得到更高的空间分辨率。虽然 μ-SXRF 分辨率低于 SEM 和 TEM，但是同步辐射 X 射线的能量分辨率达到亚电子伏特，并可实现共聚焦，这使得 μ-SXRF 在原位元素形态和元素三维空间分布研究中有了突出的优势。

在环境样品的研究中，μ-SXRF 技术与其他微束分析技术相比有如下特点：

① 无损分析。与其他微聚焦技术，如粒子激发 X 射线能谱和电子探针技术相比，μ-SXRF 的入射光具有较低能量耗散，X 射线与带电粒子，如质子和电子相比，破坏性低很多，入射光带来的样品损伤较小。

② 样品准备过程简单。

③ 可以同时得到多个元素的信息，这对于环境样品异质性分析尤为重要。

④ 较深的穿透深度。入射的 X 射线一般可以穿透样品表面几微米到几十微米的深度，为获得元素的三维分布信息提供了前提，这与入射光为带电粒子的 PIXE 有很大不同。

⑤ 高空间分辨率。随着聚焦技术的发展，空间分辨率已经可以达到纳米和亚微米量级。

⑥ 高灵敏度。μ-SXRF 的 X 射线背散射噪声比电子探针 X 射线微分析光谱中的韧致辐射要低很多。这种高偏振度的同步辐射使得 μ-SXRF 可以达到高信噪比和低的检出限。

⑦ 实验可在自然条件下进行。但是，越来越多的元素形态容易受到实验环境改变的影响，为保持原始的元素形态信息，需要在低温和超低温实验环境下开展实验，这就为 μ-SXRF 的发展提出了新的要求。

⑧ 可调谐性。光谱的波长可以调节，使得在进行 μ-SXRF 的同时，开展元素的吸收精细结构谱研究成为可能。

二、SRXRF 实验装置

基于同步辐射的微束 X 射线聚焦技术主要光学部件包括预聚焦镜、单色器、聚焦镜和狭缝。美国先进光源的 μ-SXRF 装置结构如图 13-4 所示。

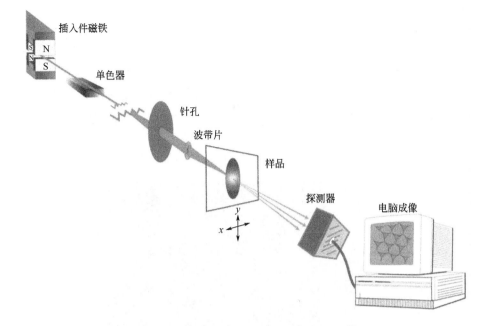

图 13-4　美国先进光源的 μ-SXRF 装置结构

从前端区引出的 X 射线由掠入射水冷狭缝限束，然后由预聚焦镜在垂直方向平行化，在水平方向聚焦产生次级光源，预聚焦镜后的单色器对光子能量进行选择，最后由聚焦镜将 X 射线聚焦到样品处。采用分级聚焦方案可以方便地通过次级光源狭缝调节样品处光斑尺寸和光通量，并且减小了上游光源和光学部件不稳定对样品处光斑位置的影响。在实现微米亚微米光斑的基础上，光束线站设计中采用多种措施以保证样品处光斑位置稳定。预聚焦镜为超环面镜，由柱面镜压弯成，预聚焦镜采用垂直放置，尽可能减小了面形误差对光束线性能的影响。单色器采用固定出口双平晶单色器；单色器的第一块晶体承受的热功率密度很高，采用间接液氮冷却方式。随后光束线经过微聚焦镜进行聚焦。

聚焦光学器件是一个 μ-SXRF 线站空间分辨率的最直接的决定因素。在同步辐射装置中，很多线站将入射 X 射线用 K-B 镜（Kirkpatrick-Baez，K-B）、晶体或者波带片（fresnel zone plates，ZP）进行聚焦，使得横向分辨率达到 $1\sim$ $10\mu m$，这样才能满足土壤的微粒单元和生物组织的尺寸。K-B 微聚焦镜系统由两块镜子分别对光束的垂直方向和水平方向聚焦，K-B 镜的掠入射角可调，用于高次谐波抑制。另一种聚焦方式为波带片聚焦，可获得 100nm 级的聚焦光斑。随着聚焦技术的发展，少数线站的光斑大小已经可以达到小于 $100nm^2$（例如 European Synchrotron Radiation Facility，ESRF 和 Advanced Photon Source，APS），100nm 的分辨率目前仍然是一些微聚焦线站的瓶颈。虽然理论上来说，硬 X 射线达到几纳米的分辨率是完全可行的，但是使用现有的聚焦光学器件来实现仍然存在很大挑战。除了表征元素在样品中的分布特征，μ-SXRF 也用于元素含量的原位定量分析。

　　除了聚焦光学器件，空间分辨率很大程度取决于样品的厚度和测样的实际环境。虽然 X 射线的高穿透性有益于研究样品中元素组成，但是这也容易导致得到一些非均质样品的错误分析结果。μ-SXRF 得到的是一定穿透深度的平均信号，这取决于样品放置角度和厚度。这一方面限制了其空间分辨率，另一方面也补偿了某些痕量元素测定信息。μ-SXRF 技术中 X 射线的高穿透深度性可以和 μ-SRCT相互补充，虽然 μ-SRCT 目前存在扫描时间过长及分辨率不够的缺点。

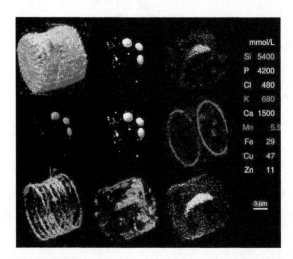

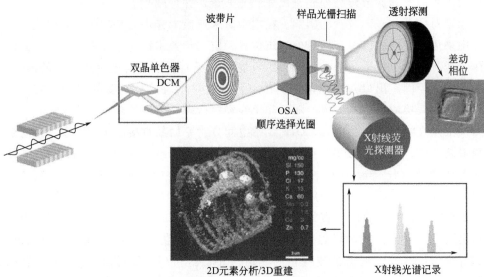

图 13-5　同步辐射 X 射线荧光断层扫描装置结构以及得到的小环藻中 Si、P、Cl、K、Mn、Fe、Cu、Zn 等元素 3D 分布特征及多元素空间分布重构

(de Jonge M D，et al. PNAS，2010，107：15676-15680)

三、SRXRF 应用

通过多角度的扫描得到样品中元素的光谱信息，经过计算机重建可以得到外部元素分布的二维和内部元素分布的三维信息（如图 13-5 所示）。

但是对一个部位进行多角度扫描容易导致含水样品失水损伤，限制了对活体组织等结构的研究。很多线站考虑到这种损伤的存在，搭建了冷冻、低温装置，以保持样品测定过程中的完整性。除此之外，快速的探测技术也在飞速发展中，这样可以增加探测器的灵敏度，从而也减少了样品在入射光线下的平均暴露时间。通常而言，μ-SXRF 并不是一门独立的应用技术，它还可以和 μ-XAS、μ-XRD、μ-SRCT 及 μ-FTIR 等技术相互补充，从而可以得到关于元素价态、结构以及元素和官能团之间的联系的二维甚至三维信息的完整分布图像。

第四节　同步辐射 X 射线吸收精细结构谱与应用

同步辐射 X 射线吸收精细结构谱的发现与应用可以追溯到 20 世纪初叶。1913 年，Maurice De Broglie 成为第一个发现并测定出吸收边的科学家。1920 年，Hugo Fricke 使用 M. Siegbahn 真空光谱仪观察到了元素吸收边附近的精细结构。但在其后的 50 年里，XAFS 的理论研究和应用发展极其缓慢。尤其是 XAFS 模型到底是基于长程有序还是短程有序的争论，一直持续，没有结论。直到 1970 年，Stern，Sayers 和 Lytle 得出 XAFS 的合理解释，并指出利用 XAFS 谱可以获到结构信息。而也就在这个时期，同步辐射技术开始出现。

XAFS 技术需要入射 X 射线的能量是可调的。虽然在普通实验室使用常规 X 射线光源也可以实现能量可调，但往往设备庞大，耗时过多，光强也不够。而同步辐射的出现不仅实现了能量可调，而且还可以获得高能量的单色光，因而大大提高了 XAFS 的效率，目前几乎所有的现代 XAFS 实验都借助于同步辐射来实现。

XAFS 包含多种方法与技术，如扩展边 X 射线吸收精细结构（extended X-ray absorption fine structure，EXAFS）、X 射线吸收近边精细结构（X-ray absorption near edge structure，XANES）、近边 X 射线吸收精细结构（near edge XAFS，NEXAFS）和表面扩展边 X 射线吸收精细结构（surface EXAFS，SEXAFS）。很多文章将它们简称为 X 射线吸收谱，即 XAS（X-ray absorption spectroscopy），虽然这些技术的基本原理从本质上来看是一致的，但是参数、技术、术语及理论方法在不同的情况下差别很大。因此以下将分别从 XAFS 原理、装置、方法及应用等方面对几种重要的吸收谱技术进行介绍。

一、XAFS 原理

X 射线吸收精细结构谱技术（X-ray absorption fine structure spectroscopy，

XAFS）是从原子和分子水平分析样品中目标元素及其周围元素的空间结构的重要工具。它不仅可以应用于晶体分析中，还可以应用于平移序很低或没有平移序的物质的分析，例如，非晶体系、玻璃相、准晶体、无序薄膜、细胞膜、液体、金属蛋白、工程材料、有机和金属有机化合物、气体等。应用 XAFS 技术可以测定元素周期表中的大部分元素，并已在物理学、化学、生物学、生物物理学、医学、工程学、环境科学、材料科学和地质学等学科中得到了广泛应用。

XAFS 最重要的物理基础是 X 射线吸收边和 X 射线质量吸收系数 $\mu(E)$。随着能量的增加，质量吸收系数 $\mu(E)$ 逐渐减小，当达到特定物质的特定能量时，物质对该特定能量的 X 射线会出现显著吸收，$\mu(E)$ 急剧增加。对应的能量即为 X 射线吸收边。当出现特征 X 射线吸收时，意味着物质中相应壳层中的电子获得了足够的能量，使其从低能束缚态中被激发释放出来，产生空穴。图 13-6 为 Pt 的 K、L 和 M 系吸收边及能量与光电吸收系数的关系图。

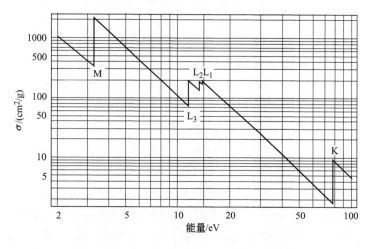

图 13-6　Pt 的 K、L_1、L_2、L_3 和 M 系吸收边

从物理学意义上讲，XAFS 是一种基于光电效应的量子力学现象。当 X 射线光子照射到样品中的一个原子并被吸收时，若能量高得足以从内层轨道激发出一个电子（例如 1s 轨道），这个产生的光电子会以受激原子为中心，发出出射波，当吸收原子周围存在近邻的配位原子，出射波将被吸收原子周围的配位原子散射，散射波与出射波有相同的波长，但相位不同，因而会在吸收原子处发生干涉，这种干涉使得吸收原子处的光电子波函数的幅度发生变化，使得探测 X 射线能量吸收特征成为可能性。将这些信号正确解译以后，就可以得出待测样品中的原子和电子结构，包括：

① 价态信息（valence）：吸收物质元素的价态。

② 形态（species）：吸收物质元素周围原子的类型与配位特性。

③ 数量（number）：周围的配位原子个数。

④ 距离（distance）：离吸收原子的距离。

⑤ 无序度（disorder）：在热运动和结构无序条件下的分布特征。

XAFS 技术作为一种电子光谱技术，它可以研究初始态、束缚态和连续终态之间的转化过程。这和很多常见技术相似，如紫外-可见光谱（UV-Vis spectroscopy）。同样，XAFS 也可以用于探索 Fermi 面的束缚态、最高占据分子轨道（highest occupied molecular orbital）和最低未占分子轨道（lowest unoccupied molecular orbital）。

二、XAFS 谱测定方法

X 射线吸收精细结构光谱的特征主要体现在吸收系数 $\mu(E)$ 的变化上。一般可以通过透射模式直接测定出来，但也可以在吸收边附近进行能量扫描，通过测定特定元素的荧光 X 射线而间接得到。通常进行 XAFS 分析有三种模式可选：透射模式、荧光模式和电子产额模式。

透射模式是最直接的测定模式。首先测定 X 射线透过样品之前和之后的强度，通过公式：

$$I/I_0 = \exp[-\mu(E)x]$$

可以计算出质量吸收系数：

$$\mu(E) = \ln(I_0/I)/x$$

逐步改变入射 X 射线能量大小，即可获得质量吸收系数与入射 X 射线光子的能量关系。当对一个特定元素，在其吸收边前后做能量扫描时，就获得了该元素 X 射线吸收边的精细结构光谱。XAFS 装置示意图如图 13-7 所示。

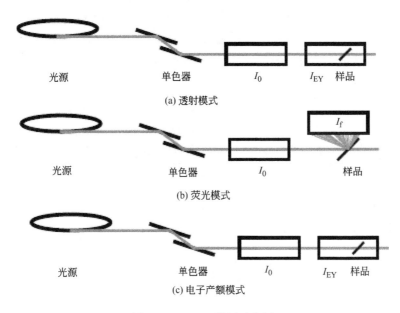

（a）透射模式

（b）荧光模式

（c）电子产额模式

图 13-7　XAFS 装置示意图

对于荧光模式，首先测定入射光强度 I_0，同时测定样品发射的荧光强度 I_i，根据公式：

$$\mu = CE_{abs}(12.398/E)^n$$

随着入射 X 射线能量的增加，质量吸收系数减小。在入射 X 射线能量小于吸收边以前，不能产生待测元素的特征 X 射线，没有 I_i 产生。I_i/I_0 很小。当入射 X 射线能量大于待测元素的吸收边时，内层电子被激发，出现吸收跃变 r。对于 K 系线的跃变因子 J 为：

$$J_k = (r_k - 1)/r_k$$

这时特征 X 射线荧光 I_{if} 产生，I_{if}/I_0 显著上升。随着入射激发能量的进一步增大，质量吸收系数与 X 射线荧光 I_{if} 及入射光强度将按下式变化：

$$I_{if}(E) = I_0 w_i q \frac{r_k - 1}{r_k} f_k \omega_k \frac{\mu_i(E)}{\mu_s(E) + A\mu_s(E_i)}$$

由上式可知，X 射线荧光与入射光强度和被测元素的质量吸收系数成正比。由于被测元素的质量吸收系数又是入射光能量的函数，随着扫描能量的逐步增加，被测元素的质量吸收系数下降；但样品基体元素的质量吸收系数也会随之下降。因此在假定入射光强度不变的前提下，被测元素荧光强度的总体变化趋势由被测元素和样品基体元素的质量吸收系数的总体平衡结果确定。而将 μ_i 与荧光和入射光强之比作图，则可以得到 X 射线吸收精细结构谱，反映了被测元素的原子结构与配位信息。

电子产额模式和荧光模式相似，都是间接测定方法，即通过测定再填充空穴时的衰变产物间接得到信号。在荧光模式中，测定的是光子，在电子产额模式中测定的是样品表面发射的电子。电子产额模式探测时具有相对较短的路径长度（约 1000Å，$1Å = 10^{-10}$ m），这使得它对表面信号尤其敏感，因而对近表面样品元素形态信息的研究很有帮助，它也可以有效地避免荧光模式中的自吸收效应。

三、XAFS 实验方法

要获得高质量的 XAFS 光谱数据，好的实验方法和条件的掌握及采用必不可少。第一，要正确进行 XAFS 的几何配置。由于荧光信号中的弹性散射是光谱背景噪声的主要来源，所以探测器的位置需要调整到使弹性散射峰最小的位置。通常荧光探测器和入射光之间角度设置为 $90°$，样品和入射光之间为 $45°$。

第二，要保证噪声足够小。对于 EXAFS 和 XANES 来说，好的信噪比（S/N）是相当重要的。例如，EXAFS 实验一般需要信噪比好于 10^3 才可能正确地得到 $600\sim1000$eV 附近的吸收谱数据。但是由于高无序度等原因，EXAFS 信号可能会在吸收边后迅速衰减，从而被噪声淹没，这就需要保证噪声很小，才可能得到很好的 EXAFS 数据。

第三，好的数据也需要在数据测定过程中采用高强度光源。通常需要带宽

1eV 下，至少大于 10^{10} 光子/s 的强度的入射光。这也是同步辐射光源对于 XAFS 研究的优势所在。

第四，入射能量的带宽要足够小。要解决 XAFS 问题，入射能量的带宽需要达到数个电子伏特，而开展 XANES 实验，至少需要带宽在 1 eV 以下。虽然带宽越窄，分辨率越好，而且使用晶体单色器也可以很容易地获得狭窄带宽，但是保证实验测定过程中能量的精确性和稳定性更为重要。同时，一次能量变化可能需要在数秒完成，在能量变化的过程中，能量强度本身也不应该出现很大变化，否则得到的数据会呈现非线性系统变化。因此，综合考虑能量带宽和测量数据可靠性间的平衡是装置设计和具体实验中要精密掌控的。

第五，分析样品要均匀，不能太厚也不能太薄；应根据样品类型、待测元素浓度范围等，选择正确的测定模式。

第六，XAS 实验有时候看似很简单，但实质上却涉及很复杂的实验设计、数据处理和分析过程。尽管有时候我们可以很容易地得到很好的吸收边和好的扩展边振荡数据及可靠的傅里叶变化结果。但是很多时候，我们得到的结果是一些没有规律的扩展边振荡曲线，重复很多次以后，效果依然不理想。因此我们需要仔细评估数据质量；分析数据中的统计误差和系统误差，并解释这些误差现象与来源；根据想获得的 XAF 信息，设计好边后测定到什么能量范围，根据统计误差确定样品重复测定次数；特别是要根据当前的实验和数据，确定怎样改善我们今后的实验以得到更好的结果，以求获得更佳的数据处理结果和更合理的信息解释。

四、XANES 原理及应用

样品在 X 射线照射时，随着入射光子能量的增加，总的吸收系数在逐渐减小，在特定的能量点上，吸收系数会发生阶梯函数式的急剧增加，这个吸收系数急剧增加的能量点就是所谓的吸收边，随着能量越过吸收边能量继续增加，会出现一系列的摆动和振荡，这个振荡和吸收边的起跳高度相比很微小。对于 X 射线吸收谱，在主吸收边附近有着分立的不连续吸收。当入射光子的能量足以克服吸收原子中内层电子的束缚能时，把内层电子提升到高能量的未占据轨道时，就会发生这种吸收上的"跳跃"现象。XANES 是由低能光电子在配位原子做多次散射后再回到吸收原子与出射波发生干涉形成的，其特点是强振荡。通常边前结构给出原子的 d 轨道电子态信息，吸收边的位置和形状与金属的价态和几何结构有关，近边吸收谱结构依赖于高层配位离子状态，近边吸收谱的定量拟合能提供亚原子结构。XANES 的物理和化学解释的关键在于：哪些电子态能够被 X 射线激发出来的内层电子填充。

对于 XANES，边前（pre-edge）通常指吸收边前 $-200 \sim -20eV$ 的能量范围。从理论上讲，边前峰的出现是由于在偶极作用下，内层电子跃迁到空的束缚态的过程，并伴随吸收系数变化，从而产生边前锋的变化，其中包含了体系对称性和轨道杂化等信息，可以用分子轨道理论、配位场理论和能带理论来解释；从理论上讲，吸收边是一个电离阈值，当达到该阈值，内层电子被电离。边后为连续态，可以用来研究吸收原子的氧化态信息。氧化态越高，吸收越向高能方向移动。近边 XANES 则是一种由多重散射共振导致的吸收谱，通常关注的能量范围是-20~30eV，它包含了紧邻原子的立体空间结构，可以用多重散射从头计算理论来解释。

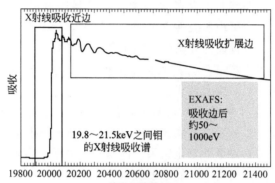

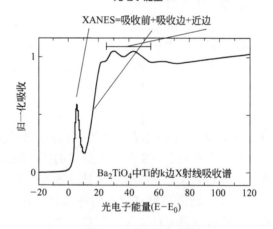

图 13-8　XANES 谱图

在进行 XANES 实验时，我们时常会观察到所谓的"白线峰（white line peak）"。在光谱分辨率足够高时，吸收边附近会观察到精细结构，这一精细结构显示了原子中未占据轨道的存在信息。但是，芯态激发的电子并不能跃迁到所有的未占据轨道，也就是说，芯态电子吸收一定能量的 X 射线光子后跃迁到未占据轨道是具有选择性的。这种选择性体现在吸收截面计算中的跃迁矩阵元中$<\phi_i|\vec{r}\cdot\vec{\varepsilon}|\phi_f>$，只有当这个矩阵元不是零的时候，跃迁才是被允许的。这个矩阵元可以写成积分的形式：$\varepsilon\int\phi_i^*r\phi_f\mathrm{d}r$。如果我们不预测跃迁强度，只关心这个跃迁是否存在时，则不必具体计算这个积分。在数学上，我们可以根据函数的

奇偶性判断这个积分是否为零。元素对应的吸收边理论上存在 K 边，L_1、L_2 和 L_3 边。而白线峰取决于矩阵元和束缚终态的占据情况，矩阵元又取决于波函数的叠加，关键点在于轨道的填充最终会抑制白线峰。此外，样品的粒径大小也会影响 XANES 的谱图。很多 XANES 谱图中包含了明显白线峰结构，但是当被测样品的颗粒很大的时候，吸收边会被扭曲，这样很难得到正确的数据和结论。

五、EXAFS

当 X 射线照射物质时，在某能量位置处，X 射线能量正好对应于物质中元素 A 内壳层电子的束缚能，吸收系数突增，即吸收边位置。中心原子 A 吸收 X 后，内层电子由 n 态激发出来向外出射光电子波，此波在向外传播过程中，受到邻近几个壳层原子的作用而被散射，散射波与出射波的相互干涉改变了原子 A 的电子终态，导致原子 A 对 X 射线的吸收在高能侧出现振荡现象。

EXAFS 能够给出临近原子之间的配位信息，EXAFS 信噪比要比 XANES 差 10^2；EXAFS 对大无序体系不敏感；EXAFS 只能给出多吸收中心的平均信息；EXAFS 只能给出平面平均结构；EXAFS 有时不能给出结构的细微变化，但 XANES 可以。由于低金属含量、大无序、轻配位元素，很多生物样品 EXAFS 振荡不强，无法进行数据处理。

参考文献

[1] 麦振洪. 同步辐射光源及其应用. 刘凤娟. 北京：科学出版社，2013.

[2] Majumdar S, et al. Applications of synchrotron μ-XRF to study the distribution of biologically important elements in different environmental matrices：A review. Analytica Chimica Acta, 2012, 755：1-16.

[3] de Jonge M D, et al. Quantitative 3D elemental microtomography of Cyclotella meneghiniana at 400-nm resolution. Proceedings of the National Academy of Sciences, 2010, 107 (36)：15676-15680.

[4] Bunker G. Introduction to XAFS：A Practical Guide to X-ray Absorption Fine Structure Spectroscopy. New York：Cambridge University Press, 2010.

[5] Stern E A. Theory of the extended x-ray-absorption fine structure. Physical Review B, 1974, 10 (8)：3027-3037.

[6] 郭小云，等，永磁扭摆磁铁的同步辐射特性和结构分析. 物理学报，2006. 55 (4)：1731-1735.

[7] 徐彭寿，潘国强. 同步辐射应用基础. 合肥：中国科学技术大学出版社，2009.

第十四章　微区 X 射线荧光
光谱分析与应用

微区 X 射线荧光光谱分析技术是 X 射线光谱分析领域的一个重要分支，是一种优于常规 X 射线荧光分析的多元素分析方法，具有原位、多维、动态和非破坏性特征，还同时具备微区分析的能力。因其具有灵敏度高、所需样品量少、检测精确、无损分析等优点，在大气颗粒物单颗粒分析与来源识别、伪币识别和文件油墨鉴别、考古样品产地和真伪鉴别、古气候古环境沉积纹层样品分析及刑侦物证鉴定等领域得到了广泛应用。

第一节　发展历程与研究现状

随着科学技术的迅猛发展，人们逐渐要求深入地了解宏观物体的微观组成和多维信息，近年来微区 X 射线荧光分析技术已逐渐成为获取样品微区结构元素空间分布及时序性信息的有力工具。探索 X 射线荧光微区分析技术的实际应用，优化关键部件的几何设计，开发高灵敏度、高空间分辨率、分析快速、有多维分析特征的原位微区 X 射线荧光分析装置逐渐成为目前国内外研究的热点。

原位微区 X 射线荧光分析法，简称 Micro-XRF，是一种基于能量色散 X 射线荧光分析技术，可实现对微米级区域样品中主量、次量及痕量元素定性和定量分析的方法。该分析方法既要求将入射 X 射线聚焦在十到几十微米的激发区域内以达到分析区域内的高分辨率，又要求不能降低入射 X 射线束的光通量，以提高分析元素特征 X 射线荧光的激发效率、减小散射本底，实现对微米级区域内多元素的定性和高灵敏度定量测量。Micro-XRF 与常规的 X 射线荧光一样，都使用原级 X 射线激发样品得到样品所含元素信息的特征 X 射线，不同的是，Micro-XRF 的激发光束是微束，得到的是分析物微小区域的信息。

利用 X 射线荧光技术，已经可以获得微米级的表面及内部结构和元素分布信息。早期里程碑式的研究和发现，为近 20 年来微区 X 射线荧光光谱分析技术的快速发展奠定了坚实的理论和实验基础。

1940 年，Castaing 和 Guinier 等提出了 X 射线微区分析方法。1949 年，Romand Castaing 公布了他使用电子显微镜观察到的铝合金材料中铜的特征 X 射线实验结果，开启了 X 射线微区分析技术的先河，这种"超微观察和超微分析法"最初被应用到金属、半导体、陶瓷及医学等专业领域，引起了研究人员对微区分析的广泛关注。1951 年，W. Ehrenberg 和 W. Spear 等人提出并建造了微聚焦 X 射线源。20 世纪 60 年代前，微区分析主要停留在理论可行性及实验室实验阶段。

20 世纪 70 年代，随着电子技术的迅猛发展，出现了多种与扫描电镜相关的、使用电子探针的微区分析法，如 X 射线微区分析法、扫描透射电镜、扫描俄歇电子分光光度法、电子损失能量分析等。

进入 20 世纪 80 年代，同步辐射 X 射线荧光技术发展起来，提供了高亮度、细微束斑的 X 射线源，推动了传统 X 射线分析技术向微束化的方向发展，开辟了许多新的应用领域，实现了在微米尺度进行元素分析。到 80 年代末，前苏联科学家库马霍夫教授提出用 X 射线在空心纤维导管内表面的多次反射来实现对 X 射线聚束。这种技术的开展是 X 射线聚束技术的一大突破，使得在大角度范围内对宽频带连续谱 X 射线束的调控得以实现。

从 20 世纪 90 年代以来，随着导管 X 射线学和 X 射线聚束系统的发展和成熟，微束 X 射线荧光谱仪进入实用阶段，并逐步在考古学、生物科学、地学和环境科学等领域得到广泛和深入的研究与应用。

微束 X 射线常用的产生方法有聚焦电子束法、同步辐射源法、激光等离子体 X 射线源法、X 射线源与聚焦 X 射线光学元件组合等方法。依据光源特点，微区 X 射线荧光分析主要分为同步辐射微区 XRF 分析和以实验室普通 X 射线光管作激发源的聚毛细管微区 XRF 分析。其中同步辐射光源具有高亮度、束斑小等优点，可以在微米甚至纳米量级进行分析，但同步辐射光源装置庞大、数量有限，应用受到一定的限制，主要应用于探索性研究。随着 X 射线聚焦透镜的出现及其制造技术的日益成熟，用实验室普通的 X 射线光源和 X 射线透镜组成微区 X 射线荧光分析系统的应用越来越广泛。

Micro-XRF 技术迅速发展的原因，一方面是微电子和计算机技术的快速发展；另一方面是科学技术对该项分析的需求。同时 Micro-XRF 分析技术具有以下优点：

① 非破坏性，Micro-XRF 能够在不破坏样品的情况下得到痕量组分的大量数据，必要时还使样品在分析后可以进行二次分析。Micro-XRF 非破坏分析的特点在生物活体样品、考古样品分析中尤其重要，如果用其他的技术，如激光烧蚀等离子体光谱或激光诱导击穿光谱，则会破坏生物活体组织、珍贵的考古样品，致其消亡。

② 制样简单，与常规的扫描电镜、扫描质子微探针和电子微探针等技术相比较，Micro-XRF 技术具有制样简单，无需镀导电膜，且能够提供样品深部成分分布的信息，相比常规的化学分析方法，如电感耦合等离子体质谱、原子荧光

光谱和原子吸收光谱，该方法无需任何化学前处理，仅需切片或者压片，甚至可直接分析测试。

③ 检出限低，SEM-EDX 采用聚焦电子束作为分析样品的激发源，而 Micro-XRF 采用聚焦 X 射线作激发源。由于电子束与分析样品表面作用后产生韧致辐射而导致较高的背景，而 X 射线激发产生的荧光光谱的背景相对较小，从而降低了微量元素的检出限。

④ 分析深度大，X 射线比电子束对物质穿透性大，因而 Micro-XRF 的分析深度更大，可以对多层结构的膜厚度和较厚镀层进行分析。

⑤ 可在点、线、面模式下对样品进行多元素同时分析。

Micro-XRF 技术的缺点如下所述。

① X 射线在聚毛细管透镜里传输主要根据 X 射线的全反射原理，X 射线的全反射临界角随着入射 X 射线能量的增加而减小，焦斑尺寸随 X 射线能量的增加而减小，所以 X 射线焦斑尺寸是能量的函数。实现对高能量光子聚焦的系统目前还有一定的制造工艺和技术上的困难需要克服。

② 微区 X 射线荧光光谱定量分析最主要的制约因素是微区标准物质的缺乏。普通标准物质用于微区分析存在均匀性问题，分析样品的均匀性、基体效应和元素特征谱线的相互干扰等因素都会对微区定量分析引入较大的误差。但是，在微区分析的常规应用中，主要是研究样品组成的整体分布和趋势变化，如元素微区分布、动态迁移等，对于这类分析应用，可以借助普通标准物质来开展相关研究。

③ 强度增益随 X 射线能量的增大而降低。Bjeoumikhov 等利用同步辐射光源测试了半聚焦透镜强度增益性能。当 X 射线能量为 15keV 时，强度增益最大，为 650；随着 X 射线能量增加，强度增益逐渐降低，在 30keV 时的强度增益降低至 440。若用小尺寸的 X 射线光源，聚毛细管透镜的透射效率增大，强度增益也增大。

④ 共聚焦 Micro-XRF 分析技术最重要的应用是获取样品深部元素的三维分布信息，由于受到样品基质吸收效应的影响，深部样品元素的 X 射线强度小，探测困难，在微区定量分析中需要对基体效应进行校正。

第二节　实验装置

微区 X 射线荧光光谱仪主要由 X 射线激发源、聚焦光学装置、三维移动样品台、显微装置和探测器等组成。

对微区 X 射线荧光分析而言，初级 X 射线束的两个重要参数是 X 射线束的束径和束流强度。X 射线束的束径决定了仪器的空间分辨率，束径越小，空间分辨率越高；X 射线束流强度影响仪器分析的灵敏度，束流强度越高，元素的检出限越低。因此，要获得微小区域内样品中元素的信息，微区 X 射线荧光分析法相对于普通 X 射线荧光分析法而言，对 X 射线的束径和束流强度提出了更高的品质要求，设计高亮度、微束 X 射线源是研发微区 X 射线荧光分析装置的关键问题。

近十年来，Micro-XRF 分析装置的研制与应用得到了飞速的发展，通常会根据实际应用的差异而设计不同的实验装置。一类是将 X 射线微束激发源和聚毛细管透镜组合，获得 X 射线聚焦微束，用高分辨率的探测器直接采集样品中元素的特征 X 射线荧光信号；另一类是在探测光路中使用准直聚焦透镜组建 Micro-XRF 分析装置，仅接收来自 X 射线激发位置的元素特征谱线信号，这两类装置用于样品单点、线扫描分析和面扫描成像分析。目前令人瞩目的设计是共聚焦 XRF 原位微区分析装置，该装置以共聚焦模式为基础，在 X 射线激发光路和探测光路中分别安装聚焦透镜和准直透镜，将激发位置和探测位置调至共聚焦点，探测器只接收共聚焦点位置元素的特征 X 射线，减少来自测试点周围物质的散射本底，降低了元素检出限，并可获得样品中元素分布三维信息。

图 14-1 显示了国家地质实验测试中心研发的微区 X 射线荧光光谱仪（Micro-XRF）。目前 Micro-XRF 的实用焦斑大小在 $30\mu m$ 左右，可以用来进行矿物-生物界面、植物微区元素分布与迁移过程与转化机理研究等。图 14-2 为对研究中的金属铅蛋白样品进行微区扫描分析，以研究通过非变性聚丙烯酰胺凝胶电泳（native-PAGE）将蛋白质进行分离后的分布情况，寻找、鉴别铅结合蛋白。

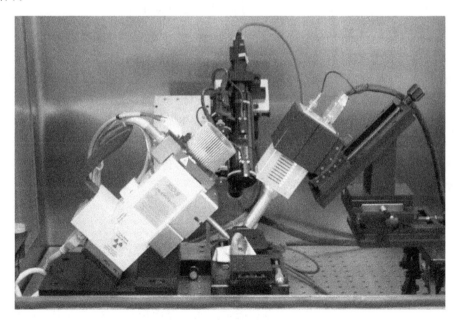

图 14-1　国家地质实验测试中心研发的微区 X 射线荧光光谱仪

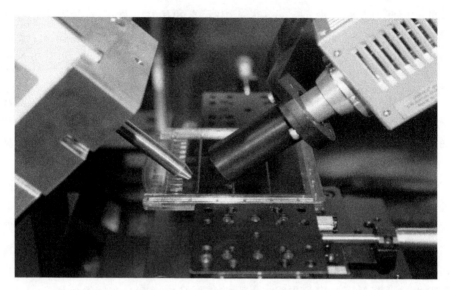

图 14-2　浮萍中铅结合蛋白的 SDS-PAGE 考染凝胶 Micro-XRF 微区扫描分析

第三节　研究应用

常规的微区 XRF 分析装置使用聚毛细管透镜，入射 X 射线强度高、空间分辨率好，广泛应用于环境科学、刑侦科学、考古、植物组织及地质等样品单点测试和二维扫描分析，获取样品微区元素组分和分布特征。

一、颗粒物分析

大气降尘颗粒物是环境监测的重要对象，大气颗粒物的危害程度与自身有害组分的含量、颗粒物微观形貌、粒度大小及所吸附的毒害物质等密切相关，颗粒物中元素含量及微区分布特征记录了其形成条件、环境暴露等丰富的信息。

微区 X 射线荧光分析技术是监测颗粒物危害的重要技术，通过 Micro-XRF 分析可以获取颗粒物的来源，揭示其在环境中可能演化的途径与过程，在环境评估中的应用具有重要意义。T. Sun 等建立了基于毛细管 X 射线微会聚透镜和实验室 X 射线光源的微区 X 射线荧光分析仪，通过与已知来源大气颗粒物的 X 射线荧光特征谱线峰强度比对，进行大气颗粒物的物源识别，毛细管 X 射线微会聚透镜聚焦得到的 X 射线束光斑直径为 $65\mu m$，Fe K_α、Cu K_α 的检出限分别为 $15\mu g/g$、$19\mu g/g$。

微陨石是一类直径小于 1mm 的外星微粒物质，包含有丰富的宇宙信息。微陨石中 Ni、Cr 杂质的含量与特性，在一定程度上影响电子自旋共振谐振的响应。Marfaing 等采用电子自旋共振和磁学方法研究南极地表富铁微陨石的特征，利用 X 射线荧光微区分析技术获得了南极地表富铁微陨石中 Ni、Cr 的含量比，发现富铁微陨石中 Ni 含量很低，在 $1\% \sim 9\%$ 之间，Cr 浓度基本上都在痕量水平（$<0.5\%$），通过结合微陨石 Ni、Cr 化学组分信息与详细的磁性特征数据，对微陨石进行了外星粒子的分类，根据 Ni/Cr 比值把富铁微陨石分成了 3 级，即低比率（$<7\%$）、中间比率（$9\% \sim 50\%$）和高比率（$>100\%$）。

二、生物样品分析

生物样品往往成分多、结构复杂，且分布不均匀。样品整体分析仅代表样品的平均水平，对于在微环境发生的生物化学反应需要从组织，甚至单细胞水平进行分析，通过测定组织、细胞内的元素分布及含量变化可以获得有关动植物生理学和病理学方面的信息。元素微区分析不仅有助于了解植物体内元素在细胞或组织上的运输途径和过程，还可以根据元素在植物中的运输和富集过程，了解环境对植物生长的影响，原位微区 X 射线荧光分析技术可为环境污染评价、污染治理提供科学依据。Micro-XRF 同样适用于活体生物样品中元素的微区及动态分析，Micro-XRF 已成为获取样品中元素时序性信息的重要研究手段。

导管 X 射线透镜的应用，使得这种微区分析仪器的空间分辨率达到数十微米，并且得到的微束是用普通小孔得到微束的功率密度的 1000 倍。实验结果表明，Micro-XRF 可以实现植物样品的微区分析，从而进一步分析植物的生长和元素迁移的关系。初学莲等采用导管 X 射线透镜与能谱仪相结合组成的微束 X 射线荧光光谱仪，对松针中元素的二维分布进行分析，发现沿松针长度方向，K 和 Zn 的含量从松针底部到尖部逐渐下降，而 S、Ca、Fe、Mn 沿松针尖端方向的分布趋势正好相反；沿横切面径向方向，Fe、Cu、Zn、S、Cl 呈 U 形分布，且在细胞表皮层和内皮层中含量比较高，内皮层往里含量降低，Ca 在内皮层处有一突变，含量高于其他位置。

S. Tian 等运用同步辐射微束 X 射线荧光技术研究东南景天中的元素分布规律，通过对超积累生态型（AE）东南景天叶的横截面进行二维扫描分析，发现叶片中 Pb 主要积累在叶脉中，其次是表皮层中，海绵组织和栅栏组织中含量最低，且仅与 S 的分布存在一定的相关性，相关性系数 $R^2 = 0.514$。P 在叶片中分布较均匀，K 主要积累在海绵组织中，Ca 主要积累在栅栏组织中，Zn 主要积累在表皮层中；通过对 AE 东南景天茎的横截面进行扫描分析，发现茎中 90.5% 的 Pb 积累于维管束中，维管束中 Pb 与 S 的分布有一定的相关性，相关性系数 $R^2 = 0.594$。同步辐射微束 X 射线荧光技术，相比实验室普通 X 射线光管产生的 X 射线具有更高的强度，光通量达 10^{10} ph/s（$1ph = 10^4 lx$），经 K-B 聚焦镜聚焦后光斑为 $3.3 \mu m \times 5.5 \mu m$。

目前笔者已利用所研发的 Micro-XRF 光谱仪进行了矿物-生物界面、植物微区元素分布和迁移过程与转化机理研究。研究中，采集北京郊区天然附集的生物膜的岩石样品，运用所研发的 Micro-XRF 光谱仪进行了原位微区岩石矿物-生物膜活体 X 射线荧光分析，如图 14-3 所示。测定中以岩石面沿生物膜扫描，步长

150μm。在 Pb 的 L_α（10.55keV）、L_β（12.6keV）处发现 Pb 的 L 系特征谱线，在可能出现 As 的 K_β（11.7keV）处未发现明显谱线，如图 14-4 所示。同时，随着步进扫描从矿物表面经生物膜向大气推移，Pb 的元素强度在矿物-生物膜界面逐渐增加，并出现最大值，之后逐渐降低，如图 14-5 所示。即 Pb 经生物膜进入生物体后，Pb 呈最大分布。发现了毒性元素 Pb 在含铁碳酸盐类矿物-生物膜-生物体间的活体运移证据，揭示了生物膜迁移是毒性元素在岩石和大气、水等之间迁移转化的重要途径，且生物膜具有富集毒性元素如 Pb 等的作用。

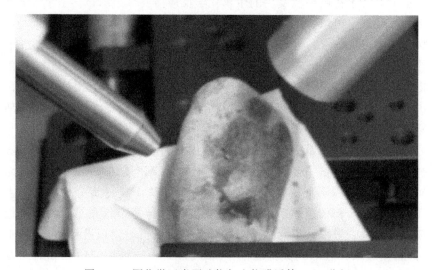

图 14-3　原位微区岩石矿物与生物膜活体 XRF 分析

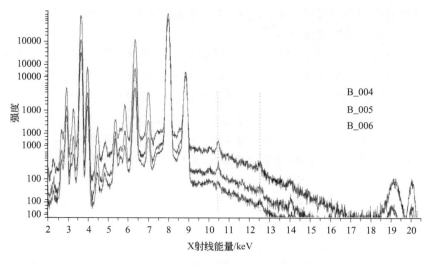

图 14-4　生物膜中存在元素的能谱图

三、地质样品分析

随着地学研究领域的深入与扩展，地球科学分析的对象已不仅仅是传统的无

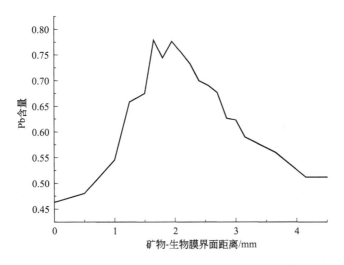

图 14-5　矿物-生物膜界面 Pb 的 Micro-XRF 原位微区活体分析结果

机固态岩石及矿物，冰心、化石及气、液、流体包裹体等都成为地质分析的对象，且元素组成、结构测定、形貌观察、形态、价态、同位素等都成了地学分析的重要内容，特别是微区分析已成为地质分析的重要发展方向和新热点，获取高精度的地球化学分析数据是高质量地球化学研究的重要前提，而原位微区分析在地球化学和地球动力学研究方面的应用是目前的主要发展方向之一。

　　Micro-XRF 可以对沉积物单点位置或金属矿物颗粒进行分析，通过获取元素含量变化和结构相变信息，来揭示化学、矿物和沉积学时变特征，且在古环境变化相关的元素迁移研究中具有重要的应用前景。T. Koralay 等利用 X 射线荧光微区分析技术对薄片上两种不同颜色的岩石进行了线扫描，找到了熔结凝灰岩存在颜色差异的原因，得出了钾的含量对熔结凝灰岩的颜色有决定性影响的结论，发现了随着钾含量的增加，熔结凝灰岩由深棕色变成黑褐色。Dominique Genna 等运用微区 X 射线荧光分析方法对火山岩中硫化物的热液蚀变情况进行了研究，通过分析 58 个样品中的 11 个主量元素，利用 Micro-XRF 扫描了具有代表性的基质和碎片区域的 11 个元素含量分布，再计算了其氧化物百分数，从而划分出了 2 个蚀变分带，Micro-XRF 分析技术为古环境的矿化条件的研究提供了一种新的手段。

　　X 射线荧光微区分析技术在钨矿石鉴定中发挥了重要作用。梁述廷等采用 X 射线荧光微区分析技术对钨矿石中的主量元素和伴生元素进行了微区扫描分析，通过获取矿物标本中存在的异常元素及其所处的位置，然后在该位置进行定量分析以获得矿物组分的含量，结合矿物组分含量的理论值，为矿物定名。实验中根据矿物标本的扫描图，对分析线、背景点、能量窗口等进行了实验参数的优化，从而有效地减小了干扰；通过经验系数法回归校准曲线对矿物效应、基体效应和谱线的重叠干扰进行校正，MnO、FeO、WO₃ 和 CaO 校准曲线的相关系数大于 0.999；通过对某黑钨矿标本连续测定 12 次，考察定量鉴定方法的精密度，发现 Mn、Fe 和 WO₃ 的相对标准偏差小于 4%；通过 X 射线荧光微区分析技术进行定量鉴定，与电子探针分析结果进行比较，发现 3 个矿物标本中 MnO、FeO、WO₃ 和 CaO 的相对偏差均小于 4%，两种方法的分析结果无明显差异。

四、考古样品分析

最近十几年来，使用原位微区 X 射线荧光分析进行考古样品的研究得到了飞速发展，聚束毛细管 X 射线透镜的亮度比单管 X 射线透镜产生的 X 射线亮度高 100 倍以上，能够在短时间内实现大量考古样品的分析或进行样品中某些特定区域中大量采样点的扫描；特别是微区 X 射线荧光分析的无损分析特性，在考古研究中具有独特的优势。S. Scrivano 等利用低能阳极 Rh 靶 X 射线管作激发源，与聚毛细管透镜组成的便携式 X 射线荧光微区分析装置实现了古代金饰焊接过程的鉴定。Timo Wolff 等利用 Mo 靶 X 射线管和聚毛细管透镜组成的 X 射线荧光微区分析装置（焦斑 $70\mu m$），通过 Cl/Br 强度比分布对死海古卷的来源进行了识别，发现 Cl 含量高的古卷来自盐岩岛。在 Micro-XRF 技术用于鉴别青花瓷的产地和真伪的研究中，笔者分析了古瓷釉彩中 Mo 和 Co 元素的含量，发现 Mn 和 Co 元素的含量高低与青花颜色的深浅相关，Mo 和 Co 元素之间有较好的相关性（$R^2=0.99$），其他元素之间的相关系数小于 0.6。

五、司法鉴定和指纹样品分析

对于司法样品元素的检验，过去一般应用扫描电镜结合能谱仪进行分析鉴定。由于这种分析方法局限于常量和低含量的元素分析，对大多数微量物证的具体来源不能进行准确的识别。Micro-XRF 在射击残留物的分析、毒品来源及生产工艺的识别、伪币识别、生前溺死和抛尸入水的鉴别、犯罪现场物证的快速分析等方面得到了广泛的应用。Joanne Flynna 等评估了 X 射线荧光微区分析技术在射击残留物分析中的应用潜力，采用光斑大小为 $100\mu m$ 的 Micro-XRF 分析技术，能有效检测颗粒直径大于 $10\mu m$ 的射击残留物，对近距离射击时射靶上的射击残留物颗粒分析有明显的优势。胡孙林等对 7 种真假纸币和 32 宗诈骗案件中共计 225 件被染料染黑的真假纸币，采用 Micro-XRF 分析其二维元素分布，研究发现：纸币元素的分布都具有特定性，面额相同且年版相同的纸币元素分布特征相同，面额相同但年版不同的纸币元素分布特征不同；真假纸币元素的分布存在显著差异，被染黑的纸币元素的分布与原纸币相同，根据被染黑的纸币的元素分布信息，可鉴定其真伪并识别纸币的种类，Micro-XRF 分析黑色纸张物证的准确率达 100%。

相比化学显色法，微区 X 射线荧光分析只分析指纹中残留金属元素，不受指纹基体颜色的影响，对可见或潜伏的指纹均可进行特征 X 射线成像，是刑侦科学中一门重要的应用技术。孙天希等采用毛细管 X 射线会聚透镜和转靶 X 射线光源相结合组成 Micro-XRF 谱仪，对粘有化妆品的手在打印纸上留下的指纹进行了二维扫描分析，并利用特征 X 射线成像法实现了对潜指纹的提取，通过判断指纹所有者在留下指纹前接触过的物质类别，对于刑侦鉴别具有潜在的应用价值。

六、三维信息获取

利用共聚焦 X 射线荧光分析的原理，在 X 射线激发光路和接收光路上都安装光学元器件，调节两个光学元器件让焦点重合，探测器只接收共聚焦点的荧光信号，可实现样品的深度分析，得到三维元素分布图。

2003 年，德国研究者 Birgit Kanngießer 和 Wolfgang Malzer 在同步辐射实验站上研制出了第一台三维共聚焦 X 射线荧光光谱仪，该谱仪使用平行束透镜和复合锥形管实现共聚焦。孙天希等利用共聚焦 X 射线微区分析技术，X、Y 和 Z 方向 X 射线的空间分辨率分别为 $49.2\mu m$、$47.6\mu m$ 和 $32.2\mu m$，在不破坏胶囊壳的条件下，对胶囊类药品的壳及其内部药物进行了原位分析，根据内部药物对应的 XRF 谱图鉴别了胶囊类药品的种类，结果表明，该技术在胶囊类药物的种类和真伪鉴别中具有潜在应用价值。Björn De Samber 等利用同步辐射共聚焦 X 射线微区分析技术，对甲壳类动物水蚤进行微量金属元素三维分析，实验中使用 Ni/C 多层单色仪获取 19.7keV 的单色光，聚焦透镜焦距长 5mm，焦斑大小 $12\mu m$，探测光路的半透镜工作距离为 2mm，用 Si 漂移探测器探索荧光信号，研究发现，Fe 主要分布在生物体的血液循环系统，卵子内 Zn 的分布和 Fe 的分布相似，相比 Zn 的分布，Fe 较不均匀地分布在卵子的中心，低浓度位置相同，Ca 的分布也呈现形同的低浓度区。

总之，随着微束 X 射线光谱分析的快速发展，Micro-XRF 已经逐步成为微试样和表面微区分析的强有力工具，随着该项技术的进一步发展，微区 X 射线荧光光谱分析的应用领域将会越来越广泛。

参考文献

[1] Janssens K，De Nolf W，Van Der Snickt G，et al. Recent trends in quantitative aspects of microscopic X-ray fluorescence analysis. Trac-Trend Anal Chem，2010，29（6）：464-478.

[2] 章连香，符斌. X-射线荧光光谱分析技术的发展. 中国无机分析化学，2013，3（3）：1-7.

[3] 吕耀娟. X 射线微区分析的原理及其在职业医学研究中的应用. 辐射防护通讯. 1990，3：007.

[4] Grillon F，Philibert J. The legacy of Raimond Castaing. Mikrochim Acta，2002，138（3-4）：99-104.

[5] Gay P，Hirsch P，Thorp J，et al. An X-Ray Micro-Beam Technique：II-A High Intensity X-Ray Generator. Proceedings of the Physical Society. Section B，1951，64（5）：374.

[6] 许涛，罗立强. 原位微区 X 射线荧光光谱分析装置与技术研究进展. 岩矿测试，2011，30（3）：375-383.

[7] Barrett C S，Cohen J，Faber J. Advances in X-ray Analysis. Springer，1986.

[8] Matsuda A, Nodera Y, Nakano K, et al. X-ray energy dependence of the properties of the focused beams produced by polycapillary X-ray lens. Analytical Sciences, 2008, 24 (7): 843-846.

[9] Bjeoumikhov A, Erko M, Bjeoumikhova S, et al. Capillary μFocus X-ray lenses with parabolic and elliptic profile. Nuclear Instruments and Methods in Physics Research Section A: Accelerators, Spectrometers, Detectors and Associated Equipment, 2008, 587 (2): 458-463.

[10] Ding X, Gao N, Havrilla G J. In Monolithic polycapillary X-ray optics engineered to meet a wide range of applications, International Symposium on Optical Science and Technology, International Society for Optics and Photonics, 2000: 174-182.

[11] Lin X, Wang Z, Sun T, et al. Characterization and applications of a new tabletop confocal micro X-ray fluorescence setup. Nuclear Instruments and Methods in Physics Research Section B: Beam Interactions with Materials and Atoms, 2008, 266 (11): 2638-2642.

[12] 储彬彬. 铅锌矿区重金属的富集规律和形态研究 [D]. 北京: 中国地质科学院, 2012.

[13] 宋卫杰. 微束微区 X 射线荧光探针仪在大气降尘颗粒物测量和评价中的应用研究 [D]. 成都: 成都理工大学, 2010.

[14] Sun T X, Liu Z G, Zhu G H, et al. Source apportionment of aerosol particles using polycapillary slightly focusing X-ray lens. Nucl Instrum Meth A, 2009, 604 (3): 755-759.

[15] Marfaing J, Rochette P, Pellerey J, et al. Study of a set of micrometeorites from Antarctica using magnetic and ESR methods coupled with micro-XRF. J Magn Magn Mater, 2008, 320 (10): 1687-1695.

[16] 初学莲, 林晓燕, 程琳, 等. 微束 X 射线荧光分析谱仪及其对松针中元素的分布分析. 中国学术期刊文摘, 2008, 14 (6): 115-115.

[17] Tian S K, Lu L L, Yang X O, et al. Spatial Imaging and Speciation of Lead in the Accumulator Plant Sedum alfredii by Microscopically Focused Synchrotron X-ray Investigation. Environ Sci Technol, 2010, 44 (15): 5920-5926.

[18] Koralay T, Kadioglu Y K. Reasons of different colors in the ignimbrite lithology: Micro-XRF and confocal Raman spectrometry method. Spectrochim Acta A, 2008, 69 (3): 947-955.

[19] Genna D, Gaboury D, Moore L, et al. Use of micro-XRF chemical analysis for mapping volcanogenic massive sulfide related hydrothermal alteration: Application to the subaqueous felsic dome-flow complex of the Cap d'Ours section, Glenwood rhyolite, Rouyn-Noranda, Québec, Canada. Journal of Geochemical Exploration, 2011, 108 (2): 131-142.

[20] 梁述廷, 刘玉纯, 刘璡, 等. X 射线荧光光谱微区分析在钨矿石鉴定中的应用. 冶金分析, 2013, 33 (11): 27-32.

[21] Bronk H, Röhrs S, Bjeoumikhov A, et al. ArtTAX—a new mobile spectrometer for energy-dispersive micro X-ray fluorescence spectrometry on art and archaeological objects. Fresenius' journal of analytical chemistry, 2001, 371 (3): 307-316.

[22] Ohzawa S, Komatani S, Obori K. High intensity monocapillary X-ray guide tube with 10 micrometer spatial resolution for analytical X-ray microscope. Spectrochimica Acta Part B: Atomic Spectroscopy, 2004, 59 (8): 1295-1299.

[23] Scrivano S, Gómez-Tubío B, Ortega-Feliu I, et al. Identification of soldering and welding processes in ancient gold jewelry by micro-XRF spectroscopy. X-Ray Spectrometry, 2013, 42 (4): 251-255.

[24] Wolff T, Rabin I, Mantouvalou I, et al. Provenance studies on Dead Sea scrolls parchment by means of quantitative micro-XRF. Analytical and bioanalytical chemistry, 2012, 402 (4): 1493-1503.

[25] 程琳, 丁训良, 刘志国, 等. 一种新型的微束 X 射线荧光谱仪及其在考古学中的应用. 物理学报,

2007，56（12）：6894-6898.

[26] 苏会芳，刘超，胡孙林，等. 微束 X 射线荧光光谱分析在法医学鉴定中的应用进展. 法医学杂志，2013，29（1）.

[27] Flynn J，Stoilovic M，Lennard C，et al. Evaluation of X-ray microfluorescence spectrometry for the elemental analysis of firearm discharge residues. Forensic science international，1998，97（1）：21-36.

[28] 胡孙林，沈辉，戴维列，等. 微束 X 射线荧光光谱分析技术在一种黑色纸张物证检验中的应用研究. 分析测试学报，2009，7：824-828.

[29] 孙天希，刘志国，李玉德，等. 毛细管 X 光会聚透镜在潜指纹提取中的应用. 光学学报，2011，31（4）：295-298.

[30] Kanngießer B，Malzer W，Reiche I. A new 3D micro X-ray fluorescence analysis set-up-First archaeometric applications. Nuclear Instruments and Methods in Physics Research Section B：Beam Interactions with Materials and Atoms，2003，211（2）：259-264.

[31] 孙天希，刘鹤贺，刘志国，等. 毛细管 X 光透镜共聚焦微束 X 射线荧光技术在胶囊类药品分析中的应用. 光学学报，2014，（01）：322-326.

[32] De Samber B，Silversmit G，De Schamphelaere K，et al. Element-to-tissue correlation in biological samples determined by three-dimensional X-ray imaging methods. Journal of Analytical Atomic Spectrometry，2010，25（4）：544-553.

第十五章　X射线荧光光谱在地质冶金样品分析中的应用

X射线荧光光谱分析（XRFS）作为一种较为成熟的元素分析技术，具有简单快速、准确度高、精密度好、多元素同时测定等特点，可实现原位及现场快速分析，目前在地质、矿石、冶金、考古、现场分析等领域得到了广泛应用。

第一节　冶金样品分析

X射线荧光光谱法对冶金样品的分析可分为两大类：原位分析和破坏分析。原位分析适用于合金产品类的分析，如在不破坏固体合金材料样品结构的前提下通过测定其成分特征对其进行鉴定和分类、无损分析合金镀层的厚度和组成分析等。破坏分析适用于均匀性差、颗粒不规则、基体复杂的样品，其应用范围较广，几乎涉及整个冶金流程，样品种类涵盖合金颗粒、富金属矿石、炉渣、各类添加剂等。

一、合金样品

XRF可对浇铸的合金成品进行直接测定，体积较大者可切割后进行测定。由于直接浇铸或切割的试样表面比较粗糙，需要对试样表面做进一步抛光处理。

合金铸件样品分析需要特别关注磨料和研磨方式的选择：①通常使用的磨料有氧化铝（刚玉）、碳化硅（金刚砂）或氧化锆等。应根据待测样品的不同，选择相应的磨料。如分析低铝时，应避免使用氧化铝作磨料，防止磨料对样品表面造成污染。②根据测量要求的不同，选择适合的研磨工具。若测量短波谱线如Mo、Ni、Cr等，采用80～120目粒度的砂纸打磨即可；若测量长波谱线，特别是标准样品或重要的分析试样，样品表面一定要有一致的光洁度，可采用磨片机或磨床得到光洁度较高的表面。

在合金样品中不锈钢占很大比重，且不锈钢种类繁多，根据其Cr、Ni、Mo等特征元素含量的不同，对其进行等级分类。以300系列为例，同属该系列的SS301、SS304、SS316，其Cr含量分别为16%～18%、18%～20%、16%～18%；Ni含量分别为6%～8%、8%～10%、10%～14%；仅SS316含Mo，其含量为2%～3%。三者中SS304应用最为广泛，用于一般设备；SS301强度较高，多用于成型产品；SS316因含有Mo，耐腐蚀性强，多用于海洋和化学工业环境。由此可见，不同等级的不锈钢应用途径不同，其等级的选择直接关系到生产的安全性，因此对不锈钢中各成分的准确分析非常重要，需要建立一种快速无损的分析方法对不锈钢产品进行等级分类。Sulaiman 等用 EDXRF 对不锈钢标样进行直接测定，使用数字滤波器计数技术和改良 Lucas-Tooth and Price 模型，Cr、Mn、Ni、Mo 的校准曲线系数分别为 0.9906、0.9872、0.9996、0.9990，对 Cr、Mn、Ni、Mo 含量为 2.1%、0.61%、1.52%、1% 的不锈钢标样 BCS406 进行测定，测量值为 2.106%±0.027%、0.585%±0.0259%、1.542%±0.0328%、1.005%±0.0067%，该方法有效减少了 Fe 与 Cr 和 Mn 的重叠峰和基体效应造成的误差，可快速、准确确定样品中 Cr、Mn、Ni、Mo 等元素的含量从而确定不锈钢的等级。Yusoff 等用 XRF 技术分别结合回归法和修正的基本参数法用于测定不锈钢中微量元素含量的研究。通过运用低合金钢标准物质进行回归，并应用包含纯金属谱的基本参数法（FP）提高了分析准确度。回归法和 FP 法的分析误差范围分别为 0.3%～6.5% 和 1.2%～7.9%。陆晓明等建立了 XRF 测定镍铬合金中 Ni、Cr、Mo、P、S、V、Al、Si、Mn、Cu、Ti、Nb、Co、Fe、W 的快速检测方法，利用由二元合金样品求得的校正系数对镍铬合金中元素间的谱线重叠干扰进行校正，采用理论 α 系数校正元素间的吸收和增强效应。并研究了不同砂带粒度和材质研磨样品对元素测定的影响，结果表明砂带的粒度影响测定结果的准确性，使用含有待测元素材质的砂带会导致该元素测定结果偏高，因此实验时应确保建立校准曲线的标准样品和待测样品的表面处理条件保持一致，同时应关注砂带材质避免其对测定元素造成污染。该方法测定镍铬合金中 Ni、Cr、Mo 的相对标准偏差（RSD，n＝11）分别为 0.15%、0.17%、0.22%。

对于部分以颗粒形式存在或者缺乏标准物质的合金样品，可以采用破坏分析的方法进行测定。李波等采用氢氟酸、硝酸溶解样品，溶液经红外灯烘干后，以 $Li_2B_4O_7$ 作熔剂，准确加入 1.0mL 浓度为 30mg/mL 的 LiBr 作脱模剂进行熔融制样，建立了 XRF 测定钼铝合金中主量元素 Mo 的方法。采用高纯 Al_2O_3 和 MoO_3 通过熔融制样配制钼铝合金校准样品并绘制校准曲线，利用理论 α 系数法进行基体效应校正。选择 Mo 的 L_α 线作为分析线，测定结果不受样片厚度的影响。该方法用于德国 AlMo65 标样和生产用 AlMo60 内控样的 Mo 含量分析，测定结果与认定值一致，相对标准偏差（RSD，n＝7）小于 0.22%。Simona 用甲醇和液溴对钢片进行溶解处理，当完全溶解后用水转移和替代溶剂，在低于 100℃条件下加热溶液使甲醇和溴的残留物得以挥发，再继续加入水、硝酸对溴化物进行氧化，在含有 $Na_2S_2O_3$ 溶液的双阱中用水泵吸收蒸汽。将处理后的溶液转移至铂金坩埚，在电热板上加热蒸干，再以 $Li_2B_4O_7$-Li_3BO_3（1∶1）为熔剂，$Ba(NO_3)_2$ 为氧化剂，在熔珠制备仪（Philips Perl X）中制成熔珠。采用该制备方法，用 XRF 测定样品的相对标准偏差均小于 0.3%。

钨铁是炼钢工艺中钨元素的添加剂，可增加钢的回火稳定性、红硬性、热强性和耐磨性。宋鹏心等采用离心浇铸制样，将钨钢样品与纯铁熔剂按一定比例混合，放入专用的陶瓷坩埚内，抽真空后，在充氩气的惰性气体保护条件下，用高频感应重熔炉进行熔融，再高温加热，利用高频感应产生涡流以达到充分搅拌的作用，经离心浇铸到石墨或铜质模具中，冷却后制成化学成分均匀的块状金属样品，并将其表面打磨至光洁平整，没有砂眼缩孔。采用 XRF 对其进行测定，结果表明熔融后钨元素在样品中的分布均匀性良好，熔融多次样品间不存在显著差异，有效降低了基体效应及谱线干扰。用生产样品的重量法测定值与上述方法的分析值进行比对，差值在 $\pm 0.2\%$ 以内，可满足常规检测的要求。

二、涂层分析

为进一步提高合金的硬度、耐氧化性、耐腐蚀性或便于后续的表面加工，需在合金表面进行镀层，并完成钝化、磷化、涂耐指纹膜等处理。根据材料应用领域的不同，镀层材料也不同。随着各领域对产品性能的要求不断提高，涂层的成分也趋向复杂。涂覆在合金表面的涂层可分为金属（Zn、Sn、Cd、Pb、Al 等），非金属无机物（氧化物、磷酸盐、硅酸盐、胶泥等），有机物（涂料、高分子化合物、塑料等）。薄膜和镀层材料的化学组成、均匀性和厚度等重要性质直接影响到材料的使用，因此需对合金表面的涂镀层进行分析，以确保其处于需要的范围内。

用 XRF 可无损测定镀层中特征元素的强度，计算其浓度，完成对镀层成分的测定，并利用密度关系式计算出涂层厚度，测量范围一般在 $0.1 \sim 1\text{mm}$。由于获得薄膜样品的相似标样比较困难，国内外研究重点多集中在如何提高用非相似标样校正镀层样品的分析准确度。基本参数法可利用较少标样对基体效应进行校正，既可以用块样也可以用薄膜样品或纯元素标样。

刘伟等用 XRF 对采用微弧氧化技术在镁合金表面生成的富含 Ca 和 P 的陶瓷膜进行了成分分析，考察电流密度对膜层中钙磷比（Ca/P）的影响，并结合涂层测厚仪、XRD、扫描电子显微镜（SEM）及电化学工作站对不同电流密度下的陶瓷膜厚度、相组成、表面形貌及膜层在 Hank 溶液中的耐蚀性进行了考察。林修洲等用 XRF 对以 TC4 钛合金为基体的微弧氧化膜层成分进行分析，结合涡流测厚仪、维氏硬度计、SEM 等技术研究了 K_2CrO_4 添加剂对膜层成分、厚度、显微硬度和形貌等性能的影响。饶帅等通过线性扫描伏安法研究了 Fe 基体上获得 Al-Mn 合金镀层时 Al-Mn 合金的共沉积行为；采用 XRF、XRD 和 SEM 等技术对该合金镀层的组成、结构及形貌进行测试。结果显示合金镀层中 Mn 含量随离子液体中 $MnCl_2$ 含量和电流密度的增加而增加；当 Mn 含量低于 8.7% 时，镀层为单相的 Al（Mn）固溶体的面心立方结构；当 Mn 含量为 $15.3\% \sim 26.8\%$ 时，镀层为非晶态结构。

为了使镀层厚度控制在一定范围内，常将镀层材料按比例调配，再将其涂覆在合金表面，因此也可用镀层质量来反映镀层的厚度。计算镀层质量厚度的过程中可以选择测量不同的元素谱线进行计算，既可以选用镀层元素的谱线，也可以选用基材元素的谱线，不同情况下采用不同的谱线计算镀层厚度的准确性不同。Boer 等用纯元素 Au 和 Ni 块状样品对 Au/Ni 薄膜样品进行校正，认为测量 Au（$L_{\beta1}$）、Au（$L_{\beta2}$）、Au（$L_{\beta3}$）、Ni（K_{α}）和 Ni（K_{β}）5 条谱线增大了计算的自由度，能够有效降低基本参数计算过程中的不确定度，测量的薄膜厚度值最准确。通过测量 5 条谱线强度，使用 FPMulti 软件进行计算，预测的 Au 薄膜厚度结果与欧洲标准局（the Community Bureau of Reference，BCR）标准值偏差在2%左右。Mashin 等通过计算基材中 Ni 的质量吸收系数，实现了用 XRF 测定镍铁合金 $[c(\text{Ni})=46.25\%，c(\text{Fe})=47.35\%，c(\text{Mn})=0.40\%，c(\text{Cr})=5.25\%]$ 上铝镀层的厚度。韩小元等用纯 Zn 和 Fe 的块状样品作为校正标样，使用 XRF 对 Fe 基上 Zn 镀层质量厚度进行了测定，并与用相似标样校正的测定结果进行比较，研究发现厚度不同时选用不同谱线及采用纯元素校正或相似镀层标样校正对镀层厚度的测定结果会产生影响，当镀层质量厚度较小时（约<14mg/cm^2），测量 Zn（K_{α}），镀层质量厚度较大时，选择 Zn（K_{α}）和 Fe（K_{α}）共同计算，且用纯金属标样校正与相似镀层标样校正相结合所得到结果的平均相对偏差为 1.6%，明显好于单独使用一种校正模式所得结果的平均偏差。樊志刚用 XRF 测定了镀锌钢板镀层（包括锌层、锌铁合金层、钝化层、磷化层和耐指纹层等）的质量。通过对各层的特征组分的荧光强度进行测定，并根据校准曲线计算，分别得到各层的单位面积质量（g/m^2）。根据测定各不同组分时谱线荧光强度的强弱，选择不同的测量时间，采用与样品相同类型的标准样品作校准曲线，6 种镀层样品测定值的相对标准偏差（RSD，$n=10$）在 0.1%～0.32%之间。

在实际应用中涂层材料会受到多种因素的共同作用，造成涂层材料的损伤和破坏，引发其下金属基体的腐蚀。研究和分析涂层的失效及其基体金属表面腐蚀过程，对进一步提高涂层的防护作用，提高和改善涂层材料的性能具有重要意义。微区元素分析是检测和评估涂层下腐蚀情况的重要方法，SEM-EDS 和 EPMA 常用于腐蚀试样的分析。然而由于涂层下面的腐蚀是不可见的，这些方法都需要破坏性的预处理即剥离腐蚀金属表面的涂料层。Nakano 等采用自制 3D 共聚焦微束 X 射线荧光光谱系统，对经过腐蚀处理的汽车用涂层钢板进行了无损 3D 分析，采用硅漂移探测器，得到 Fe、Ti、Zn、Mn、Ca、Cl 共 6 种元素的深度分布和各层的分布情况。研究表明，微束 XRF 分析技术在镀膜分析，尤其是多层膜分析方面具有潜在的应用价值。

三、矿石原料

金属矿石的成分复杂，各成分的含量变化范围较宽，基体效应大，且粒度对 XRF 影响明显，因此建立一个好的矿石 XRF 分析方法具有较大的挑战性。

锰矿石是重要的工业原料，其各成分的含量对于矿石的价值和冶炼十分关键。除主要的 Mn、Fe 需要准确分析外，通常还需要对 CaO、MgO 等有益组分，SiO_2、Al_2O_3、K_2O、Na_2O、TiO_2、P、S、As、BaO 等杂质及伴生金属 Cu、Co、Ni、V 等进行全面分析。刘江斌等采用高频感应熔样机，以 NH_4NO_3 为氧化剂、Li_2CO_3 为保护剂，有效抑制了 S、As 的挥发；加入 Cr_2O_3 做内标消除了基体效应对 Mn 测定的影响；选用高电流提高了微量、痕量组分的测量强度，使得各待测组分的相对标准偏差均小于 8%，满足分析要求，可用于多种锰矿的常规全项分析。

磁铁矿不含结晶水，是冶铁烧结与制球的重要原料。由于铁矿石中主要为 Fe，Co 与 Fe 的原子序数相差为 1，Co 的性质与 Fe 相近，且铁矿石中几乎不含 Co，通过定量加入 Co 作内标元素，能有效地消除 Fe 与其他共存元素间的吸收增强效应。因此目前 XRF 法测定铁矿石多采用 Co 内标校正，但该方法不适用于未配置 Co 分析通道的荧光仪，且氧化钴的加入使熔体更加黏稠，不易获得均匀非晶玻璃体。曹玉红等为避开烧损变化的影响，以 $Li_2B_4O_7$ 作熔剂，$LiNO_3$ 作氧化剂，LiBr 作脱模剂，稀释比 1:20，在 1050℃ 熔融 10min 制成玻璃样片，测定磁铁矿中的 TFe、CaO、MgO、Al_2O_3、SiO_2、TiO_2 和 S，相对标准偏差 TFe 为 0.29%，S 为 3.4%，其他组分为 0.29%～2.5%。

铬铁矿主要用来生产铬铁合金、不锈钢和金属铬，在耐火材料、化工和铸石等行业也有广泛应用，是冶金工业中应用极为广泛的矿物原料。曾江萍等以 $LiBO_2$-$Li_2B_4O_7$（20:1）作熔剂并添加 Li_2CO_3，对铬铁矿中 Cr、Si、Al、TFe、Mg、Ca、Mn 等元素进行了测定，用理论 α 系数及 Compton 散射内标法校正元素间的吸收-增强效应，相对标准偏差（RSD，$n=10$）为 0.2%～5.3%，检出限 Mn 为 $60\mu g/g$、Mg 为 $225\mu g/g$。

四、炉渣分析

炉料结构是影响钢铁产量和质量的重要因素，特别对延长冶炼炉龄、保护炉况有很大的指导作用。炉渣成分含量是判断冶炼炉况过程中渣的流动性、炉况顺行以及调整配料的重要指标。张殿英等探讨了利用压片法制样测定转炉渣中 CaO 等 8 种成分的分析方法，样品粒度 180 目，对 FeO 的测定采用经验系数法校正基体效应。

高磷钢渣是炼钢转炉脱磷工艺的主要产物之一，其组分含量是观察炉况变化和判断炼钢脱磷效果的重要指标，因此快速准确地测定高磷渣中的组分含量十分必要。段家华等采用硼酸衬底粉末压片制样，通过用密封袋装样以解决钢渣的压片样品在放置过程中钙测量值偏低的问题，用 XRF 测定了炼钢转炉高磷渣中 TFe、SiO_2、CaO、MgO、Al_2O_3、MnO、P_2O_5、TiO_2 和 V_2O_5。

炉渣中通常 Si、S 含量较高，而且还含有还原性金属 Fe、Zn、Pb 等成分（特别是转炉渣），样品在熔融过程中对坩埚的腐蚀非常严重，不利于生产检测中推广应用。武映梅等建立了 XRF 对高炉渣、转炉渣、精炼渣、电炉渣、平炉渣中的 CaO、MgO、SiO_2、Al_2O_3、TFe、P_2O_5、TiO_2、MnO 和 S 的快速检测方法。以 $Li_2B_4O_7$ 为熔剂，NH_4NO_3 为氧化剂，LiBr 作脱膜剂，在熔融前加入足量氧化剂，通过低温预氧化，稍冷后再加入脱膜剂，升温熔融制备成玻璃熔片，提高了熔融过程中样品的流动性，降低了基体的影响，减少了样品对坩埚的腐蚀，同时使该方法涵盖了对 S 元素的检测。选用 15 个炉渣标准物质与高纯物质配制成标准系列绘制校准曲线。运用空白试样测定并计算 Si、Al、Fe、Mn 等各元素的谱线重叠校正系数，理论 α 系数与经验系数相结合对样品基体效应进行校正，有效克服了炉渣复杂体系中各元素谱线干扰与基体效应。对 5 种炉渣标准样品进行测定，测定值与认定值相一致。

五、添加剂

石灰石是钢铁冶炼中重要的造渣原料，可提高炉渣的碱度，有利于脱磷、脱硫反应的进行，其纯度和质量控制离不开 CaO、MgO、SiO、Al_2O_3、Fe_2O_3 等各组分的分析测定。为满足冶炼现场快、准、简的需要，曲月华等以 $Li_2B_4O_7$ 为熔剂，NH_4I 作脱模剂，稀释比 1∶10，1100℃熔融 300s，测定了石灰石中 CaO、MgO、SiO、Al_2O_3、Fe_2O_3，相对标准偏差（RSD，$n=10$）均小于 5％，适用烧失量在 40％～44％、CaO 在 47％～55％范围内的样品。

锰铁是炼钢生产中常用的脱氧剂和合金元素添加剂，可改善钢的质量，提高钢的力学性能。李京采用锰铁试样以水和硝酸于铂金坩埚中溶解并蒸干，加入 Co 作为 Mn 内标，以 $Li_2B_4O_7$ 为熔剂、KBr 为脱模剂，熔融制作玻璃熔片，测定 Mn、Si 和 P 的含量。本法采用少量水浸润试样并滴加硝酸溶解试样的前处理方法，可保证溶解反应温和不致试样扑溅损失，有效避免了锰铁熔融过程中坩埚腐蚀问题。同时采用大稀释比、内标法有效降低基体干扰。对不同生产单位的标准样品进行测定，测定值与认定值相吻合，各元素测定结果的相对标准偏差（RSD，$n=11$）为 0.25％～1.9％。

第二节　文物样品分析

X 射线荧光分析技术应用于考古样品分析始于 20 世纪 50 年代中期，当时英国牛津大学建立的考古实验室开始应用 XRF 技术。此后 XRF 技术在考古中的应用得到了迅速的发展。国内应用 XRF 技术进行科技考古起步于 70 年代。国内研究者已开展了大量的研究工作，如 XRF 在建立中国古陶瓷成分数据库方面的应用等。

XRF 应用于考古样品研究具有许多优势，特别是 XRF 是一种无损分析技术，无需破坏珍贵文物，且制样简单，可多次重复测量。随着微区 XRF 技术的发展，珍贵文物的微区分析得以实现，获得信息量更加丰富。

XRF 技术在考古学中主要应用于鉴定文物的年代、真伪、产地、制作工艺以及文物保护等。本节重点介绍 XRF 在古陶瓷、绘画及颜料、玻璃、金属制品、埋藏环境等几个重要方面的应用。

一、古陶瓷分析

陶瓷在中国历史悠久，其产品丰富多样，是我国考古研究中最重要的分类之一，也是科技考古中最重要的应用领域。目前 XRF 技术在该领域也已得到广泛研究和应用。在实际应用中，缺乏标准物质，样品大小和形状不一，上釉样品分析等是 XRF 测定文物样品中的三个难点。

XRF 可以对古陶瓷表面、断面进行定性和定量分析。朱继浩等研制了一套17 种陶瓷标准样品，并对其进行了 EPMA 和 XRF 分析研究，结果表明：烧成试样与古瓷胎具有相近的物相结构，胎体致密度高、吸水率低，在 X 射线束斑直径为 2mm 时主成分分布均匀 ($\alpha = 0.05$)，可用于古瓷胎中 Na_2O、MgO、Al_2O_3、SiO_2、K_2O、CaO、TiO_2 和 Fe_2O_3 等主成分的 XRF 定量分析。何文权等对表面弯曲的古陶瓷样品分别进行了基本参数法和经验系数法的测定，并试验了两种放置位置对测定结果的影响，数据显示两种方法获得的 Na_2O、MgO、Al_2O_3、SiO_2、K_2O、CaO、TiO_2、MnO、Fe_2O_3 在非正常放置位置的测定值与正常放置位置所获得的测定值的比值在 $0.90 \sim 1.10$ 之间。

应用 XRF 进行古陶瓷的断代和分类是一个重要研究领域。上海硅酸盐所罗宏杰等采用多元统计方法对中国古陶瓷进行了聚类分析等研究。谢国喜等利用 WDXRF 测定北京毛家湾出土的两种古瓷胎中 CaO、Fe_2O_3、MnO、SiO_2、Al_2O_3、TiO_2 等 10 种成分的含量，并利用主因子分析法将浙江龙泉窑、景德镇古瓷的实验数据进行对比，结果表明这两种古瓷均产自景德镇。通过对浙江地区出土的青瓷研究发现，从汉代到北宋中期，其釉中 RO（主要是 CaO）的含量一般都在 $18\% \sim 25\%$，R_2O（主要是 K_2O）的含量一般在 $1\% \sim 3\%$，很少有超过 3%。大部分窑场烧制的青瓷釉中的 $CaO + MgO$ 的含量显著高于 $K_2O + Na_2O$ 的含量，学术界称其为"石灰釉"。从北宋晚期开始，特别是南宋时期的浙江越窑、杭州南宋官窑、龙泉窑青瓷就出现了新的变化，釉中 RO（主要是 CaO）的含量降低到 $10\% \sim 18\%$。同时 R_2O（主要是 $K_2O + Na_2O$）的含量明显提高，一般在 $3\% \sim 5.5\%$，学术界称其为"石灰-碱釉"。

通过对文物进行 XRF 分析，可得到文物的成分，可从成分推断当时的制作工艺。梁宝鎏等通过对汝瓷从釉到胎成分的 SRXRF 和 EDXRF 线扫描分析，发现在釉胎之间存在一个偏光显微镜和扫描电镜看不到的中间层，且各元素浓度从釉到胎是连续变化的。从而推断，汝瓷的烧制工艺是二次烧成的，釉胎间的中间层是在瓷胎经素烧、上釉后，再烧制过程中瓷釉成玻璃态而渗入瓷胎表面形成的。由于是玻璃态，所以在偏光显微镜和扫描电镜下看不到。

二、绘画颜料

古代颜料的成分和工艺分析是科技考古和文物保护的重要内容之一，其成果既可为研究颜料技术史与古代艺术史提供有力支撑，也对文物的保护修复有重要的参考价值。XRF 技术是鉴别绘画、彩绘等古代艺术品所使用颜料种类的常用方法。

不同时期不同颜色的颜料成分不同，利用 XRF 技术检测不同颜料的特征元素，结合拉曼光谱和文献报道即可分析其成分、来源及制作工艺。不同年代所使用的同种颜色颜料的成分也有一定差别，通过大量已知年代颜料成分分析，根据颜色、发现地点和年代不同进行多元统计，总结不同年代颜料的变化规律，可推断出未知绘画、彩绘等古代艺术品的年代。徐位业、周国信等利用 XRF、XRD 研究莫高窟和麦积山石窟壁画时发现不同程度的彩色颜料都是白色颜料和其他颜料混合调成的，早期莫高窟中大部分颜料不含石膏，五代、宋朝之后，石膏开始被大量使用；而麦积山石窟从后秦开始石膏就是各种颜料的主要成分之一。根据这些规律，可以判断两地未知年代壁画制作的大致时期。

绘画作品往往有特定的年代归属，这对绘画作品的真伪鉴定具有重要意义。在绘画作品鉴定时，对绘画中某些特征颜料进行成分分析，判断该颜料的使用年代，结合文献报道就可以判断绘画作品的真伪。用 XRF 对 DieqoVeiasqueq 在 1658 年创作的《奥地利玛丽娜皇后》油画进行鉴定，发现其白色颜料的成分中含有铅白和石膏，由于 1870 年后油画所使用的白色颜料只含钛白，因此可证明该画非赝品。

彩绘、壁画、西方古代绘画作品等往往具有复杂的制作工艺，时代不同，制作工艺不同。如隋朝敦煌莫高窟佛像上涂的金粉，经 XRF 分析发现，Pb 含量是 Au 的 4 倍多，而表面呈金色，涂层极薄，从而推测为节省金用量，在佛像上先涂铅粉再涂金粉。

三、古玻璃制品

国内外研究者经过半个多世纪对中国古玻璃的科技考古，从最初的"外来说"逐渐演变为"自创说"，大量出土文物的相关资料证实了这一点，且 XRF 技术对其功不可没。

准确测定古玻璃样品的化学成分可为判定其产地、分类等提供充分的科学依据。古玻璃烧制技术不高使得古玻璃中存在气泡等因素，导致古玻璃样品表面并非理想状态，从而对古代玻璃样品的定量分析造成了很大影响。选择合适的校正方法是准确定量古玻璃样品的前提。刘松等研究了样品与参考平面之间的距离以及弧形表面对样品定量分析的影响，利用归一化方法和校正因子法进行了校正，发现归一化方法更适合实际测量。由于古玻璃样品长时间风化，使得其助溶剂存在明显的流失现象，这也给 XRF 在古玻璃方面的研究提出了一定挑战。

古代西亚和埃及制造玻璃的历史要比中国久，但西方古玻璃的化学成分比较单一，主要成分为钠钙硅酸盐玻璃（$Na_2O\text{-}CaO\text{-}SiO_2$），次要成分为 K_2O、

MgO、Al_2O_3 等。中国古代玻璃在发展历程中玻璃的主要化学成分与古代西方玻璃有较大的差异。中国古代玻璃的发展，根据玻璃成分的演变，可以分为五个阶段。

① 从春秋到战国前期（800～400B.C）：K_2O-CaO-SiO_2 系统，其中 K_2O/$Na_2O>1$；

② 从战国到东汉时期（400B.C～200A.D）：BaO-PbO-SiO_2 系统和 K_2O-SiO_2 系统；

③ 从东汉到唐代时期（200A.D～700A.D）：PbO-SiO_2 系统；

④ 从唐代到元代时期（600A.D～1200A.D）：K_2O-PbO-SiO_2 系统；

⑤ 从元代到清代时期（1200A.D～1900A.D）：K_2O-CaO-SiO_2 系统。

因此，通过用 XRF 测定其中各组分的含量，可以进行古代玻璃的断代研究。

古玻璃制品颜色各异，大多用于装饰。不同颜色的古玻璃，其着色剂成分不同，制作工艺也不同。董俊卿等利用 XRF 对一批河南出土的东周至宋代玻璃器进行无损分析，发现古玻璃中 CoO（蓝色）、CuO（蓝绿色）、Mn_2O_3（红色）等着色剂系人为引入，并非杂质。由于中国古代玻璃中使用 CoO 做着色剂始于东汉，因此，出土的战国时期含有 CoO 的蜻蜓眼珠系国外引入。

四、古金属制品

古金属制品是科技考古中非常重要的一类研究对象，它种类繁多、应用广泛，对于研究古代冶炼技术的发展以及当时的政治、经济和军事形势具有重要意义。

古金属制品种类繁多，比较常见的是金银、古钱币、青铜器、铁器等。由于冶炼技术比较落后，古金属制品大多为合金。从"眼学"角度判断古金属制品的材质有一定的困难。应用 XRF 可以轻松定性其主微量元素，但由于古金属制品表面情况各异，且经历了长时间的腐蚀风化，给定量分析增加了一定难度。适当的样品表面前处理，选择跟所测样品化学成分相近的标样以及合适的校正方法，有助于准确定量古金属制品中的主量、微量元素。

不同地点不同时代所生产的金属制品的成分也不一样。如铜镜，汉代普遍使用高锡含铅的青铜镜，唐代青铜镜则加入大量的铅，宋代青铜镜加锌同时含铅量高达30％以上，元代以后大量使用白铜镜，明中期后使用黄铜镜。可根据不同时代、不同产地金属制品的成分特点，获知相应的年代或产地。

通过成分分析，还可以获知制作工艺。埃及第五或第六王朝时期的两个"银面"花瓶，过去推测认为是表面含锑所致。经 XRF 分析得知，此种花瓶的"银面"是由于表面含砷所致，从而推测是在铜表面上涂了一层氧化砷，加铺炭末烧红，砷被还原深入表面，冷却后抛光成了"银面"。

文物保护的好坏与其所处的地下环境有直接的关系。金普军等用 XRF 等分析手段，研究了九连墩楚墓出土的战国青铜器的埋藏环境，发现整个环境密闭，总体呈中性，HCO_3^- 的浓度较高。这样的埋藏环境就是减缓铅锡焊料腐蚀的主要原因之一，使得大部分青铜器完好地保存了下来。

第三节　地质样品分析

X射线荧光光谱分析由于制样技术简单，分析元素范围宽，可对原子序数≥11的元素实现多元素同时定量检测，现广泛应用于地质样品中主、次、痕量元素测定，检出限一般在 mg/kg 量级。在现代地质分析实验室，X射线荧光光谱技术通常与电感耦合等离子体原子发射光谱（ICP-AES）及电感耦合等离子体质谱（ICP-MS）技术结合使用，由 XRFS 测定地质样品中的主次量元素，由 ICP-AES/MS 测定痕量与超痕量元素。此外，便携式 XRFS 光谱技术得到快速发展，已广泛应用于岩矿石的原生露头、块状岩石矿石、土壤、矿浆等样品的现场分析，发挥着越来越重要的作用。

一、地质样品分析

进行地质样品定量分析目前主要采用粉末压片法和玻璃熔片法两种制样方法，利用波长色散X射线荧光光谱仪（WDXRF）和能量色散X射线荧光光谱仪（EDXRF）完成。

粉末压片法具有简单，快速，成本低，环保等优点，且不使用或很少使用化学试剂，外来带入的干扰较少，是分析大量地质样品较为理想的方法。采用粉末压片法用 PW2440 X射线荧光光谱仪测定多目标地球化学调查样品中 25 个主、次、痕量元素，La、Cr、Co 和 Th 的精密度优于 14%，其他各组分精密度均优于 6%。采用粉末压片法制样，用 Epsilon5 EDXRF 对水系沉积物和土壤样品中多元素进行测定，Sr、Y、Pb、Bi、U、Th 采用 Mo 靶，Nb 和 Zr 采用 Rh 靶，测量时间 2000s，除 Na、Mg、Al、Si、P、K 等轻元素外，其余各元素的检出限为 $0.25 \sim 14.80 \mu g/g$。

玻璃熔片法能有效地破坏岩石颗粒和矿物结构，消除了粉末压片法普遍存在的粒度效应和矿物效应的影响，可获得较高的分析准确度，对于粉末压片法难以测定的主量元素，尤其是 Si、Al 等轻元素均可获得较好结果。因此在进行地质样品主次元素定量分析时，通常选用该法。针对高 Sr、Ba 的硅酸盐样品，通过采用 $LiBO_2$-$Li_2B_4O_7$（22∶12）的混合熔剂，40mg/mL 的碘化锂溶液作为脱模剂，熔样温度 1150℃，预熔 2min，各主量元素的精密度（RSD）均小于 2%；主量元素的测量值和标准值基本一致。用玻璃熔片法测定页岩样品中 Si、Al、Fe、Ca、K、Mg、Na 7 个主量元素时，采用 $Li_2B_4O_7$-$LiBO_2$-LiF（4.5∶1∶0.4）混合熔剂，$LiNO_3$ 饱和溶液作为氧化剂，20mg/mL 的 LiBr 溶液作为脱模剂，在 700℃保持 3min，自动升温至 1100℃保持 6min，降温速度 3min，冷却时间 3min；使用理论 α 系数和经验系数相结合的方法校正基体效应，结果表明分析结果与化学法基本一致，方法精密度（RSD，$n=12$）≤1.5%。用熔融法测定区域地质矿产调查样品中 46 种元素，混合熔剂采用 $LiBO_2$（34%，适用于酸性样品）和 $Li_2B_4O_7$（66%，适用于碱性样品），测定结果的均方根值（RMS，$n=12$）小于 1%。

偏振能量色散 X 射线荧光光谱法可显著降低背景，改善检出限。詹秀春、罗立强等率先在国内将偏振 EDXRF 用于地质样品分析，采用粉末压片法，对地质样品中 34 种元素进行了分析测定。选择高取向热解石墨（HOPG）、Al_2O_3、Mo、Co 等不同偏振二次靶对目标元素进行选择激发和探测，采用基本参数法（轻元素）和 Compton 散射内标法（重元素）相结合进行基体校正。分析结果表明，绝大多数分析元素的测定值与标准值一致性良好，得到的各元素的检出限达到 $0.5\sim30\mu g/g$。笔者也利用 XEPOS 型台式偏振激发能量色散 X 射线荧光光谱（PE-EDXRF）对地质样品中近 50 个元素进行了分析测定。其中 Fe、Cu、Zn 和 Pb 等采用 Mo 靶，Zr、Ag 和 Cd 等采用 Al_2O_3 靶，Na、Mg、Al 等轻元素采用 HOPG 靶；Pr、Hf、Ta、W、Bi、T1、Th、U 等元素采用 L_α 线，Pb 采用 L_β 线，其他各元素均采用 K_α 线进行分析。结果表明，主量元素的总分析精密度（RSD）优于 2%，不同含量的痕量元素的总分析精密度（RSD）一般优于 5%，含量低时约为 20%。该方法可对 K、Ca、Ti、Cu、Pb、Zn 等 20 种元素准确定量，适合于车载野外现场快速分析。

偏振 EDXRF 也已被用于铅锌矿区土壤样品中 Pb、As、Cd、Cu 和 Zn 等的测定。选用 Mo 二次靶测定 Pb、Zn 和 Cu 等元素，选择 $Pb(L_\beta)$ 和 $As(K_\beta)$ 分别作为 Pb 和 As 的分析线。Pb 和 Zn 的方法检出限分别为 $1.1\mu g/g$ 和 $0.9\mu g/g$，平均相对误差分别为 7.6% 和 6.2%，且 Pb、As、Cu 和 Zn 的平均相对偏差均小于 10%。该研究指出，Pb 含量不高时，可选用 KBr 靶选择激发 As；当 Pb 含量远高于 As 时，采用 KBr 作为二次靶，不足以消除 Pb 对 As 的干扰；而选择 $Pb(L_\beta)$ 和 $As(K_\beta)$ 作为分析谱线，是避免 Pb、As 相互干扰的有效方法，但会使检出限升高；因此也可采用 $Pb(L_\beta)$ 和 $As(K_\alpha)$ 作为分析线并扣除重叠干扰的方法进行 Pb 和 As 的分析。

用车载化台式偏振 EDXRF 对由轻便钻采集的覆盖层和基岩样品进行现场分析，现场分析数据与实验室分析数据对比其结果显示，K、Ca、Ti、V、Cr、Mn、Fe、Ni、Cu、Zn、Ga、As、Rb、Sr、Y、Zr、Nb、Ba、Pb、Th 等 20 余种元素的分析数据的一致性良好；含量超过 $10\mu g/g$ 时，除 V 和 Ba 外，其他元素的平均相对偏差均小于 25%。说明该方法适用于野外钻探、化探等急需数据的现场分析工作。用便携式 XRF 测定化探样品中 30 种组分，分析精度和准确度能够满足野外现场的要求。以上研究表明，便携式 XRF 可应用于现场地质样品分析。然而，由于分析过程是在现场环境下进行，缺少标样并且可能受样品量等其他条件影响，分析准确度、精密度和检出限一般逊于实验室分析，因此便携式现场 XRF 分析仍有待完善的空间。

微束 XRF 技术能够对地质样品进行高分辨的元素分布分析。Böning 等用微区 XRF 分析装置对陆源沉积物钻取岩心进行扫描分析，获取了 $100\mu m$ 分辨率的 Ca、Fe、Sr、K、Ti 和 S 等元素的分布信息，揭示了矿物和沉积物的时变特征。Sorrel 等采用微区 XRF 技术，用 $40\mu m$ 光斑对中亚地区咸海沉积钻探岩心进行元素分布分析，结果显示 Ca 含量的增加与样品中盐度增加一致，说明 Ca 可作为水蒸发化学特征变化的指示元素。上述研究表明，微区 XRF 可获取地质样品的元素分布信息，为揭示其科学规律提供重要线索。

同步辐射 XRF 能够对流体包裹体进行原位无损分析。对吉林龙岗火山群地幔捕房体中斜方辉石矿物及熔融包裹体进行同步辐射 XRF 分析，发现原始岩浆在上升过程中经历了部分熔融或分离作用。实验中采用美国玻璃标样（NIST612）标定 K、Sc、Ti、Cr、Mn、Fe、Co、Ni、Cu、Zn、Ga、Sr、Y 等 13 种元素含量，结果显示斜方辉石中的 Cr、Mn、Fe、Ni 等元素含量与波长色散电子探针分析结果的相对误差分别为 15%、5%、7%、8%。对新疆可可托海 3 号伟晶岩绿柱石中单个流体包裹体进行同步辐射微区 XRF 原位无损分析，发现该绿柱石中多数流体具有较高的 Zn、Sn、As 及 REE（稀有地质元素）元素含量，说明其内生岩浆作用特征及流体的壳源特点。而蛛网图显示的微量元素含量特征与中国中东部地壳相似，进一步提示流体可能源自地壳。

二、现场分析

WDXRF 分辨率高，具有较好的准确度和精密度，但由于其具有复杂的晶体分光结构，体积大，操作复杂，并且对环境和振动较敏感，难以在现场分析中得到广泛应用。EDXRF 具有体积小、轻便、易于操作和维护等优点而广泛应用于现场分析。

20 世纪 60 年代中期，英、美两国成功研制便携式放射性核素源 EDXRF。1965 年 Si (Li) 探测器应用于 XRF，使得 XRF 分析技术得到很大改善。但由于该探测器需要液体冷却，不适合小型化。90 年代，由粒子（如 α 粒子、质子）激发的 XRF 诞生，成功实现了将 α 粒子 X 射线光谱仪（APXS）应用于火星岩石和土壤成分分析。随后，针对现场 XRF 分析检出限差、灵敏度不高的难题，研制了以高能量、高分辨率 Si-PIN 为 X 射线探测器的 XRF。该仪器采用温差电制冷技术，极大地实现了仪器的小型化，使携带式 XRF 体积更小、功能更强大、操作更便利。近年来，现场 XRF 分析主要采用小功率 X 光管，改进了制冷技术，仪器功能模块高度集成化，从而大大减小了仪器体积，并提高了仪器的稳定性和分辨率。现场 XRF 可在现场实现实时分析，对一个样品的分析一般只需要 2min，有的甚至只需 30s，可同时分析 20～25 个元素，轻便、快速、非破坏性、省时，得到了广泛的重视和应用。

利用现场 XRF 技术能够在野外现场对矿区样品中 Ca、Fe、Ni、Cu、Zn、As、

Pb、Co 等多种元素实现快速测定，在地质学研究、矿产资源评价等方面已获得成功应用。C. Kilbride 等采用手持式 XRF 分析仪对野外现场样品中 Cu、Pb、As、Cd、Zn、Fe、Ni 和 Mn 等元素进行了分析，并与 ICP-AES 的测量数据进行比较，由 Niton XLi XRF 所测 Fe、Cu、Zn、Pb、As 和 Mn 元素的 RSD 小于 8.2%；由 Niton XLt 700XRFS 所测 Fe、Cu、Zn、Pb、As 和 Mn 元素的 RSD 小于 16.2%。便携式 XRF 也已用于铜矿区 44 个岩石样品中 Ca、Cu、Fe、K、Mn、Pb、Rb、Sr、Ti 和 Zn 的测定，现场由研究人员进行肉眼识别分类定级，然后对所采集的样品进行 XRF 测定，对肉眼识别的矿石进行验证。结合聚类分析、主成分分析、因子分析和线性判别分析，两者的符合率为 75%。此外，车载台式偏振 EDXRF 也可用于由轻便钻采集的覆盖层和基岩样品的贱金属分析。

土壤中重金属会破坏环境、影响人类健康，因此对其分析方法的研究受到人们的广泛关注。XRF 技术在土壤重金属含量检测方面已得到应用。Weindorf 等采用手持式 Omega Xpress XRF 对炼油厂和化工厂附近的甘蔗地土壤中的 As、Ba、Co、Cr、Cu、Fe、Mn、Pb、Zn 等元素进行分析，并与 ICP-AES 数据进行对比验证，一致性良好。结合主成分分析，发现市区附近土壤受人类活动影响较大，从而导致各元素含量变化大。Peinado 等应用便携式 XRF 对西班牙矿区土壤中多种微量元素进行现场原位分析，发现 As、Pb、Zn 和 Cu 元素含量超出正常背景值，指出水和风蚀是有害元素传播的重要途径。

矿区水质污染情况越来越受到人们关注。重金属及其配合物是水质污染的主要来源。便携式 XRF 适合现场分析，但由于直接测定水体中重金属含量检出限一般只有 $1\sim5\mu g/g$，难以满足现场分析的需求，故需要对水样进行富集。常用的富集技术包括沉淀和共沉淀、液液萃取、固液萃取、离子交换等。蒯丽君针对分散在水体中的重金属浓度低于 EDXRF 检出限的问题，研制了对水体中 Cu、Pb、Zn、Ni 等重金属具有特定富集能力的离子交换富集纸和配套的小型富集装置，成功应用于现场水体中低浓度重金属含量的测定，其中 Cu、Zn、Ni 的检出限达每升几微克，Pb 的检出限为 $20\mu g/L$。Heiden 等采用阳离子交换树脂富集技术与便携式 EDXRF 相结合，用于野外现场土壤提取物和废弃矿区地表水中的 Cu、Pb、Zn、Fe、Ni 等元素的分析，Zn、Pb、Cu、Ni、Fe 的最大回收率分别达到 96.2%、93.3%、84.9%、72.2% 和 68.1%，检出限达到 ng/L；除了空白样中的 Cu 外，其余样品的分析数据与 ICP-MS 数据高度相关，准确度在 ±20% 以内。

XRF 可应用于岩芯扫描，获取岩心中元素含量的变化，用于研究环境变化、成岩过程等。目前该方法已应用于海洋、湖泊、泥炭及黄土沉积物研究中。Diekmann 等采用 XRF 扫描法对日本冲绳岛南部的 Leg 195 海洋钻探项目的海底岩芯进行扫描，得到 Ca、K/Ti 的元素含量剖面图，并结合 X 射线衍射仪（XRD）分析矿物含量及形成年代，提供了古环境变换的详细记录。Han 等采用便携式 XRF 对巢湖沉积物中的元素含量进行测定，绘制了剖面图，研究了 150

年来沉积层的变化，表明随着化学农药和肥料的使用、矿区的开采、资源的开发利用和废水排放等，巢湖受到了严重污染，其中主要污染元素是 As。

人类始终没有放弃对于地外行星的探索，XRF 技术在地外星球探测上占有重要地位。

1976 年，XRF 技术首次应用于"海盗号"火星探测计划，并发现火星土壤中含有铁镁质组分，硫的含量高于地球地壳平均水平两个数量级。此后，随着 Si-PIN 探测器的发展，经过小型化和性能改进的 APXS 先后应用于 1997 年火星"探路者"、2003 年火星"漫步者"和 2012 年"好奇号"火星探测器。

Economou 分析了由火星"探路者"上携带的 XRF 对火星表面 7 个土壤和 9 个岩石样品分析的数据（Na_2O、MgO、Al_2O_3、SiO_2、P_2O_5、SO_3、Cl、K_2O、CaO、TiO_2、Cr_2O_3、MnO、FeO），得出如下结论：①7 个火星土壤样组分相近，这与 1976 年的"海盗号"结论相吻合（虽然海盗 1 号和海盗 2 的两个着陆点彼此相距 6500 公里，但这两个海盗号站点的物质组成非常相似）；②与陆地岩浆岩相比，火星岩石和土壤样中富含 Si、S、Fe，而 Mg 的含量较少；③火星岩石组分与玄武岩、安山岩相近。2004 年，Gellert 和 Rieder 等分别对"勇气号"和"机遇号"分析的岩石和土壤的 XRF 数据进行分析，发现岩石内部 Ni 和 Zn 含量较低，岩石表面 Ni 和 Zn 含量比土壤的平均水平高，这可能与当地橄榄石矿物的分解有关。而"机遇号"所测的 Fe、Ni 和 Cr 含量比"勇气号"所测的含量高，可能与当地发现大量赤铁矿有关。

参考文献

[1] Sulaiman M Y M. Development of a non-destructive method to identify different grades of stainless. Journal of nuclear and related technologies，2004，1.

[2] Yusoff M S M, Masliana M, Wilfred P. Quantitative Energy Dispersive X-Ray Flourescence Analysis of Low Alloy Steel by Regression and Modified Fundamental Parameter Techniques. Advanced Materials Research，2012，620：480-485.

[3] 陆晓明，金德龙，胡莹. X 射线荧光光谱法测定镍铬合金中 15 种元素. 冶金分析，2013：49-55.

[4] 李波，周恺，孙宝莲，等. X 射线荧光光谱法测定钼铝合金中钼. 冶金分析，2013：42-45.

[5] Simona R，Andrea F. 硼酸盐熔珠-X 射线荧光光谱法分析高合金钢. 冶金分析，2012：22-25.

[6] 宋鹏心，张健，杨志强，等. 离心浇铸制样-X 射线荧光光谱法测定钨铁中钨. 冶金分析，2013：48-51.

[7] 刘伟，常立民，段小月，等. 电流密度对含 Ca 和 P 镁合金微弧氧化膜性能的影响. 兵器材料科学与工程，2013：33-37.

[8] 林修洲，唐唯，杜勇，等. 添加剂铬酸钾对 TC4 钛合金微弧氧化膜层性能的影响. 电镀与涂饰，2013：35-37.

[9] 饶帅，华一新，徐存英，等. BmimCl-AlCl$_3$-MnCl$_2$ 离子液体电沉积 Al-Mn 合金. 材料科学与工程学报，2013（5）：718-722，761.

[10] de Boer D K G，J J M B，Leenaers A J G，et al. How Accurate is the Fundamental Parameter Approach? XRF Analysis of Bulk and Multilayer Samples. X-Ray Spectrometry，1993：22.

[11] Mashin N I，A A L e，Tumanova A N，et al. X-ray fluorescence method for determining the thickness of an aluminum coating on steel. Journal of Applied Spectroscopy，2011：78.

[12] 韩小元，卓尚军，王佩玲，等. X 射线荧光光谱法测定 Zn 镀层质量厚度及计算谱线选择问题研究. 分析试验室，2006：5-8.

[13] 樊志刚. X 射线荧光光谱法测定镀锌钢板镀层质量. 理化检验. 化学分册，2011：511-513，516.

[14] Nakano K，et al. Elemental Depth Analysis of Corroded Paint-Coated Steel by Confocal Micro-XRF Method. ISIJ International，2013，53：1953-1957.

[15] 刘江斌，党亮，和振云. 熔融制样-X 射线荧光光谱法测定锰矿石中 17 种主次组分. 冶金分析，2013：37-41.

[16] 曹玉红，高卓成，曹玉霞. 熔融制样-X 射线荧光光谱法测定磁铁矿中 7 种组分. 冶金分析，2013：18-22.

[17] 曾江萍，吴磊，李小莉，等. 较低稀释比熔融制样 X 射线荧光光谱法分析铬铁矿. 岩矿测试，2013：915-919.

[18] 张殿英，李超，钱菁. X 射线荧光光谱法测定转炉渣中 8 种成分. 冶金分析，2009：41-46.

[19] 段家华，马林泽，张李斌. 压片制样-X 射线荧光光谱法测定高磷钢渣组分. 冶金分析，2013：36-40.

[20] 武映梅，罗惠君，林丽芳，等. X 射线荧光光谱法测定冶金炉渣中 9 种成分. 冶金分析，2011：7-11.

[21] 曲月华，王翠艳，王一凌，等. 熔融制样-X 射线荧光光谱法测定石灰石中 5 种组分. 冶金分析，2013：29-33.

[22] 李京. 熔融制样-X 射线荧光光谱法测定锰铁中锰硅磷. 冶金分析，2011：51-53.

[23] 朱剑，毛振伟，张仕定. X 射线荧光光谱分析在考古中应用现状和展望. 光谱学与光谱分析，2006，26：2341-2345.

[24] 朱继浩，冯松林，初凤友，等. X 射线荧光光谱分析陶瓷标准样品的研制. 光谱学与光谱分析，2010，30（11）：3143-3148.

[25] 何文权. 表面弯曲的古陶瓷样品 X 射线荧光无损定量分析. 核技术，2002，25：581-586.

[26] 罗宏杰. 中国古陶瓷与多元统计分析. 北京：中国轻工业出版社，1997.

[27] 谢国喜，冯松林，冯向前，等. 北京毛家湾出土古瓷产地的 XRF 分析研究. 核技术，2007（4）：241-245.

[28] 严东生，张福康. 中国古陶瓷研究. 北京：科学出版社，1987.

[29] 梁宝鎏. 能量色散 X 射线探针技术对汝瓷成分的线扫描分析. 中国科学（B 辑 化学），2003：340-346.

[30] 朱剑，孙新民. 汝瓷成分的线扫描分析. 核技术，2002，25：853-858.

[31] 徐位业，周国信，李云鹤. 莫高窟壁画，彩塑无机颜料的 X 射线剖析报告. 敦煌研究，1983，1：189-196.

[32] 周国信. 麦积山石窟壁画，彩塑无机颜料的 X 射线衍射分析. 考古，1991：8.

[33] 张日清，曲长芝，蔡莲珍. X 荧光分析及其在考古研究中的应用. 考古与文物，1982：105.

[34] 毛振伟，陈顺喜，王进玉. 用 X 射线荧光光谱分析敦煌莫高窟佛像涂金粉和大足石窟千手观音金箔，1995.

[35] 刘松，李青会，干福熹. 古代玻璃样品表面因素对便携式 X 射线荧光定量分析的影响. 光谱学与光谱分析，2011，31：1954-1959.

[36] 干福熹. 中国古代玻璃的起源和发展. 自然杂志，2006，28：187-193.

[37] 董俊卿，李青会，干福熹，等. 一批河南出土东周至宋代玻璃器的无损分析. 中国材料进展，2013，31：9-15.

[38] 金普军，秦颖，龚明，等. 九连墩楚墓青铜器铅锡焊料的耐腐蚀机理. 中国腐蚀与防护学报，2007，27：162-166.

[39] 张勤，樊守忠，潘宴山，等. X 射线荧光光谱法测定多目标地球化学调查样品中主次痕量组分. 岩矿测试，2004，23：19-24.

[40] 樊守忠，张勤，李国会，等. 偏振能量色散 X-射线荧光光谱法测定水系沉积物和土壤样品中多种组分. 冶金分析，2006，26：1-1.

[41] 李迎春，周伟，王健，等. X 射线荧光光谱法测定高锶高钡的硅酸盐样品中主量元素. 岩矿测试，2013，32：249-253.

[42] 周建辉，白金峰. 熔融玻璃片制样-X 射线荧光光谱测定页岩中主量元素. 岩矿测试，2009，28：179-181.

[43] 杜少文，卢安民，孟令晶，等. 熔片-XRF 法测定区域地质矿产调查样品中主次痕量元素/组分. 黄金，2013（3）：75-80.

[44] 詹秀春，罗立强. 偏振激发-能量色散 X-射线荧光光谱法快速分析地质样品中 34 种元素. 光谱学与光谱分析，2003，23：804-807.

[45] 詹秀春，樊兴涛，李迎春，等. 直接粉末制样-小型偏振激发能量色散 X 射线荧光光谱法分析地质样品中多元素. 岩矿测试，2009，28：501-506.

[46] 储彬彬，罗立强. 铅锌矿区土壤重金属的 EDXRF 分析. 光谱学与光谱分析，2010：825-828.

[47] Luo L, et al. Determination of Pb, As, Cd and trace elements in polluted soils near a lead-zinc mine using polarized X-ray fluorescence spectrometry and the characteristics of the elemental distribution in the area. X-Ray Spectrometry, 2012, 41: 133-143.

[48] 樊兴涛，李迎春，王广，等. 车载台式能量色散 X 射线荧光光谱仪在地球化学勘查现场分析中的应用. 岩矿测试，2011，30：155-159.

[49] 张勤，樊守忠，潘宴山，等. Minipal 4 便携式能量色散 X 射线荧光光谱仪在勘查地球化学中的应用. 岩矿测试，2007，26：377-380.

[50] Böning P, Bard E, Rose J. Toward direct, micron-scale XRF elemental maps and quantitative profiles of wet marine sediments. Geochemistry, Geophysics, Geosystems, 2007: 8.

[51] Sorrel P, et al. Control of wind strength and frequency in the Aral Sea basin during the late Holocene. Quaternary Research, 2007, 67: 371-382.

[52] 于福生，袁万明，韩松，等. 同步辐射 X 射线荧光微探针技术测定熔融包裹体中的微量元素. 高能物理与核物理，2004，28：675-678.

[53] 林龙华，徐九华，魏浩，等. 新疆阿尔泰可可托海 3 号伟晶岩脉绿柱石流体包裹体 SRXRF 研究. 岩石矿物学杂志，2012，31：603-611.

[54] Palmer P T, Jacobs R, Baker P E, et al. Use of field-portable XRF analyzers for rapid screening of toxic elements in FDA-regulated products. Journal of agricultural and food chemistry, 2009, 57: 2605-2613.

[55] Bergslien E T. X-ray diffraction and field portable X-ray fluorescence analysis and screening of soils: project design. Geological Society, London, Special Publications, 2013, 384: 27-46.

[56] Bosco G L. Development and application of portable, hand-held X-ray fluorescence spectrometers. TrAC Trends in Analytical Chemistry, 2013, 45: 121-134.

[57] 罗立强. 非常规 X 射线能量探测技术. 岩矿测试，2006，25：49-54.

[58] 章连香，符斌. X 射线荧光光谱分析技术的发展. 世纪，2013，1：982.

[59] Hou X, He Y, Jones B T. Recent advances in portable X-ray fluorescence spectrometry. Applied Spectroscopy Reviews, 2004, 39: 1-25.

[60] DiGangi J. A brief introduction to portable XRF technology, 2011.

[61] Kilbride C, Poole J, Hutchings T. A comparison of Cu, Pb, As, Cd, Zn, Fe, Ni and Mn determined by acid extraction/ICP-OES and ex situ field portable X-ray fluorescence analyses. Environmental Pollution, 2006, 143: 16-23.

[62] Figueroa-Cisterna J, Bagur-González M G, Morales-Ruano S, et al. The use of a combined portable X ray fluorescence and multivariate statistical methods to assess a validated macroscopic rock samples classification in an ore exploration survey. Talanta, 2011, 85: 2307-2315.

[63] Weindorf D C, Zhu Y, Chakraborty S, et al. Use of portable X-ray fluorescence spectrometry for environmental quality assessment of peri-urban agriculture. Environmental monitoring and assessment, 2012, 184: 217-227.

[64] Peinado F M, Ruano S M, González M, et al. A rapid field procedure for screening trace elements in polluted soil using portable X-ray fluorescence (PXRF). Geoderma, 2010, 159: 76-82.

[65] 蒯丽君. 化学前处理-能量色散 X 射线荧光光谱法应用于矿石及水体现场分析, 2013.

[66] Heiden E, Gore D, Stark S. Transportable EDXRF analysis of environmental water samples using Amberlite IRC748 ion-exchange preconcentration. X-Ray Spectrometry, 2010, 39: 176-183.

[67] Diekmann B, et al. Detrital sediment supply in the southern Okinawa Trough and its relation to sea-level and Kuroshio dynamics during the late Quaternary. Marine Geology, 2008, 255: 83-95.

[68] Han Y, et al. Distribution and ecotoxicological significance of trace element contamination in a [similar] 150 yr record of sediments in Lake Chaohu, Eastern China. Journal of Environmental Monitoring, 2011, 13: 743-752.

[69] Klein H P. The Viking mission and the search for life on Mars. Reviews of Geophysics, 1979, 17: 1655-1662.

[70] Clark B C, et al. The Viking X ray fluorescence experiment: Analytical methods and early results. Journal of Geophysical Research, 1977, 82: 4577-4594.

[71] Yen A S, et al. An integrated view of the chemistry and mineralogy of Martian soils. Nature, 2005, 436: 49-54.

[72] Brückner J, Dreibus G, Rieder R, et al. Refined data of Alpha Proton X-ray Spectrometer analyses of soils and rocks at the Mars Pathfinder site: Implications for surface chemistry. Journal of Geophysical Research: Planets (1991-2012), 2002, 108.

[73] Rieder R, et al. The chemical composition of Martian soil and rocks returned by the mobile alpha proton X-ray spectrometer: Preliminary results from the X-ray mode. Science, 1997, 278: 1771-1774.

[74] Campbell J. The instrumental blank of the Mars Science Laboratory alpha particle X-ray spectrometer. Nuclear Instruments and Methods in Physics Research Section B: Beam Interactions with Materials and Atoms, 2012, 288: 102-110.

[75] Zimmerman W, et al. in Aerospace Conference, 2013 IEEE: 1-15 (IEEE).

[76] Blake D. in Aerospace Conference, 2012 IEEE: 1-8 (IEEE).

[77] Economou T. Chemical analyses of Martian soil and rocks obtained by the Pathfinder alpha proton X-ray spectrometer. Radiation Physics and Chemistry, 2001, 61: 191-197.

[78] Gellert R, et al. Chemistry of rocks and soils in Gusev Crater from the Alpha Particle X-ray Spectrometer. Science, 2004, 305: 829-832.

[79] Rieder R, et al. Chemistry of rocks and soils at Meridiani Planum from the Alpha Particle X-ray Spectrometer. Science, 2004, 306: 1746-1749.

第十六章　X射线荧光光谱在生物和环境样品分析中的应用

X射线荧光光谱（XRF）是一种简便、快速、可进行多元素同时测定的分析技术，能对样品的化学元素进行无损分析，已被广泛应用于地球化学、宇宙化学、环境科学、材料和高分子科学、生命科学等诸多领域。随着X射线聚焦光学和固体X射线探测器的发展，以及一系列X射线感光材料的应用，新一代仪器的空间分辨率和检测灵敏度有了很大的提高，使得低含量元素样品、生物样品的原位、高灵敏度、超高分辨率分析成为可能。

在定性分析中不同元素受到X射线激发后，会发射出特征X射线，根据特征X射线的波长或能量可以识别样品中存在哪些元素。若同时存在多种元素，特征X射线会产生重叠干扰。要准确判断、识别元素的特征X射线，就要尽量排除其他元素、光谱仪及样品等有关因素产生的干扰。在对样品进行定量分析时，要根据待测样品和元素及分析准确度要求，采用适当的制样方法并保证样品均匀性；通过实验选择合适的测量条件，对样品中的元素进行有效激发和实验测量；再运用一定的方法获得净谱峰强度并进行干扰校正后，即可在分析谱线强度与标样中分析组分的浓度间建立强度-浓度定量分析方程，并将其应用于未知样品的定量分析。

X射线荧光光谱可进行原位、微区分析，无损获取样品的原位信息，是一个其他方法很难取代的优点。放射性核素、共聚焦、同步辐射等高品质光源以及高品质检测器的应用使XRF分析应用变得更为广泛。高分辨率电子显微镜的结合使用，使得微区分析更直观、更具代表性，尤其是同步辐射具有微米至纳米级的分析能力，更是将XRF技术带入到了纳米级的微观研究中。

本章主要介绍X射线光谱分析技术在生物、环境、大气飘尘及活体分析中的应用实例。

第一节　生物样品分析

一、植物样品分析

在植物样品分析中，XRF主要用来确定元素在植物中的分布和形态，由此可以推测植物对元素的吸收、赋存、转运等机理。植物样品分析主要涉及两类，一类是关系到人体健康的农作物和蔬菜中的重金属元素的分布和含量分析研究，一类是关系到植物修复技术的超富集植物对重金属的富集机理和重金属在超富集植物中的分布特征的研究。

能量色散 X 射线荧光光谱 (EDXRF) 分析可以简便、快速地对植物样品中主微量元素进行定量分析，已应用于土壤、沉积物、大气飘尘、植物和人体体液等样品中金属、类金属的富集和迁移机理研究。Barakat 利用粉末压片-EDXRF 法分析了十种调料中所含的元素含量，发现其均含有 Mg、Al、Si、S、Cl、K、Ca、Ti、Mn、Fe、Cu、Zn 等元素，但含量有所不同。Margui 应用其测定了生长在垃圾填埋场上的植物样品中主次量元素 K、Ca、Mn、Fe、Cu、Sr、Pb、Zn 等的含量，并与 ICP-OES 方法进行对比分析，结果表明 XRF 是一种检测蔬菜样品中金属元素的有效方法，此方法可以避免样品的破坏处理并获得较好回收率。

康士秀利用同步辐射 X 射线荧光法分析了采集自于南极、青岛和安徽地区多种植物的茎、叶和花等标本样品，对比了元素含量分析结果，并与当地环境污染程度进行了相关性研究，发现植物中微量元素对其生长的水域或生态环境中金属污染程度有指示作用，该实验通过 ^{55}Fe 源的 Mn K_α 和 K_β 对探测器进行了标定，并用 AXIL 软件进行谱的拟合。

植物样品微区分析有助于了解植物体内元素在细胞或组织水平上的运移途径和过程，二维成像已被广泛应用于生物样品和环境样品的元素分布和元素间相关性分析。目前应用较多的扫描成像 XRF 技术主要有同步辐射 X 射线荧光分析、电子探针 X 射线荧光分析、核显微探针 (PIXE、PIGE)、动态微扫描 XRF 分析技术 [Dynamic Micro-XRF Scanning (2D)]、X 射线微断层分析技术 [Micro-XRF Computed Tomography (2D/3D)] 和共聚焦微 XRF 分析技术 [Confocal Micro-XRF (2D/3D)] 等。该技术不仅能够提供样品内部结构元素信息，而且可以定量分析样品中元素的含量分布特征。

Hiram 利用 μ-XRF 对沙漠植物 (parkinsonia florida) 中元素的分布特征以及土壤中 As 元素与 Fe、Mn 元素的相关性进行了研究，发现 Ca 分布在表皮，K 分布在维管束，而 As 分布表皮到维管束之间的原始形成层中；土壤中 As(Ⅲ)、As(Ⅴ) 和 Fe 的空间分布相关性很强，皮尔森相关系数分别为 0.811 和 0.857，说明 As 吸附在 Fe 氧化物表面是其主要的地球化学过程。实验中所用光源能量为 12keV，光斑大小 $5\mu m \times 5\mu m$，步长 $10\mu m$，采用七元 Ge 探测器。Andrew 利用 μ-XRF 技术研究精白米和糙米中元素的分布，发现在糙米中 As 优先在表面的种皮和糊粉层富集，除 Ni、Cd 外，Cu、Fe、Mn、Zn 的分布也与 As 相似；在精白米中 As 均匀分布于整个谷粒中，胚乳中含量较高，而 Cu、Fe、Mn、Zn 信号明显减弱。结果表明精白米的制作过程中，As 含量较高的表皮和糊粉层被去除的同时也造成了 Fe、Zn 等营养物质的损失。

天然样品中金属元素含量往往难以达到仪器检出限，一般的纯化、富集方法需要复杂的前处理，不仅容易引入人工污染，而且难以满足原位分析的目的，对得之不易的天然样品造成不可逆破坏，也不利于长期保存。在现有的成像技术中，SRXRF 可以测定细胞或组织等完全水化的生物样品，灵敏度高，并可达纳米级空间分辨率，是测定细胞中微量元素、有毒重金属和金属配合物，并提供其分布和形态特征的理想工具。

Benjamin 等利用 SRXRF 技术分析了采集于南部海洋的单细胞硅藻细胞中五种典型元素的分布特征。硅藻细胞用 Milli-Q 水冲洗，保存在 0.25% 戊二醛缓冲液中。细胞安放在透射电子显微镜网格的 Formvar/C 双层支持膜中（厚度 50～100nm），放入离心管中缓速离心（438g），轻轻冲洗干净后干燥 15min 备用。SRXRF 实验在阿贡国家实验室光源 2-ID-E 硬 X 射线实验站进行，选择入射光能量 10keV，以激发原子序数 $Z=13$（Al）和 $Z=30$（Zn）间的所有元素的 K_α 特征线，样品室充 He 以增加 X 射线荧光对低原子序数元素的灵敏度。光斑大小 $0.7\mu m \times 0.5\mu m$，采用可确保整个细胞清晰对焦的 $300\mu m$ 焦深，步长 $0.5\mu m$，保留时间 2s。计算检出限：Si 为 7.0×10^{-16} mol/μm^2，Mn、Fe、Ni、Zn 为 5.0×10^{-20}～3.9×10^{-19} mol/μm^2，重复测量的偏差 Si、Mn、Fe、Zn<5%，Ni<10%。结果显示，K 均匀分布在硅藻整个细胞内，P、S、Ca、Mn、Fe、Cu、Zn 分布在内部细胞器上，Fe 大多集中在叶绿体中，而 Zn 和 P 分布相似，可能在细胞核上，Ni 主要富集在外膜或细胞膜上。Roberto 通过在光源和探测器前加聚焦透镜的方式，组建了共聚焦装置（Confocal Micro-XRF），该装置在水生植物和牙齿样本中元素的三维成像分析中得到应用。

植物样品中元素形态鉴别可为有毒重金属在生物体中代谢机理的研究提供重要信息。将同步辐射微束 X 射线荧光断层扫描技术和共聚焦 X 射线吸收精细结构光谱联用，可以实现高灵敏度、多层位立体元素形态分析。Hiram 利用 μ-XRF 研究了沙漠植物 Parkinsoniaflorida 中的 As 形态，证实其为 As-Cys$_3$（Cys，半胱氨酸），结合水溶性土壤溶液中 As 形态，推测 As 在土壤-植物系统的吸收转运模式为 As(Ⅲ) 在土壤中被氧化为 As(Ⅴ)，植物根系吸收土壤中的 As(Ⅴ) 后将其还原为 As(Ⅲ)，并以与富含巯基的 Cys 结合形成 As-Cys$_3$ 存贮在体内。

透射电子显微镜（TEM）-能谱（EDS）联用技术不仅能够观察细胞的超微结构，而且可以观测到重金属在细胞中的富集部位，同时还可以通过 X 射线能谱来确认该金属的存在形式。将其应用于 Pb 富集植物 Brachiaria Decumbens 和普通植物 Chloris Gayana 中 Pb 元素的形态分析，发现 Pb 最初在根被皮和皮层细胞中出现，然后以高度不溶（低毒）的磷氯铅形式贮存在液泡中。在 Brachiaria Decumbens 中，Pb 先积累在膜结构（如高尔基体）中，然后以磷氯铅形式封存在质外体中，从而减轻 Pb 对细胞的毒性伤害。

重金属污染会导致小羽藓植株内硫的化学形态发生明显变化，实验中，将小羽藓暴露于不同浓度的铅、铁、铬重金属环境下进行培育，应用 SRXRF 方法测定小羽藓植株硫元素的含量，用 X 射线吸收近边结构谱（XANES）分析硫的形态。SRXRF 束斑大小为 1mm×1mm，在每个样品不同部位选取 3 个点进行测定，每点测量 100s，取平均值。实验选择钇作为内标元素，分别测定各元素和内标元素的灵敏度因子。测得的 XANES 谱用 IFEFFIT 软件进行分析处理。实验结果表明重金属污染导致小羽藓植株内硫的化学价态发生了明显变化，小羽藓植株中低价态的硫含量增加，以硫酸盐形式存在的硫含量减少，而更多硫醇化合物的形成对于抵御重金属的毒害是有益的。

二、动物样品分析

生物体内部器官的元素分布和组织特异性为研究不同暴露途径与元素毒性效应相关性提供了重要信息。张元勋使用 SRXRF 测定了鼠脑、心、肺等器官和组织中的金属含量和分布。实验中全脑、心、肝、肺、肾、小肠等组织器官经过快速分离后置于液氮内保存，将脑组织置于切片机支架平台，快速冷冻固定后，作冠状连续冷冻切片，厚度为 $10\sim20\mu m$，切片随即平铺在 $6\mu m$ 厚的聚乙烯薄膜上，固定后置于干燥器内自然干燥。上机测定时，采用 1mm×3mm 的大光斑直接照射样品，得到 Zn、Cu、Fe、Ca、K 等微量元素的相对含量分布。结合使用反转录聚合酶链式反应（RT-PCR）等分子生物学技术，研究锌等元素在脑切片中的分布与锌转运体表达模式之间的相互关系，解释了锌在脑系统的重要作用，为阐明锌转运体及锌等元素在脑功能中的作用机理提供了数据支撑。

采用 XRF 研究蛛丝和蚕丝中的主量及微量元素的分布，结合样品中丝蛋白结构和性能信息，可以探索蛛丝和蚕丝中氨基酸组成、成丝机制及丝的刚性和韧性。袁波等采用 XRF 研究蛛丝和蚕丝的化学元素组成，测定了主量元素（C、O、N 等）、金属元素（Ca、Mg、Na、K 等）及微量元素（Zn、Ni、Fe、Cr 等）的含量。研究结果显示，蛛丝中 N 元素含量较高，可能是蛛丝的刚性和韧性的基础元素；而在蛛丝中 Na 和 K 元素含量高，蚕丝中 Ca 和 Mg 含量较高。微小生物体（$2\sim3mm$）的生理作用和生物机能的研究往往受到缺乏微米级三维形态学技术的制约，得不到动物体内部信息而难以探知其行为和过程。使用传统的方法如解剖、消解后进行元素测定，由于要做必要的预处理、分离和提取等，应用于微小易碎组织样品的处理时就尤为困难。微区 X 射线光谱分析无需前处理，故特别适用于此类研究。Samber 利用同步辐射微区 X 射线吸收断层扫描技术构建 3D 图像的方法，得到了大型蚤内部结构特征和元素含量。该实验在德国 HASYLAB（Hamburg，Germany）DORISⅢ贮存环 L 线站和根特大学 UGCT 微/纳米 CT 装置完成，激发能量 20.7keV，激发时间 1000s，检测限在 $0.01\sim0.10\mu g/g$ 范围内，强度采用死时间和入射光强校正，样品中的元素含量用生物标样（NISTSRM1577）进行校正和计算。完整的大型蚤 3D 吸收重构灰度图（分辨率 $3\mu m$）如图 16-1 所示，从图中可清晰观察到，Ca 分布在外骨骼上，Fe 集中在类似于腮的组织中，Zn 分布在肠道和卵中。

微小生物体的同步辐射成像分析是洞悉结构和功能，特别是昆虫的呼吸生理功能的有效工具，已成功应用于昆虫气管系统形态学检测、气管机制、液囊压力、昆虫口器咀嚼和吮吸机制的研究。Socha 利用同步辐射相衬 X 射线成像技术（synchrotron phase-contrast X-ray image）研究了步行虫的气管系统，图解了气管系统复杂的分支结构。应用同步辐射实时监控录像技术（real-time synchrotron X-ray video）动态研究脊椎动物如鱼类的呼吸作用是一项很有创意的探索，该研究首先将鱼轻度麻醉，然后用 X 射线照射水中鱼的头部。由于 X 射线要透过围绕在鱼周围的水层，故图像对比效果减弱，但咽喉狭口和舌骨的移动都清晰可

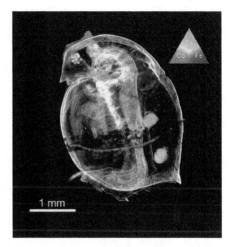

图 16-1　大型蚤微区 X 射线吸收 3D
灰度图（分辨率 3μm）

见，对我们理解复杂的脊椎动物头骨内部运动有很大帮助。

XRF 技术还可以用来研究一些动物的特殊行为。如蟋蟀生性好斗，牙齿异常坚固，XING Xue-Qing 利用同步辐射 X 射线荧光（XRF）、广角 X 射线衍射（WAXS）、小角 X 射线散射（SAXS）技术对蟋蟀牙齿 8 个部位进行了元素分布测定，并用扫描电镜观察牙齿的结构。结果显示，Zn 是蟋蟀牙齿中主要的重金属元素，牙齿表层是 $ZnFe_2(AsO_4)_2(OH)_2 \cdot (H_2O)_4$ 晶体，在内部则是源自生物矿化的 $ZnCl_2$ 晶体，$ZnCl_2$ 纳米微纤维轴向指向齿尖的顶端，聚集于中央纤维，并在齿尖形成了一个纳米级的层状结构。锌和纤维层状结构共同坚固了蟋蟀的牙齿，使其成为使用牙齿作为锋利武器的好斗昆虫。

三、人体样品分析

XRF 技术在医学和生命科学上主要用于研究人体组织、血液、骨骼、牙齿以及毛发中的元素相关性和形态特征分析。

SRXRF 为神经性疾病、传染病和肿瘤等疾病的组织和细胞中痕量元素的分布分析提供了一种无损的分析技术。Bogdan 等应用快速扫描 X 射线荧光分析技术（rapid-scanning X-ray fluorescence）对帕金森患者脑组织轴向切片中 Fe、Zn、Cu 三种元素的分布特征实现快速扫描分析。激发光能量为 13keV，使用 Si（Ⅲ）双晶单色器获得单色光，一元 Vortex-EXSi 漂移探测器，探测器与光源呈 90°，样品台各呈 45°。采用厚度为 2mm 的经福尔马林固定的脑组织切片，用不含金属的塑料薄膜密封后安装于样品台，扫描步长 40μm，计数时间约为 6ms。研究发现三种元素有各自特定的分布区域，在高 Fe、Cu 区域 Zn 含量相对较低。人脑中黑质、蓝斑、齿状核和小脑中 Cu 含量最高；白质 Zn 含量高于灰质，海马体和杏仁核中富含大量的 Zn 功能神经元，因此此处 Zn 很高。控制人体运动

的脑组织区域 Fe 含量是其他区域 Fe 含量的 2～3 倍，灰质中含量高于白质，黑质、苍白球、硬膜、尾状核、红核、齿状核和蓝斑中 Fe 含量最高，由此推测 Fe 失衡可能导致人体运动障碍。

偏振 X 射线荧光分析技术可以用来对人体肾脏、肝脏和甲状腺的汞含量进行分析。Kristie 对肝癌 HePG2 细胞薄片进行微探针 XRF 元素成像分析，发现 As 积累在细胞核的常染色质区，说明 As 把 DNA 转录过程中涉及的 DNA 和 DNA 转录蛋白作为标靶。XANES 和 EXAFS 形态分析确认砷与三个硫原子结合形成 As-蛋白质，进一步证实 As 与核蛋白质结合是 As 引发细胞毒性的一个关键因素。As 暴露引起的氧化应激压会导致 GSH 含量减少，但 XANES 分析中，As-GSH 并不是主要组成成分。

经冷冻干燥（或灰化）再经化学处理的人体血液样品滴在滤纸上，或者尿样经离子交换树脂分离浓缩后，于波长色散 XRF 上检测，大多数元素的检测限可达 $0.1\mu g$；这种方法适用于对尸体解剖组织的各元素的组成研究。Symthe 等用 XRF 分析 120 个慢性尿毒症死者的血管、骨骼、脑、心脏、皮肤、肝、肺、脾、肌肉等的 K、Ca、Fe、Cu、Zn、Se、Br、Rb、Sr、Mo、Cd、Sn、U 等含量，统计结果表明，尿毒症死者的 Ca、Sr、Mo、Cd、Sn 含量增加，而 K、Rb 含量减少。Rastegar 等在血清中加 Y 和 V 作内标，建立了一种简单快速的定量分析方法：取 50 μL 试样置于 4 μm 厚度的聚丙烯薄膜上进行分析，统计 103 个样品中 Fe、Cu、Zn 和 Br 等的浓度分布，其中 Fe：$0.8～3.7\mu g/mL$，Cu：$0.55～2.3\mu g/mL$，Zn：$0.5～1.2\mu g/mL$，Br：$1.25～10.0\mu g/mL$，52 个元素的检出限如表 16-1 所示。

骨骼中的元素含量和分布可以用来研究骨代谢机理和骨代谢失调病因，XRF 可用于测定骨骼样品中的元素含量和分布。早在 1976 年就有人开始对活体骨铅进行分析，集中在改进仪器装置和计算方法上，其他有益元素如骨锶等的分析受到学者们的重视。

密致骨和骨小梁由骨骼结构单元组成，它们之间由粘合线分隔。Pemmer 用同步辐射微区 X 射线荧光（SR μ-XRF）技术结合定量背散射电子显像技术（qBEI），对取自骨质疏松患者的骨折股骨颈和健康人骨骼共计 14 个骨骼样品（10 个股骨颈和 4 个股骨头）进行分析，给出了人体骨骼中 Zn、Pb、Sr 的含量和分布特征。发现结合线中 Zn 和 Pb 含量明显高于矿化骨基质，Pb 和 Sr 含量与矿化程度显著相关。Zn 强度和 Ca 没有相关性。这一研究表明，微量元素 Zn、Pb 和 Sr 在人体骨骼结构单元中有不同积累，说明不同元素存在不同的积累机制。

XRF 技术也被应用在牙齿中的元素测定和来源研究中。Carvalho 使用同步辐射 μ-XRF 分析中世纪人的牙齿样品，评估了 Mn、Fe、Ba 和 Pb 从土壤到牙结构的扩散。使用 100 μm 的空间分辨率，18 keV 的能量，在牙齿的几个区域中进

表 16-1 XRF 测定血清样品中 52 个元素检出限表

元素	谱线	干扰元素及谱线	检出限 /(ng/50μL)	元素	谱线	干扰元素及谱线	检出限 /(ng/50μL)
Ti	K_α		10	Ba	L_α		10.5
V	K_α		7.5	La	L_α		10.5
Cr	K_α		7	Ce	L_α		10
Mn	K_α		6	Pr	L_α		9.5
Fe	K_α		5	Nd	L_α		9
Co	K_α	Fe K_β	4	Pm	L_α		8
Ni	K_α		3	Sm	L_α		7.5
Cu	K_α		2	Eu	L_α	Mn K_α	7
Zn	K_α		1.5	Gd	L_α		6.5
Ga	K_α		1.5	Tb	L_α	Fe K_α	6
Ge	K_α	Zn K_β	1.5	Dy	L_α	Fe K_α	6
As	K_α		1	Ho	L_α		5
Se	K_α		1	Er	L_α	Fe K_β	4.5
Br	K_α		0.5	Tm	L_α	Fe K_β	4
Rb	K_α	Br K_β	1	Yb	L_α		4
Sr	K_α		1.5	Lu	L_α		3.5
Y	K_α		2	Ta	L_α	Cu K_α	3.5
Pd	K_α		9	W	L_α		3
Ag	K_α		18	Pt	L_α		3
Cd	K_α		27.5	Au	L_α	Zn K_β	2.5
In	K_α		36	Hg	L_α		2.5
Sn	K_α		45	Tl	L_α		2
Sb	K_α	Ca $K_\alpha K_\beta$	16.5	Pb	L_α	As K_α	1.5
Te	L_α	Ca $K_\alpha K_\beta$	15	Bi	L_α		1.5
I	L_α	Ca K_α	13.5	Th	L_α		2.5
Cs	L_α		11	U	L_α		3

行线扫描，步长在 $100\sim1000\mu m$。结果发现：古代人死后的牙齿明显受到内生环境影响，与现代牙齿相比，Ba 是古代牙齿中最丰富的元素，现代牙齿中 Ba 元素几乎不存在。浓度剖面图显示在接近外部牙釉质处 Ba、Pb 含量增加，分别达到了 $200\mu g/g$、$20\mu g/g$，在牙本质中逐渐减小，并在内部牙本质和牙根达到低含量稳定水平；Mn 和 Fe 的分布也与 Pb 的分布非常相似，牙齿外表面含量较高，表现出了很大的土壤污染特性。Martin 利用同步辐射分析了人类牙齿的牙骨质环中微量金属的分布，得到了相似的结果，并推测利用牙骨质中微量金属的含量可以区分其为内生或是外部成岩沉积作用形成，因此牙齿能够提供个人金属接触的年代表。

在能量色散 XRF 应用中，Torok 等用能量色散 XRF 直接分析毛发的元素含量，详细研究了试样不均匀对原子序数 $Z<20$ 的元素的影响，测定样品的标准偏差在 $6\%\sim19\%$，比中子活化分析（NAA）的 15% 左右的值有所改进。分析了 12 种元素，多数元素的检测限可以达到或小于 $1\mu g/g$。对两个头发样品中 8

种元素的含量与中子活化分析方法进行比较分析，结果显示，部分元素检出限有所降低，同时 XRF 结果精密度较高，如表 16-2 所示。

表 16-2　XRF 与 NAA 各元素测定结果对比　　　　　单位：$\mu g/g$

元素	样品 1		样品 2	
	XRF	NAA	XRF	NAA
K	280±60	<859	220±60	<463
Fe	23.3±0.2	<95	9.8±1.0	<56
Zn	224±13	226	146±8	122
Hg	2.9±1.5	11.3	<0.65	<0.9
Se	<0.89	0.66	0.9±0.2	0.65
Br	2.8±0.4	3.6	26.2±6.0	31.7
Rb	0.9±0.3	<6.6	0.7±0.4	<2.3
Sr	23.1±1.3	<57	11.0±1.9	<23

四、细胞分析

利用 SRXRF 光谱技术，可以测定人体特征细胞或亚细胞中微量金属元素的含量分布，有助于诊断病例和探索细胞毒理机制。王友法利用 SRXRF 检测经过羟基磷灰石纳米粒子作用后肝癌细胞内的钙磷元素含量，测定过程中，微区探测的光束面积大于人肝癌细胞的大小，故在检测时，每个癌细胞只探测一个区域，再通过多个细胞平均来计算每个细胞的金属含量。在检测过程中，每个样品的检测时间为 600s。实验得到肝癌细胞中 CaP 的相对含量。从统计结果表明经羟基磷灰石纳米粒子作用后肝癌细胞内的钙磷元素比既不同于磷灰石中的钙磷比，也不同于未经磷灰石纳米粒子处理的肝癌细胞内的钙磷比，说明磷灰石纳米粒子改变了癌细胞内的钙磷环境，结合细胞凋亡实验，表明此作用可以抑制肿瘤细胞的增殖。

李晓薇用 SRXRF 分析植物单细胞的微量元素，研究病毒侵染植物后植物单原生质体内微量元素的相对变化。实验样品用微量注射器吸取固定好的原生质体，滴于膜表面，在无菌室中晾干后上机测试，检测过程中当 X 射线流强大于 80mA，停留取谱时间 20min，可从烟草单个原生质体中检测到 Cl、Ca、Mn、Fe、Cu、Zn、Cr、Co、Ni、As、Ti 和 Ge，当流强低于 80mA 时，其他元素信噪比太小，淹没于噪声中，只可检出 Cl、Ca、Fe、Cu、Ti 和 Ge。用峰面积表示各元素的响应值，对各样品中元素峰面积归一化，计算它们在总峰面积中的相对百分比，其比值用于比较健康细胞和染病细胞中微量元素的差别。结果表明烟草被烟草花叶病毒感染后 Ca、Fe 离子的强度下降，Cl、Cu、Ge 离子变化不显著，其他离子因响应值过低无法比较。

赵利敏等测量了正常和受辐射小白鼠小肠细胞的痕量元素含量，采用猪肝标准物质 GBW08551 作为校正标样，通过计算实验组和对照组两组细胞中每个单细胞的平均元素含量，发现 K、Ca、Fe 等元素含量有明显增加，Cu 元素含量明显降低，Mn 和 Zn 含量基本不变，这为临床医学上治疗辐射损伤提供了一定的线索，比如人们可以通过补充微量元素的方法来降低 X 射线辐射对生命机体的损害。

Wu Yingrong 采用同步辐射全反射 X 射线荧光分析（SR-TXRF）开展了动物细胞定量分析研究。该研究采用猪肝标样 GBW08551 和水标样 GBW08607 制备检测标准样品，忽略样品本底不同的影响，采用 SR-TXRF 技术对小白鼠的肝细胞、小肠细胞中 K、Ca、Cr、Mn、Fe、Cu、Zn 等元素含量进行分析实验。实验将元素峰面积对 SR 流强和取谱有效时间进行归一化，从标样得出各元素的检出限，从细胞谱图与标样谱图的比较可以得到细胞样中各元素的含量，再除以细胞数，得到了每个细胞中多种元素的平均含量。

五、金属蛋白质分析

微量元素通过金属蛋白或金属酶来实现生理生化功能，它们在生物体内的存在形态及分布直接影响其功能。元素的生物可利用性和毒性也取决于其化学形态。SRXRF 可用于经过等电聚焦 IEF 可分离蛋白，应用 SRXRF 测定分离蛋白条带上的元素，可获得生物体系内金属蛋白质的结合环境、分布、特性等有用信息。

董元兴用薄层聚丙烯酰胺凝胶分离人血红蛋白后，采用 SRXRF 测定了各亚型条带内的 Fe、Cu 和 Zn 的含量。测定时，沿电泳方向每 1mm 取一个谱，扫描时间 300s。用加入一定量元素的蛋白聚丙烯酰胺凝胶制作校准标准，以归一化后元素的信号峰面积对元素含量做工作曲线。结果表明，Fe、Cu 和 Zn 的检出限分别为 $2.43\mu g/g$、$1.12\mu g/g$ 和 $0.96\mu g/g$；Fe 和 Zn 的回收率分别为 90.4% 和 115.7%。在小于 $8\mu g/g$ 范围内校准曲线的线性回归系数 r 大于 0.99。

在检测经电泳分离后的蛋白条带内的金属含量时，通常样品中的金属含量在微量甚至更低的含量级别，而来源于凝胶材料的本底信号较强，通常会干扰金属微量元素的信号，限制了 SRXRF 在低含量金属蛋白质测定中的应用。高愈希等将电泳后的凝胶经干燥处理后再进行 SRXRF 原位分析，经过这一处理流程可以使材料本底信号降低到采用湿胶时的 10%，大大减小了本底对元素的干扰。实验采用 $20\mu m \times 100\mu m$ 的 SR 光斑照射样品，沿电泳方向每 $1\sim 3mm$ 采集一次 XRF 谱。实验结果显示在各蛋白条带位置上均检出有金属存在，在乳酸脱氢酶位置有较强的 Zn 峰，在细胞色素 C、血红蛋白、转铁蛋白处则有较强的 Fe 峰，在牛血清蛋白处有弱 Fe、Zn、Cu 峰，而在没有蛋白的凝胶空白处则基本没有金属信号峰。

用组成与 IEF 胶相同的浓缩胶电泳，制作定量分析工作曲线，是对等电聚焦分离后各亚型条带内的金属含量进行定量分析的一种有效途径。然而电泳制备定量标准有蛋白条带的拖尾现象，而且电泳过程本身可能使蛋白质上靠弱作用吸附的金属离子丢失，这些会对分析结果产生影响。此外，金属蛋白质中金属含量低，样品量也偏小，对于样品而言光斑范围不能完全覆盖蛋白样品。可采用沿条带方向均匀移动光斑来实现对较大范围的条带样品覆盖。

第二节　环境样品分析

一、工业废弃物

XRF 技术在工业上应用广泛。工业样品种类繁多，样品量大，在检测过程中，XRF 的快速简单、廉价等优点得以充分发挥。

废旧木材中通常含有很多种木材防腐剂，这些防腐剂中含有大量的以 As 和 Cu 为基质的化合物。在处理这些木材时，需要对 As 和 Cu 含量高的木材进行筛选和处理。Rasem 等采用 XRF 技术建立了一种在线快速检测废旧木材中 As 和 Cu 的方法，将 X 射线光管和固体探测器安装于木材回收流水线中，进行实时在线分析。在 500ms 分析时间内，As、Cu 的检出率分别达到 98% 和 91%，采用该 XRF 检测装置，每天对废旧木材的检测量可以达到 30t，大大提高了工作效率。

在工业污水化学处理中，对入口和出口处工业废水中重金属的监测十分必要，特别是对排出口污水中重金属的在线检测尤为重要。Marguí 等采用台式全反射 XRF 技术，针对冶金废水和制革废水中一部分无机元素（As、Ba、Cd、Cu、Cr、Sn、Fe、Mn、Ni、Pb、Se、Zn 等），建立了一种简单快速的分析方法，并且将所测结果与 ICP-OES 和 ICP-MS 方法进行对比。分别吸取 $20\mu L$ 经化学处理前后的污水样品于石英玻璃载体上，采用红外灯照射干燥后进行 TXRF 检测，测量时间为 1000s。探讨了水中不同金属基体及有机物基体对水样检测的干扰效应，最后获得该方法对于不同金属的检出限分别为 Cr：0.24mg/L，Mn：0.12mg/L，Fe：0.07mg/L，Ni：0.07mg/L，Cu：0.06mg/L，Zn：0.05mg/L，As：0.02mg/L，Se：0.09mg/L，Cd：0.003mg/L，Sn：0.03mg/L，Ba：0.48mg/L，Pb：0.01mg/L。相比于 ICP-OES 和 ICP-MS 技术，该方法不用进行复杂的样品前处理，对环境污染小，对于基体较为复杂的工业废水展现了相同的分析能力。

二、矿山污染物

矿山开采会造成其周围环境的破坏与污染，在金属矿山附近，毒性金属超标一直是人们关注的重点。XRF 在快速确定矿山附近污染物含量中发挥了很大的作用，特别是便携式 X 射线荧光（XRF）技术可以进行现场筛选，提高了分析效率。

Keshav 等采用波长色散型 X 射线荧光光谱仪研究了印度卡纳塔克邦附近的铬铁矿周边土壤污染程度，利用地质累积指数、富集系数和污染指数对该区域土壤污染程度进行了评估。主要测定了正在开采的和废弃的矿区及居民区附近的57个土壤样品中的有毒重金属 As、Ba、Co、Cr、Cu、Mo、Ni、Pb、Sr、V、Zn 和 Zr 等。结果显示，由于人为采矿活动，该矿区 Cr、Ni、Co 含量超标严重，土壤中 Cr、Ni、Co 的富集因子显示该区域的有毒重金属含量还在不断稳定增长。

Bhuiyan 等采用能量色散型 X 射线荧光（EDXRF）光谱仪分析煤炭矿山开采区附近的土壤，测定了其中的 Ti、Mn、Zn、Pb、As、Fe、Rb、Sr、Nb、Zr 等元素，采用富集因子、地质累计系数和污染负荷指数对金属的污染程度进行了评估。该实验中各元素的检出限为 K：1204mg/kg，Ca：915mg/kg，Ti：116mg/kg，Mn：86mg/kg，Fe：65mg/kg，Zn：12mg/kg，Pb：20mg/kg，Rb：5.28mg/kg，Sr：7.5mg/kg，Zr：20mg/kg，Nb：15mg/kg。统计评估结果显示：在煤矿附近的土壤污染最为严重，部分重金属（Mn、Zn、Pb、Ti）的污染主要来自于人为活动，包括煤矿的开采和运输等。

相对于 ICP-MS，XRF 技术在探矿方面具有快速分析、相对廉价的优势。Arenas 等针对于西班牙的利纳雷斯的铅银矿（伴生铜和锌）样品，进行了 ICP-MS 和 XRF 两种分析方法的对比分析。聚类统计结果显示，样品中不同金属的含量主要与矿区岩性相关，XRF 的结果与 ICP-MS 的结果能够较好地吻合，在122 个公里网格（每个网格为 1km^2）只有 10 个结果与 ICP 的结果显示在不同的分类中，主要是由于采样点样品岩性的不同而导致的差异。该研究也表明：在定量分析方面 ICP-MS 具有优势，但是在岩性测定方面，XRF 技术要优于 ICP-MS，同时在检测高含量矿石样品中，XRF 检测更为廉价快速。同时，在矿区现场选冶和环境检测中，Higueras 等利用便携式 XRF 仪对矿区样品进行测定，主要测试铅锌矿区 Pb、Zn、Cu、As、Cd 等元素。12 个矿场的现场试验结果显示：无论是在实时和实验室条件，便携式 XRF 都体现了方便快捷的优势。并且，该仪器还能适合各种野外工作条件，能够处理不同类型的样品，包括尾矿、土壤和水系沉积物等。

三、城市污染物

城市污染物主要包含大气微颗粒、垃圾回收厂和废旧电缆电线的处理产生的残骸等，这些污染与人类的活动息息相关，人们十分关注这些污染对人类健康的影响，在了解这些污染物的具体组成时，XRF 不仅能准确测定污染物中的重金属浓度，还能借助 X 射线精细结构谱等其他技术对特定元素的赋存形态进行鉴定，为这些环境污染物的治理提供了理论支撑。

人们大部分活动都处在房间内，长时间暴露在室内环境的灰尘对人体的健康有着很大的威胁，MacLean 等采集加拿大都市环境房屋内的含 Pb 颗粒物，其中的 Pb 含量高达 1000mg/kg。实验采用 X 射线精细结构谱（XAFS）测定灰尘中的 Pb 的形态，再利用微区 X 射线荧光（μ-XRF）、微区 X 射线衍射（μ-XRD）

进行相关辅助分析。线性拟合的结果显示 Pb 的赋存形态包含多种无机和有机结合态，铅的无机结合态主要如下：铅单质、碳酸铅、氧化铅以及铅吸附的铁羟基氧化物。铅碳酸酯和/或 Pb 的羟基碳酸盐在样品中占总铅的 28%～75%，同时鉴定出了柠檬酸铅和 Pb 的腐殖酸盐等。该研究有助于了解铅形态及其生物有效性，对于改善室内环境和对人类健康的风险评估和风险管理有重要的指示作用。

电子垃圾会导致严重的环境问题，特别是其中的重金属污染。采用便携式 XRF 可以快速准确获得污染区域原位的元素含量信息。Itai 等采用便携式 XRF 仪对加纳首都阿克拉的一个郊区电子垃圾处理厂的土壤、灰尘以及电子垃圾焚烧之后的灰烬进行了测定，样品量为 1g，每个样品测定 120s，采用土壤标样建立测定方法，对样品中 15 种金属与类金属（Al、Co、Cu、Zn、Cd、In、Sb、Ba、Pb、Bi 等）的含量进行了测定，结果显示相对于某些高含量元素，微量元素 In、Sb 和 Bi 等在黑色泽土壤中含量极高，这些土壤大部分为电子垃圾焚烧后的灰烬，同时 Br（20～1500mg/kg）和 Hg（20～150mg/kg）的含量也非常高，表明这些土壤受到严重污染。所有样品中 Cu、Zn、Pb 和 Al 的含量超过人体可以接受的最大值。该项研究表明：该地区电子垃圾的回收和处理过程中出现了极其严重的金属污染，并且这种污染将会长期存在，因此不能通过焚烧方式直接对电子垃圾进行处理。

Takashi 等同样采用现场便携式 XRF 研究了菲律宾马尼拉电子垃圾回收厂中 Pb、Cu 和 Zn 的含量及重金属在表层土壤的扩散过程。从电子垃圾回收点开始，分为 5 个区域，每 70cm 测量一个单点，同时预测了在非测量点的金属浓度值。结果显示，在距离站点 3m 的地方，Zn 的含量下降到最大值的一半，而 Pb 和 Cu 则都在距离站点 7m 的地方含量降低一半。相对于一些卤素污染物，重金属在土壤中的分布较为集中，因此推测这些电子垃圾主要是对堆放点的生态系统造成了威胁。同样 Parth 等采用 XRF 技术对印度海得拉巴的废物处理厂土壤中 As、Cr、Cu、Ni、Pb、Zn 等元素进行分析，结合土壤理化性质 pH 结果，探讨了这些废物中重金属的分布规律。结果显示土壤中 Cu、Ni、Zn 的含量在 pH 为 5.7～8.9 范围内，呈现下降的趋势，表明土壤 pH 显著影响这些金属的溶解度和迁移速率，并且大多数的金属可溶于酸性土壤，比在中性或微碱性土壤中的迁移速率快。

在发展中国家，对于废弃电缆线的处理通常是通过焚烧之后回收其中的金属，但是在处理过程中会造成大量的重金属和有毒的含 Cl 化合物的污染，这些化合物与重金属含量存在很大的相关性。Fujimori 等采用 Cl 的 K 系近边 X 射线吸收精细结构谱（NEXAFS）研究了在废弃电线焚烧后的表层污染土壤中 Cl 与重金属的结合形态。便携式 X 射线荧光分析数据显示采集的样品中 Cl 极高，有的其至超过 10000mg/kg。在做近边 X 射线吸收精细结构谱的近边扫描时，取能量扫描范围 2810～2860eV，选用标样包括无机氯化合物 [KCl，NaCl，CaCl₂，

$MgCl_2$，$Cu_2(OH)_3Cl$，$CuCl_2$，$CuCl$，$FeCl_3$，$FeCl_2 \cdot 4H_2O$，$PbCl_2$，$ZnCl_2$]
和部分有机氯化合物（2,3-氯苯酚和聚氯乙烯等）。通过线性拟合得到 5 个区域
的土壤中氯的存在形态如图 16-2 所示。氯的存在形态的定量结果显示有机芳香
氯化合物与金属氯化合物存在高度相关性：$Cu_2(OH)_3Cl(R^2 = 0.97)$，NaCl
(0.98)，$MgCl_2(0.97)$，$PbCl_2(0.92)$ 和 KCl(0.85)，由此推测高比率
$Cu_2(OH)_3Cl$的存在，是氯转化为芳香族氯化合物的催化剂。

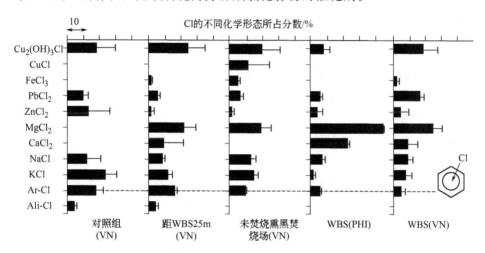

图 16-2　电缆焚烧后表层土壤中 Cl 元素赋存形态拟合结果

Ar-Cl：Cl 与芳香族碳结合；Ali-Cl：Cl 与脂肪族碳结合；VN：越南；WBS：电缆焚烧场；PHI：菲律宾

第三节　大气颗粒物分析

大气颗粒物的粒径范围从 $0.001\mu m$ 至 $1000\mu m$ 及以上。一般将粒径小于
$100\mu m$ 的颗粒物称为总悬浮颗粒物（TSP），粒径大于 $10\mu m$ 的颗粒物由于
重力作用可自然沉降，故称为降尘；悬浮在空气中的空气动力学当量直径
$\leqslant 10\mu m$ 的颗粒物称为飘尘，又称"可吸入颗粒物"，多由物质燃烧产生，是
大气中的主要污染物。大气环境污染物特别是大气飘尘等由于对人类健康的
危害已受到广泛关注。目前，XRF 技术已在大气颗粒物分析中得到了成功
应用。

一、来源与危害

大气中飘尘颗粒的污染来源广泛。随着工业发展及城市化进程的加快，矿山
开采及各种冶炼厂排污，大量生活垃圾的产生及废弃物焚烧，都显著增加了空气
中颗粒污染物浓度。由于飘尘粒径小、质量轻，故而能在大气中长期飘浮，飘浮
范围可达几十公里甚至数千公里，并在大气中造成不断蓄积。因此，大气飘尘的
影响是远距离、长期性的。

二氧化硫在与空气中的氧气接触时，可部分转化为三氧化硫，增加空气的酸度。高浓度的飘尘颗粒物还可降低大气透明度。粒径在 $0.1\sim1\mu m$ 的飘尘颗粒对可见光具有很强的散射作用，从而影响光波辐射传输，减弱太阳对地球表面的辐射强度，进而可降低温度、影响风向、风速等。

大气中高浓度颗粒物既污染了环境，也会对人体健康产生不同程度的影响与危害。粒径小于 $2.5\mu m$ 的飘尘颗粒更易富集空气中的细菌、病毒、有毒重金属及有机污染物等。它可通过鼻腔进入人体。通过侵蚀人体肺泡，以碰撞、扩散、沉积等方式滞留在呼吸道中的不同部位。滞留在鼻咽部和气管的颗粒物，可与进入人体的二氧化硫等有害气体产生刺激和腐蚀黏膜的联合作用，从而损伤黏膜、纤毛并引起炎症和增加气道阻力。当粒径大于 $10\mu m$ 时，飘尘颗粒大部分被阻留在上呼吸道中，小于 $10\mu m$ 的飘尘颗粒能透过咽喉部进入下呼吸道，尤其是粒径小于 $5\mu m$ 的颗粒物能在呼吸道深部的肺泡中沉积，且沉积率随微粒的直径减小而增加，粒径为 $1\mu m$ 左右的微粒在肺泡上的沉积率可高达 80%。在肺部沉积的大量携带有害物质的细颗粒物可逐渐引起肺组织的慢性纤维化，使肺泡机能下降，导致肺心病、心血管病，甚至引起肺癌、阿尔茨海默病和呼吸衰竭等一系列病变。

二、成分分析

飘尘颗粒对人体的危害不仅与其物质组成有关，颗粒的大小也对人体健康的影响有着直接关联。通过对飘尘颗粒的化学成分及有毒元素在颗粒中存在形态的研究，能够揭示其对人体健康的危害和毒性作用机理；同时，通过对不同地区飘尘颗粒进行定性与定量分析，有助于分析解释其来源和迁移转化规律，进而采取相应的防控治理措施。

对于飘尘颗粒的定性及定量分析最常用的技术是电感耦合等离子体质谱（ICP-MS）、电感耦合等离子体发射光谱法（ICP-AES）、粒子激发 X 射线荧光分析（PIXE）、扫描电子显微镜（SEM）和透射电子显微镜（TEM）等分析方法；也有采用离子色谱技术及液相色谱或色质连用等分析手段分析颗粒物的水溶性物种和飘尘上吸附的多环芳烃等有机物质的报道。

X 射线荧光光谱分析技术已获得应用并取得显著进展。Busetto 等研制了一款大气飘尘-X 射线荧光光谱分析联用设备，通过对测量值与大气采集量进行标准化计算获得大气中飘尘颗粒及各元素的绝对浓度。Zacco 等利用全反射 X 射线荧光对气溶胶颗粒样品进行了分析，采用对过滤器上的颗粒物经硝酸消化的方式进行预处理，可对 S 以后的元素进行准确测定。Bontempi 等对飘尘颗粒进行了直接分析而无需进行前处理。

Díaz 等采集了墨西哥海拔高度 2240m 的城市内大气颗粒物 $PM_{2.5}$ 及 $PM_{10-2.5}$，结合粒子激发 X 射线发射光谱（PIXE）和 XRF 技术，测定了其中的主要元素 Al、Si、P、S、Cl、K、Ca、Ti、V、Cr、Mn、Fe、Ni、Cu、Zn、

Br、Sr、Pb 的含量，并利用所建模型进行溯源分析，采用与土壤相关的元素为媒介，判定油料燃烧、工业原料与生活物质的燃烧是该区域大气颗粒物主要来源。

三、元素形态分析

大气飘尘中元素的形态分析也受到了广泛关注。Huffman 等针对石油加工及燃料燃烧产生的颗粒物，利用荧光模式和 Lytle 检测器和多元 Ge 阵列检测器进行了 X 射线吸收精细结构（XAFS）分析，分析发现铜、铅、锌在石油加工及燃料燃烧产生的颗粒物中主要以硫酸盐形态存在，砷则主要以五价砷酸盐形式存在，而所存在的物相还难以确定。通常当所测样品中元素含量低于 0.1％时更多采用 Lytle 检测器，对于元素含量极低的样品则多采用多元 Ge 阵列检测器。Mingyu Jiang 等对城市和室内灰尘中铅、锰和铬形态进行了 X 射线吸收近边结构（XANES）分析研究，所用标准物质为美国国家标准与技术研究院的城市灰尘（SRM1649a）和室内灰尘（SRM2584）两个标准物质，将标物及待测粉末样品均匀涂抹在双面胶带上进行测定，发现铅在城市灰尘和室内灰尘中的主要存在形态分别为 61％硫酸铅＋39％碳酸铅和 98.5％碳酸铅＋1.5％硫酸铅；锰在城市灰尘中主要以二价的硫酸锰的形态存在，在室内灰尘中则以不同二价锰的混合物形态存在；铬在城市灰尘中最有可能以铬铁矿（$FeCr_2O_4$）的形态存在，在室内灰尘中主要以三氧化二铬和少量铬铁矿等混合物形态存在。该研究除对飘尘中的元素形态进行分析外还结合进行了纳米尺度的表征分析，这有助于对毒性元素的生物有效性及其迁移转化规律提供更多信息。

第四节 活 体 分 析

利用 XRF 进行活体分析，可原位测定人体器官中的元素浓度，获取原位信息。目前 XRF 活体分析的主要分析对象为人体骨骼和部分器官。X 射线荧光（XRF）原位分析技术应用于人体测定最早可追溯到 20 世纪 60 年代末。1968 年，Hoffer 等首先进行了人体甲状腺中碘的分析。70 年代初，Ahlgren 等采用[57]Co 进行了骨铅分析。此后，活体分析逐渐广泛开展起来。经过几十年的发展，现在已可应用 X 射线荧光光谱对肾、肝、肺、脾、脑、眼、肠、胃、皮肤及骨骼中的 Fe、Cu、Zn、As、Sr、Ag、Cd、I、Xe、Ba、Pt、Au、Hg、Pb、Bi、Th、U、Mn 等进行定量分析。

一、活体分析装置

在 XRF 活体分析中，目前应用较多的是运用放射性同位素作为激发源，也有一些应用 X 射线光管的尝试。目前常用的放射性同位素放射源有[57]Co、[99m]Tc、[109]Cd、[133]Xe 和[241]Am 等，见表 16-3。

表 16-3　放射源在活体分析中的研究与应用

放射源/检测器	测定对象	研究与应用	参考文献
^{125}I/16mm PGe	骨锶	骨质疏松患者服锶药剂后，骨锶浓度的变化	Moise/2012
^{109}Cd	骨铅	上覆软组织对测定骨铅不确定度的影响	Naseer/2006
80kV X 射线光管	甲状腺中碘	碘元素在甲状腺中的分布	Aubert/1981
平面偏振 X 射线	肾中镉	吸烟人体中元素浓度情况	Nilsson/1995
同步辐射	皮肤中钙铁锌	不同层次皮肤中钙铁锌分布	Elstan/2013

使用放射线进行人的活体分析，首先要考虑的就是人体可以承受的放射剂量，合理安全的放射剂量是重要的指标。一般用在医学诊断的辐射剂量限为 150mSv（1Sv＝1J/kg）。用于活体分析的有效剂量通常小于 1μSv。例如骨铅活体分析的放射剂量比肺部 X 光检查低 2～4 个数量级，采用 ^{109}Cd 作为放射源，在 30min 测量时间内，人受到的有效辐射剂量仅相当于 5～10min 天然本底，对人体的损伤可忽略不计。

二、骨铅与骨锶分析

铅对人体具有较强的神经发育毒性、生殖毒性、胚胎毒性和致畸作用。目前人体内铅的监控主要依靠血铅含量监测，但血铅只能反映出最近 2～4 周内铅的暴露情况，对于长期和慢性铅暴露无法真实反映。而成人体中的铅 90％沉积在骨骼中，儿童为 70％。活体骨铅测量可以确定骨铅的生物半衰期，现已用作环境与健康、职业病学和铅毒理学等的研究方法。骨铅含量真实地反映了积累性铅暴露，因此骨铅测量在确定慢性铅暴露效应上具有特别的应用价值，对于研究铅代谢机理也非常重要。目前，活体骨铅测定已成为评价人群长期性铅暴露程度的重要技术手段。

活体骨铅分析既可采用 ^{57}Co 为放射源也可用 ^{109}Cd 放射源。Ahlgren 等采用 Co 作为激发源测量了人体手指中骨铅。Somervaile 等采用 ^{109}Cd 激发 Pb 的 K 线谱系，提高了检测灵敏度。Christoffersson 等对冶炼厂在职和退休员工进行了骨铅分析，发现尽管退休人员的血铅浓度很低，但骨铅浓度依然很高，说明在职业接触结束多年以后，退休的冶炼工人的骨铅浓度依然很高。这是由于早期工作环境中高浓度铅所造成的。因骨铅代谢速度慢，90％的铅在骨骼中沉淀，从而使骨铅成为内源性污染源。Nie 等采用直径为 6mm 的四叶花瓣形检测器，^{109}Cd 为放射源，将检出限从 6～10μg/g 降低到 2～3μg/g。在活体分析中，滤光片和准直器大小会对信噪比产生较大影响，当采用 In 做滤光片时，信噪比有所改善。目前，我们已将 XRF 技术应用于中国本土活体骨铅分析的研究，获得了普通人群和污染区居民原位活体骨铅数据。实验采用 ^{109}Cd 作为放射源，高纯锗探测器，放射活度 0.5GBq（1Bq＝1s^{-1}）。图 16-3 为 XRF 测定活体骨铅的实景图。

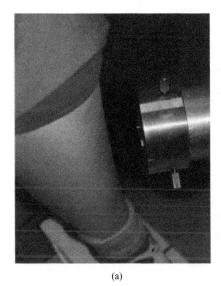
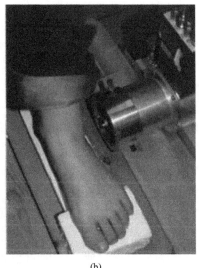

(a) (b)

图 16-3　活体检测人体胫骨（a）和根骨（b）

活体骨铅分析还需要考察软组织覆盖对测定结果的影响。Ahmed 等通过 9 个腿骨模型研究证明，活体骨铅的检出限和不确定度会随着胫骨表面覆盖的软组织厚度的增加而变大。活体骨铅标准物质缺乏，无疑是该分析技术的难点。目前多选用医用石膏 $CaSO_4 \cdot 2H_2O$ 模拟骨骼基质，掺加一定梯度浓度的铅化合物，形成骨骼铅模拟标样。目前国际上已开展了活体骨铅分析专用标准物质的研制，并取得一定进展。

锶在自然界中存在于水和土壤中，每日都会有一定量的锶被摄入人体，进入人体内后，99％以上的锶聚集在骨骼中。Moise 等招募了女性骨质疏松志愿者，日服 Sr680mg，测定指骨和踝骨中锶浓度。服锶前为 $0.38\mu g/g \pm 0.05\mu g/g$ 和 $0.39\mu g/g \pm 0.10\mu g/g$，24h 后为 $0.62\mu g/g \pm 0.14\mu g/g$ 和 $0.45\mu g/g \pm 0.12\mu g/g$，120h 后为 $0.68\mu g/g \pm 0.07\mu g/g$ 和 $0.93\mu g/g \pm 0.05\mu g/g$，连续服用 800d 后该浓度上升至正常水平的 7 倍和 15 倍。该研究表明尽管有 40％左右的测量误差，但 XRF 活体骨锶分析法仍然可用于监测骨锶的浓度变化，并用于骨锶代谢动力学机理研究。

Zamburlini 使用 [125]I 作为激发源的 X 射线荧光光谱仪对 22 人的食指和胫骨踝关节中锶的含量进行了活体分析，用超声波测量软组织厚度。采用蒙特卡罗法进行计算，不同人之间测得的标准化 Sr 信号的精度值约为 12％，研究表明，亚洲大陆人骨骼中 Sr 浓度明显高于其他被测人群，揭示了饮食或种族差异与骨 Sr 含量的潜在相关性及不同种族间骨生物学上可能存在的差异。

三、肾活体分析

肾是人体重要的排毒器官，有毒有害物质多经肾排出，同时也会对肾造成一定的危害。铅和镉在肾中有很强的聚积能力，肾镉浓度超标会造成肾功能紊乱，而肾铅浓度超标则导致肾功能损伤。Gerhardsson 等对 22 位经历过长期铅镉暴露的冶炼厂工人进行活体肾铅、肾镉分析，数据显示一位在职职工和 5 位退休职工有早期肾功能紊乱指征，且铅暴露的危害比镉暴露的危害更大。

Börjesson 等对 20 个职业暴露人员肾中汞浓度进行了测定，并选择 12 人作为对照组。两组人员肾汞浓度平均值分别为 $24\mu g/g$ 和 $1\mu g/g$，最高值 $54\mu g/g$。检出限随着肾深度的不同而处于 $12\sim45\mu g/g$ 之间。Nilsson 等将偏振 X 射线荧光用于肾镉的活体分析，数据显示瑞士南部吸烟人群中肾镉的浓度（平均 $28\mu g/g$，$n=10$）比不吸烟人群高（平均 $8\mu g/g$，$n=10$），说明吸烟是瑞士南部普通人群重要的肾镉污染源。但是由于肾内部的检测限还不足以进行定量分析，目前还只是获得了肾表的镉浓度信息。

镉的 K_α 线和汞的 K_α 通过 5cm 厚的软组织会分别衰减 98% 和 60%。而肾处于体内深处，因此考虑软组织对于活体肾分析能力的影响就十分重要。Mahdavi 等以 ^{99m}Tc 为放射源，研究了随着模型组织厚度 $20\sim60$mm，金元素浓度 $0\sim500\mu g/g$ 时金的 K_{α_1} 线强度变化情况。当肾组织厚度为 20mm 和 60mm 时，分别可以检测出 $3\mu g/g$ 和 $10\mu g/g$ 浓度的金；在肾距离体表 50mm 时，肾中镉的检出限为 $10\mu g/g$，该技术可应用于普通人群的检测，与 AAS 法测定的结果比较，一致性较好。由于人体的组织和器官在大小形状和位置上存在着个体差别，所以在用 XRF 测定之前需要采用超声波确定器官组织的具体数据。

活体 XRF 分析技术作为可直接测定人体中元素浓度的重要手段，目前还在快速发展中，随着技术的进步，相信今后会在人类健康的研究中得到更广泛的应用。

参考文献

[1] Meharg A A, Lombi E, Williams P N, et al. Environmental Science & Technology, 2008, 42: 1051-1057.

[2] Meirer F, Pepponi G, Streli C, et al. X-Ray Spectrometry, 2007, 36: 408-412.

[3] a) Sharma N C, Gardea-Torresdey J L, Parsons J, et al. Sahi, Environmental toxicology and chemistry, 2004, 23: 2068-2073. b) Meyers D E, Auchterlonie G J, Webb R I, et al. Environmental Pollution, 2008, 153: 323-332.

[4] Al-Bataina B A, Maslat A O, Al-Kofahi M M. Journal of Trace Elements in Medicine and Biology, 2003, 17: 85-90.

[5] Marguí E, Queralt I, Carvalho M, et al. Analytica Chimica Acta, 2005, 549: 197-204.

[6] 康士秀，沈显生，姚娓. 自然科学进展，2001，11: 1050-1054.

[7] Vincze L, Vekemans B, Szaloki I, et al. Optical Science and Technology, the SPIE 49th Annual Meeting, 2004: 220-231.

[8] Castillo-Michel H, Hernandez-Viezcas J, Dokken K M, et al. Environmental Science & Technology, 2011, 45: 7848-7854.

[9] Twining B S, Baines S B, Fisher N S, et al. Analytical chemistry, 2003, 75: 3806-3816.

[10] Perez R D, Sánchez H J, Perez C A, et al. Radiation Physics and Chemistry, 2010, 79: 195-200.

[11] Kopittke P M，Asher C J，Blamey F P C，et al. Environmental Science & Technology，2008，42：4595-4599.

[12] 曹清晨，娄玉霞，张元勋，等. 环境科学，2009，30（12）：3663-3668.

[13] 张元勋，王荫淞，李德禄，等. 核技术，2004，27：655-659.

[14] 袁波，徐泽人，谢卓君，等. 光谱学与光谱分析，2010：1983-1989.

[15] De Samber B，Silversmit G，Evens R，et al. Analytical and bioanalytical chemistry，2008，390：267-271.

[16] Socha J，Harrison J，Lee W，et al. Integrative and Comparative Biology，2005：1074-1074.

[17] Westneat M W，Socha J J，Lee W K. Annu Rev Physiol，2008，70：119-142.

[18] Xue-Qing X，Yu G，et al. Chinese Physics C，2013，37：028001.

[19] a) Popescu B F G，George M J，Bergmann U，et al. Physics in medicine and biology，2009，54：651. b) Popescu G，Florin B，Nichol H. CNS neuroscience & therapeutics，2011，17：256-268.

[20] Munro K L，Mariana A，Klavins A I，et al. Chemical research in toxicology，2008，21：1760-1769.

[21] SMYTHE W R，ALFREY A C，CRASWELL P W，et al. Annals of internal medicine，1982，96：302-310.

[22] Rastegar F，Maier E A，Heimburger R，et al. Clinical chemistry，1984，30：1300-1303.

[23] Ahlgren L，Lidén K，Mattsson S et al. Scandinavian journal of work，environment & health，1976：82-86.

[24] Pemmer B，Roschger A，Wastl A，et al. Bone，2013，57：184-193.

[25] Carvalho M，Marques A，Marques J，et al. Spectrochimica acta Part B：Atomic Spectroscopy，2007，62：702-706.

[26] Martin R R，Naftel S J，Nelson A J，et al. Journal of archaeological science，2007，34：936-945.

[27] a) 王友法. 生物医用磷灰石纳米粒子的控制合成，表征及其溶胶稳定性研究. 武汉：武汉理工大学，2005；b) 诸颖，林俊，黄庆，等. 生物物理学报，2010，26：1119-1129.

[28] 李晓薇，盛毅，马晓东，等. 中国农业大学学报，2002，7：79-83.

[29] 赵利敏，袁丽珍. 核技术，1998，21：478-481.

[30] Yingrong W，Juxiang P，Guangcheng L，et al. Jiapei Nuclear Techniques，1997，20（3）：164-168.

[31] 董元兴，高愈希，陈春英，等. 分析化学，2006，4.

[32] 高愈希，陈春英，赵九江，等. 分析化学，2003，31.

[33] Rasem Hasan A，Schindler J，Solo-Gabriele H M，et al. Waste management，2011，31：688-694.

[34] Marguí E，Tapias J，Casas A，et al. Chemosphere，2010，80：263-270.

[35] Krishna A K，Mohan K R，Murthy N，et al. Environmental Earth Sciences，2013，70：699-708.

[36] Bhuiyan M A，Parvez L，Islam M，et al. Journal of Hazardous Materials，2010，173：384-392.

[37] Arenas L，Ortega M，García-Martínez M，et al. Journal of Geochemical Exploration，2011，108：21-26.

[38] Higueras P，Oyarzun R，Iraizoz J，et al. Journal of Geochemical Exploration，2012，113：3-12.

[39] MacLean L C，Beauchemin S，Rasmussen P E. Environmental science & technology，2011，45：5491-5497.

[40] Itai T，Otsuka M，Asante K A，et al. Science of The Total Environment，2014，470：707-716.

[41] Fujimori T，Takigami H. Environmental geochemistry and health，2014，36：159-168.

[42] Parth V，Murthy N，Saxena P R. Journal of Environmental Research and Management，2011，2：

027-034.

[43] Fujimori T，Takigami H，Takaoka M. Journal of Physics：Conference Series，2013：012094.

[44] Khan M F，Hirano K，Masunaga S. Atmospheric Environment，2010，44：2646-2657.

[45] 杨洪斌，邹旭东，汪宏宇，等. 气象与环境学报，2012，28：77-82.

[46] Lu S，Yi F，Lin J，et al. Journal of Physics：Conference Series，2013：012098.

[47] 肖美，郭琳，何宗健. 江西化工，2006，4：43-45.

[48] a) 梁俊宁. 中国科技论文在线，2012：05-14. b) Pope 3rd C，Bates D V，Raizenne M E. Environmental health perspectives，1995，103：472. c) Seaton A，Godden D，MacNee W，et al. The Lancet，1995，345：176-178.

[49] Szilágyi V，Hartyáni Z. Microchemical journal，2005，79：37-41.

[50] 黄骏雄. 环境科学，1979，6：016.

[51] 杨明太. 核电子学与探测技术，2006，26：1025-1029.

[52] Busetto E，Peloi M，Rebuffi L，et al. Atmospheric Measurement Techniques Discussions，2013，6：4313-4332.

[53] Bontempi E，Zacco A，Benedetti D，et al. Environmental technology，2010，31：467-477.

[54] Bontempi E，Zacco A，Borgese L，et al. Journal of Environmental Monitoring，2010，12：2093-2099.

[55] Díaz R，López-Monroy J，Miranda J，et al. Nuclear Instruments and Methods in Physics Research Section B：Beam Interactions with Materials and Atoms，2014，318：135-138.

[56] Huffman G，Huggins F，Huggins R，et al. XAFS spectroscopy results for PM samples from residual fuel oil combustion，Vol. Univ. of Kentucky，Lexington，KY（US），1999.

[57] Jiang M，Nakamatsu Y，Jensen K A，et al. Atmospheric Environment，2014，82：364-374.

[58] Hoffer P B，Jones W B，Crawford R B，et al. Radiology，1968，90：342-344.

[59] Moise H，Adachi J，Chettle D，et al. Bone，2012，51：93-97.

[60] Ahmed N，Fleming D E，Wilkie D，et al. Radiation Physics and Chemistry，2006，75：1-6.

[61] Aubert B，Fragu P，Di Paola M，et al. European journal of nuclear medicine，1981，6：407-410.

[62] Nilsson U，Schütz A，Skerfving S，et al. International archives of occupational and environmental health，1995，67：405-411.

[63] Desouza E D，Atiya I A，Al-Ebraheem A，et al. Applied radiation and isotopes，2013，77：68-75.

[64] Chettle E. Pramana，2011，76：249-259.

[65] Barry P. British Journal of Industrial Medicine，1975，32：119-139.

[66] Somervaille L J，Chettle D R，Scott M C. Physics in medicine and biology，1985，30：929.

[67] Christoffersson J，Schütz A，Ahlgren A，et al. American journal of industrial medicine，1984，6：447-457.

[68] Nie H，Chettle D，Stronach I，et al. Nuclear Instruments and Methods in Physics Research Section B：Beam Interactions with Materials and Atoms，2004，213：579-583.

[69] Luo L，Chettle D R，Nie H，et al. Nuclear Instruments and Methods in Physics Research Section B：Beam Interactions with Materials and Atoms，2007，263：258-261.

[70] 罗立强，许涛，储彬彬，等. 光谱学与光谱分析，2012，32：821-825.

[71] Moise H，Adachi J，Chettle D，et al. Bone，2012，51：93-97.

[72] Zamburlini M，Pejoviǔć-Milić A，Chettle D，et al. Physics in medicine and biology，2007，52：2107.

[73] Gerhardsson L，Börjesson A，et al. Applied radiation and isotopes，1998，49：711-712.

[74] Borjesson J，Barregard L，Sallsten G，et al. Physics in medicine and biology，1995，40：413.

[75] Naser Mahdavi M，MostafaShafaei，AliRabiei. Radiation Physicsand Chemistry，2013：40-43.

附　录

元素X射线吸收边和发射谱线能量表

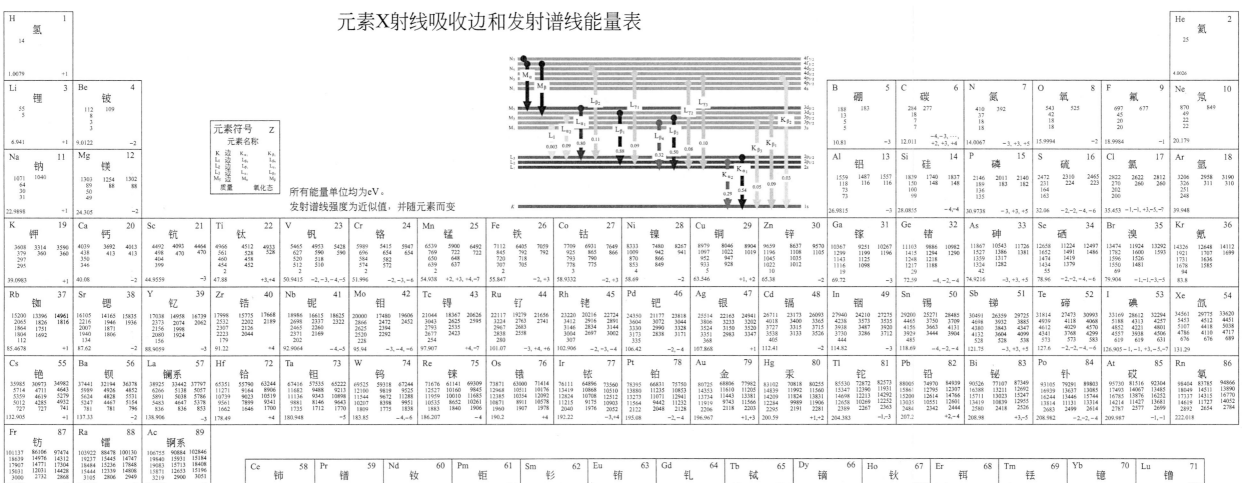

所有能量单位均为eV。
发射谱线强度为近似值，并随元素而变

图例（元素符号框）：
元素符号　Z
元素名称
K 边	K_{α_1}	K_{β_1}
L_1 边	L_{α_1}	L_{β_1}
L_2 边	L_{α_2}	L_{γ_1}
L_3 边	L_{β_3}	L_{γ_3}
M_5 边	M_{α}	M_{β}

质量　　氧化态

H 1 氢 14 1.0079 +1

He 2 氦 25 4.0026

Li 3 锂 55 / 5 6.941 +1
Be 4 铍 112 109 / 8 3 3 9.0122 +2
B 5 硼 188 183 / 13 5 5 10.81 −3
C 6 碳 284 277 / 18 7 7 12.011 −4,−3,…,+2,+3,+4
N 7 氮 410 392 / 37 18 18 14.0067 −3,+3,+5
O 8 氧 543 525 / 42 20 20 15.9994 −2
F 9 氟 697 677 / 45 22 22 18.9984 −1
Ne 10 氖 870 849 / 49 22 22 20.179

Na 11 钠 1071 1040 / 64 30 31 22.9898 +1
Mg 12 镁 1303 1254 1302 / 89 88 88 / 50 49 24.305 +2
Al 13 铝 1559 1487 1557 / 118 116 116 / 73 73 26.9815 −3
Si 14 硅 1839 1740 1837 / 150 148 148 / 100 99 28.0855 −4,+4
P 15 磷 2146 2011 2140 / 189 183 182 / 136 135 30.9738 −3,+3,+5
S 16 硫 2472 2310 2465 / 230 228 223 / 164 163 32.06 −2,−2,−4,−6
Cl 17 氯 2822 2622 2812 / 270 260 260 / 202 200 35.453 −1,−1,+3,+5,−7
Ar 18 氩 3206 2958 3190 / 326 311 310 / 251 248 39.948

K 19 钾 3608 3314 3590 / 379 360 360 / 297 / 295 39.0983 +1
Ca 20 钙 4039 3692 4013 / 438 413 413 / 350 / 346 40.08 +2
Sc 21 钪 4492 4093 4464 / 498 470 470 / 404 / 399 44.9559 +3
Ti 22 钛 4966 4512 4933 528 / 561 528 / 460 458 / 399 47.88 +3,+4
V 23 钒 5465 4953 5428 590 / 627 590 590 / 520 518 / 512 510 50.9415 +2,−3,−4,−5
Cr 24 铬 5989 5415 5947 / 654 582 654 / 584 / 574 572 51.996 +2,−3,+6
Mn 25 锰 6539 5900 6492 / 722 648 722 / 650 / 574 637 54.938 +2,+3,+4,+7
Fe 26 铁 7112 6405 7059 / 845 792 792 / 720 718 / 707 705 55.847 +2,+3
Co 27 钴 7709 6931 7649 866 / 925 865 866 / 793 790 / 778 775 58.9332 +2,+3
Ni 28 镍 8333 7480 8267 / 1009 942 941 / 870 866 / 853 849 58.69 +2
Cu 29 铜 8979 8046 8904 / 1022 949 / 952 947 / 932 928 / 922 63.546 +1,+2
Zn 30 锌 9659 8637 9570 1105 / 1108 1035 / 1045 1035 / 1022 1012 65.38 +2
Ga 31 镓 10367 9251 10267 / 1299 1199 1196 / 1143 1125 / 1116 1098 69.72 +3
Ge 32 锗 11103 9886 10982 / 1415 1294 1290 / 1248 1218 / 1217 1188 72.59 −4,−2,−4
As 33 砷 11867 10543 11726 / 1652 1493 1486 / 1527 1386 1351 / 1474 1419 74.9216 −3,+3,+5
Se 34 硒 12658 11224 12497 / 1782 1600 1593 / 1596 1526 / 1434 1379 78.96 −2,−2,−4,−6
Br 35 溴 13474 11924 13292 / 1782 / 1550 1481 / 1434 1379 79.904 −1,−1,+3,+5
Kr 36 氪 14326 12648 14112 / 1727 1636 / 1678 1585 / 1678 1585 83.8

Rb 37 铷 15200 13396 14961 / 2065 1826 1816 / 1864 1751 / 1804 1692 / 112 85.4678 +1
Sr 38 锶 16105 14165 15835 / 2216 1946 1936 / 2007 1871 / 1941 1806 / 134 87.62 +2
Y 39 钇 17038 14958 16739 2062 / 2373 2074 / 2156 1998 1924 / 2080 2223 / 156 88.9059 +3
Zr 40 锆 17998 15775 17668 2189 / 2532 2302 2257 / 2307 2126 / 2223 2044 / 179 91.22 +4
Nb 41 铌 18986 16615 18625 2322 / 2698 2465 2260 / 2257 2166 / 2257 2257 92.9064 −4,−5
Mo 42 钼 20000 17480 19606 2452 / 2866 2623 2595 / 2625 2292 / 2677 2292 / 2520 228 95.94 −3,−4,−6
Tc 43 锝 21044 18367 20626 / 3043 2794 / 2625 2423 / 2677 2423 254 97.907 +4,+7
Ru 44 钌 22117 19279 21656 2741 / 3224 2967 2891 / 3146 2836 2558 / 2838 / 280 101.07 −3,+4,+6
Rh 45 铑 23220 20216 22724 2891 / 3412 3001 2990 / 3001 2834 / 3001 307 102.906 −2,−3,−4
Pd 46 钯 24350 21177 23818 / 3604 3172 3173 / 3330 3329 3171 / 3351 335 106.42 −2,−4
Ag 47 银 25514 22163 24941 / 3806 3351 3347 / 3526 3348 / 3526 368 107.868 +1
Cd 48 镉 26711 23173 26093 / 4018 3528 3526 / 3738 3716 / 3538 405 112.41 −2
In 49 铟 27940 24210 27275 3535 / 4238 3573 3750 / 3921 3713 / 3712 3904 / 444 114.82 +3
Sn 50 锡 29200 25271 28485 / 4465 3750 3709 / 4100 3904 / 4132 3604 485 118.69 −4,−2,−4
Sb 51 锑 30491 26359 29725 3885 / 4698 3932 3885 / 4132 3604 / 528 528 121.75 −3,+3,+5
Te 52 碲 31814 27473 30993 / 4939 4118 4068 / 4570 4313 4257 / 573 583 127.6 −2,−2,−4,−6
I 53 碘 33169 28612 32294 / 5188 4313 4257 / 4852 4610 / 4110 4717 / 619 619 631 126.905 −1,−1,+3,+5,−7
Xe 54 氙 34561 29775 33620 / 5453 4512 4451 / 5107 4717 / 676 676 131.29

Cs 55 铯 35985 30973 34982 / 5714 4711 4619 / 5012 4285 4932 / 727 727 741 132.905 +1
Ba 56 钡 37441 32194 36378 / 5989 4926 4852 / 5247 4467 5154 / 781 781 796 137.33 +2
La 57 镧系 38925 33442 37797 / 6266 5138 5057 / 5483 4647 5378 / 833 836 853 138.906 −3
Hf 72 铪 65351 55790 63244 / 11271 9164 9023 / 9561 7899 9341 / 1662 1646 1700 178.49 +4
Ta 73 钽 67416 57535 65222 / 11682 9343 10519 / 11136 9881 8146 9643 / 1735 1712 1770 180.948 −5
W 74 钨 69525 59318 67244 / 12100 9819 9525 / 11544 9672 10098 / 1809 1805 1840 183.85 −6
Re 75 铼 71676 61141 69309 9845 / 12527 10160 10010 / 11959 10535 10261 / 1883 1906 186.207 −4
Os 76 锇 73871 63000 71414 / 12968 10871 8911 10578 / 10871 8652 10261 / 1960 1978 190.2 +4
Ir 77 铱 76111 64896 73560 / 13419 10708 12512 / 12824 11215 9175 10903 / 2040 1976 2052 192.22 −3,+4
Pt 78 铂 78395 66831 75750 / 13880 11235 10853 / 13273 11564 9442 11232 / 2122 2048 2128 195.08 −2,−4
Au 79 金 80725 68806 77982 / 14353 11610 11205 / 13734 11919 9743 11566 / 2206 2204 2228 196.967 +1,+3
Hg 80 汞 83102 70818 80255 / 14839 11992 11560 / 13413 12284 9989 11906 / 2295 2191 200.59 −2
Tl 81 铊 85530 72872 82573 12391 / 15347 12213 11992 / 15200 12658 10269 12271 / 2389 2267 204.383 −1,−3
Pb 82 铅 88005 74970 84939 12307 / 15861 12795 12622 / 15200 13035 10551 12614 / 2484 2342 2444 207.2 +2,−4
Bi 83 铋 90526 77107 87349 12692 / 16389 13023 / 13814 11131 13314 / 2580 2418 2526 208.98 +3,−5
Po 84 钋 93105 79291 89803 / 16244 13376 13285 / 14214 11427 13681 / 2683 2499 2614 208.982 −2,−2,−4
At 85 砹 95730 81516 92304 / 16785 13485 13876 / 14214 11427 13955 / 2787 2577 2699 209.987 −1,−1
Rn 86 氡 98404 83785 94866 / 17337 13637 13085 / 14619 11727 14052 / 2892 2654 2784 222.018

Fr 87 钫 101137 86106 97474 / 18639 14976 14312 / 17907 14771 17304 / 15031 12031 14428 / 3000 2732 2868 223.02 +1
Ra 88 镭 103922 88478 100130 / 19237 15445 14747 / 18844 15236 17848 / 15444 12339 14598 / 3105 2806 2949 226.025 −2
Ac 89 锕系 106755 90884 102846 / 19840 15931 15184 / 19083 15713 18408 / 15871 12653 15196 / 3219 2900 3051 227.028 −3

Ce 58 铈 40443 34720 39256 / 6548 5361 5274 / 6164 5262 6055 / 5723 4839 5614 / 884 884 902 140.12 −3,+4
Pr 59 镨 41991 36027 40749 / 6835 5593 5498 / 6440 5492 6325 / 6035 5035 5849 / 929 929 946 140.908 −3,+4
Nd 60 钕 43569 37361 42272 / 7126 5829 5723 / 6722 5719 6602 / 6208 5228 6089 / 980 980 979 144.24 −3
Pm 61 钷 45184 38725 43827 / 7428 6071 5957 / 7013 5961 6893 / 6459 5432 6339 / 1027 1023 1048 144.913 +3
Sm 62 钐 46834 40118 45414 / 7737 6317 6196 / 7312 6201 7183 / 6716 5633 6587 / 1083 1078 1106 150.36 −2,−3
Eu 63 铕 48519 41542 47038 / 8052 6571 6438 / 7617 6458 7484 / 6977 5846 6844 / 1128 1122 1153 151.96 −2,−3
Gd 64 钆 50239 42996 48695 / 8376 6832 6688 / 7930 6708 7787 / 7243 6053 7100 / 1190 1181 1213 157.25 −3
Tb 65 铽 51996 44482 50385 / 8708 7097 6940 / 8252 6975 8102 / 7514 6273 7364 / 1241 1233 1269 158.925 −3,−4
Dy 66 镝 53789 45999 52113 / 9046 7370 7204 / 8581 7248 8427 / 7790 6498 7636 / 1292 1284 1325 162.5 −3
Ho 67 钬 55618 47547 53877 / 9394 7653 7470 / 8918 7526 8758 / 8071 6720 7911 / 1351 1348 1383 164.93 −3
Er 68 铒 57486 49128 55674 / 9751 7939 7745 / 9264 7811 9096 / 8358 6949 8190 / 1409 1404 1448 167.26 −3
Tm 69 铥 59390 50742 57505 / 10116 8101 8031 / 9617 8102 9426 / 8648 7180 8473 / 1468 1463 1510 168.934 −3
Yb 70 镱 61332 52388 59382 / 10486 8402 9978 / 9978 8402 9780 / 8944 7416 8757 / 1528 1526 1580 173.04 −2,−3
Lu 71 镥 63314 54070 61290 / 10870 8846 8690 / 10349 8710 10143 / 9244 7655 9038 / 1589 1580 1630 174.967 −3

Th 90 钍 109651 93351 105605 / 20472 16426 15642 / 19693 16202 18981 / 16300 12968 15588 / 3332 2990 3149 232.038 +4
Pa 91 镤 112601 95868 108427 / 21105 16931 16104 / 20314 16733 19571 / 16733 13291 15990 / 3442 3071 3240 231.036 −5
U 92 铀 115606 98440 111303 / 21757 17454 16575 / 20947 17166 13614 16388 / 17610 13946 16794 / 3552 3165 3340 238.051 −4,−6
Np 93 镎 118669 101059 114234 / 22427 17992 17061 / 22226 18057 14282 17211 / 17610 13946 16794 / 3666 3250 3435 237.048 +3,−4,+5
Pu 94 钚 121791 103734 117228 / 23104 18541 17557 / 22808 19110 18069 / 18510 14961 18054 / 3775 3339 3534 239.052 −3,−4,−5
Am 95 镅 124982 106472 120284 / 23808 19110 18069 / 24526 19688 18589 / 18890 14961 18054 / 3890 3429 3635 243.061 −3,−4,−5
Cm 96 锔 128241 109271 123403 / 24526 19688 18589 / 25256 20284 19118 / 19435 15308 18480 / 4009 3525 3740 247.07 −3
Bk 97 锫 131556 112121 126580 / 25256 20280 19118 / 26010 20894 19665 / 19907 15660 18916 / 4127 3616 247.07 +3,−4
Cf 98 锎 134939 115032 129823 / 26010 20894 19665 / 24117 18916 / 4247 3709 3946 251.08 +3

参 考 文 献

[1] Elam W T, Ravel B D, Sieber J R
Radiation Physics and Chemistry, 2002, 63: 121-128.

[2] Common oxidation states from wikipedia.org, after
N. N. Greenwood and A. Earnshaw,
Chemistry of the Elements, 2nd ed. 1997.

[3] http://xafs.org/Databases/XrayTable
Version 2, 26-Mar-2013.